Klimagerechtigkeit und Klimaethik

Wiener Reihe

Themen der Philosophie

Herausgegeben von
Cornelia Klinger, Herta Nagl-Docekal,
Ludwig Nagl und Alexander Somek

Band 18

Klimagerechtigkeit und Klimaethik

Herausgegeben von
Angela Kallhoff

DE GRUYTER

Gedruckt mit freundlicher Unterstützung vom Kulturamt der Stadt Wien sowie des Vereins für Philosophie-Förderung.

ISBN 978-3-11-040090-8
e-ISBN (PDF) 978-3-11-040106-6
e-ISBN (EPUB) 978-3-11-040110-3
ISSN 2363-9237

Library of Congress Cataloging-in-Publication Data
A CIP catalog record for this book has been applied for at the Library of Congress.

Bibliografische Information der Deutschen Nationalbibliothek
Die Deutsche Nationalbibliothek verzeichnet diese Publikation in der Deutschen Nationalbibliografie; detaillierte bibliografische Daten sind im Internet über http://dnb.dnb.de abrufbar.

Druck und Bindung: Hubert & Co. GmbH & Co. KG, Göttingen
♾ Gedruckt auf säurefreiem Papier
Printed in Germany

www.degruyter.com

Inhalt

Vorwort — 7
Einleitung — 9

I. Klimagerechtigkeit

Dale Jamieson, Marcello Di Paola
Klimawandel und globale Gerechtigkeit: Neues Problem, altes Paradigma? — 23

Henry Shue
Klimahoffnung: Die Ausstiegsstrategie in die Tat umsetzen — 39

Dieter Birnbacher
Klimagerechtigkeit – Verursacher- oder Leistungsfähigkeitsprinzip? — 67

Margit Ammer
Klimawandel und Migration/Flucht: Welche Rechte für die Betroffenen in Europa? — 81

II. Kollektives Handeln

Anton Leist
Schadenverursachen und Kooperation beim Klimawandel – Zwei Weisen, auf das Ende zu sehen — 107

Bernward Gesang
Gibt es politische Pflichten zum individuellen Klimaschutz? — 135

Angela Kallhoff
Klimakooperation: Kollektives Handeln für ein öffentliches Gut — 143

III. Ethik des Klima-Engineering

James Rodger Fleming
The Checkered Past of Weather and Climate Control and Its Troubling Prospects — 171

Christian Baatz, Konrad Ott
Klimaethik: Mitigation, Adaptation und Climate Engineering — 181

Harald Stelzer
Climate Engineering: Argumente des kleineren Übels — 199

Stephen M. Gardiner
Geo-Engineering und moralische Schizophrenie: Was ist die Frage? — 221

Angaben zu den Autorinnen und Autoren — 257
Sachregister — 261
Personenregister — 264

Vorwort

Dieses Buch geht auf die Vorlesungsreihe „Klimagerechtigkeit“ zurück, die in den Jahren 2012 und 2013 am Institut für Philosophie der Universität Wien stattfand. Im Rahmen der „Vorlesungen zur Naturethik“ trugen Philosophinnen ihre jüngsten Erkenntnisse zu den normativen Dimensionen des Klimawandels bei. Im Anschluss daran fanden sich Forscherinnen der Debatte um Klimagerechtigkeit und Klimaethik bereit, einen Beitrag zu diesen wichtigen Themen zu schreiben. Nun liegt ein Band vor, der eine aktuelle und lebendig geführte Debatte nicht nur darlegt, sondern in wichtigen Hinsichten weiterführt.

Mein erster Dank geht an die Herausgeberinnen und Herausgeber der „Wiener Reihe. Themen der Philosophie“. Ohne Umstände waren sie bereit, die Beiträge zur Debatte um die Klimagerechtigkeit und um die Klimaethik in diese philosophische Reihe aufzunehmen. Damit schenken sie uns die Möglichkeit, Klimagerechtigkeit und Klimaethik als Felder intensiven philosophischen Fragens und philosophischen Argumentierens zu präsentieren. Mein besonderer Dank gilt Frau Professorin Nagl-Docekal, die den Prozess der Entstehung dieses Bandes unterstützt und wohlwollend begleitet hat.

Für die Betreuung der Vorlesungsreihe und für vorbereitende editorische Arbeiten zur Drucklegung des Buches danke ich Michaela Bartsch, Kathi Beier und Othmar Kastner. Gloria Mähringer gilt mein Dank für ihre redaktionellen Arbeiten am Buch und für die Übersetzungen englischsprachiger Beiträge. Der Fakultät für Philosophie und Bildungswissenschaften der Universität Wien und dem Kulturamt der Stadt Wien danke ich für die großzügige Unterstützung der Drucklegung dieses Buches.

Angela Kallhoff
Wien, November 2014

Angela Kallhoff

Einleitung

Normative Dimensionen des Klimawandels

Der Klimawandel und seine Folgen stellen die Menschheit vor erhebliche gesellschaftliche und politische Herausforderungen. Soll die Erwärmung der Erdatmosphäre gebremst werden, müssen heutige Produktionsformen anderen, nachhaltigen Wirtschaftsformen weichen. Aufgrund der Unumkehrbarkeit des Klimawandels wird es zunehmend nötig sein, menschliche Siedlungsformen an extreme Wetterereignisse und an steigende Meeresspiegel anzupassen. Besonders verletzlich werden jene Gesellschaften sein, die nicht über die hinreichenden Mittel verfügen, die notwendigen Anpassungsleistungen zu erbringen. Und gerade diese Opfer des Klimawandels haben in der Regel wenig zur Verursachung des Klimawandels beigetragen. Er ist vor allem Ergebnis einer kohlenstoffbasierten Produktionsweise der industriell entwickelten Länder.

Anders als bei anderen heranziehenden Katastrophen haben Fachvertreterinnen der Philosophie dieses Mal direkt reagiert. Zwar können auch sie eine Umkehr der Ereignisfolge nicht erwirken. Aber sie tragen dazu bei, die normativen Dimensionen des Klimawandels zu erhellen. Klimagerechtigkeit ist ein Stichwort, unter dem heute eine Reihe sehr unterschiedlicher Positionen zusammengefasst werden. Gemeinsam ist den Vorschlägen, für eine gerechte Verteilung der durch den Klimawandel entstehenden Bürden zu argumentieren. Zudem suchen die Beitragenden Antworten auf die Frage, welche Emissionsrechte welchen Akteuren auch weiterhin zugebilligt werden müssen. Gegenstand der Auseinandersetzungen in der Philosophie ist einerseits die Frage, nach welchen Prinzipien Gewinne und Bürden der kohlenstoffbasierten Energiegewinnung und anderer mit Treibhausgasen verbundenen Industrien zu verteilen sind. Andererseits reichen die Debatten längst über Fragen der Verteilungsgerechtigkeit hinaus. Zur Diskussion steht auch, welche Reichweite eine Gerechtigkeitsdiskussion haben muss, welche Akteure gefragt sind und welche ethischen Überlegungen mindestens zur Verhinderung noch größerer Übel angestellt werden müssen.

In der politischen Philosophie gibt es eine ausgereifte Debatte darüber, welche Forderungen der Gerechtigkeit mit Rücksicht auf den Klimawandel begründet sind. Wie so oft in der Philosophie basiert die Debatte auf der Einsicht, dass das Problem Klimawandel „unter einer Beschreibung" erfasst werden muss – einer Beschreibung, welche die normativ problematischen Dimensionen erkenntlich macht. Die für die Gerechtigkeitsfragen wichtigste Form der Beschreibung ist diejenige der Nutzung eines Kollektivgutes. Die Atmosphäre ist ein globales Gut, das in Gestalt eines Kollektivgutes zunächst einmal allem Lebendigen nützt. Jedoch ist dieses gemeinsame Gut als Abraum für schädigende Gase benutzt worden. Sowohl der Umfang der Einträge als auch die Art der Gase wird nun zum Problem.

Eine vergleichbare Beschreibung wurde bereits vor mehr als zehn Jahren von Peter Singer in „One Atmosphere" entwickelt (Singer 2002). Die Emission von Treibhausgasen ist eine Nutzungsform, in welcher die Atmosphäre als Abraum von Nebenprodukten industrieller Produktion verwendet wird. Singer bezeichnet die Atmosphäre als „Giant Sink" (Singer 2002, S. 27). Erst jetzt, nach Jahrzehnten der Übernutzung, wird deutlich, dass dies gravierende negative Auswirkungen hat. Die Anreicherung dieser Abfallprodukte führt zu einer Erwärmung der Erdatmosphäre. Diese bedroht das Weltklima. Soll eine ernsthafte Bedrohung der Geo-Systeme abgewendet werden, muss die Nutzungsform als Abhalde für schädigende Gase in der Zukunft strikt begrenzt werden.

Aus Perspektive der politischen Philosophie lässt die Beschreibung keine direkten normativen Schlüsse zu. Vielmehr muss erörtert werden, welche Prinzipien geeignet sind, um einerseits eine wirksame Reduktion von Treibhausgasen zu erwirken, und andererseits dabei Zumutbarkeitsregeln und Schutzregeln gegenüber den am schlechtesten Gestellten zu respektieren. Peter Singer hat einst für eine Gleichverteilung noch verbleibender Nutzungsrechte gestritten (Singer 2002). Die Debatte über Klimagerechtigkeit hat inzwischen gezeigt, dass ein Egalitarismus hinsichtlich zukünftiger Nutzungsrechte nur ein guter Ansatzpunkt weiterer Überlegungen sein kann. Ergänzend ist eine Reihe von Prinzipien notwendig, welche den Übergang von einer idealen theoretischen Vorstellung zu machbaren Veränderungen rechtfertigen (Gardiner et al. 2010). Zudem wird auch gefordert, die historische Dimension von Gerechtigkeit zu berücksichtigen. Während die Bewohner der reichen Staaten von den schädlichen Emissionen bis heute profitieren – sind die Emissionen doch Grundlage eines Wirtschaftens, die zu großem Wohlstand geführt hat –, sind von den zerstörerischen Folgen des Klimawandels vor allem die armen Länder betroffen. Gerade diese haben aber nicht zu dem jetzigen Problem der Überlastung der Atmosphäre beigetragen.

Schaut man auf die Reihe von konkreten Prinzipien, die bisher entwickelt wurden, ergibt sich ein kompliziertes Gefüge. Eine erste Zäsur in der Debatte um Klimagerechtigkeit wurde von Henry Shue durch die Unterscheidung von notwendigen Emissionen und Luxusemissionen begründet (Shue 1993). Weitere Ansätze erörtern die Art und Weise der Berücksichtigung einer historischen Dimension, die Fragen der gerechten Verteilung von Emissionen zwischen reichen und armen Ländern und die Korrelation von Nutzenverteilungen und Gerechtigkeitsforderungen (für eine repräsentative Zusammenstellung vgl. Gardiner et al. 2010). Im Zuge eines politischen Kosmopolitismus wird auch auf Emissionsrechte verwiesen, die als Bestandteil eines Bündels sehr grundlegender Rechte argumentiert werden (Caney 2005). Insbesondere ist allen Beitragenden auch klar, dass der Klimawandel nicht nur für unsere Generation, sondern auch für künftige Generationen gravierende Herausforderungen bergen wird. Die Lasten des Klimawandels einfach weiterzugeben an die nächste Generation, wäre ein zutiefst amoralisches Verhalten (Gardiner 2011).

In der Debatte um Klimagerechtigkeit steht heute fest: Einerseits ist die Philosophie gefordert, Gerechtigkeitsprinzipien zu entwickeln; andererseits gehen die Herausforderungen an die Philosophie über die Fragen gerechter Verteilung hinaus. Neben dem Umstand, dass es sich um ein globales und ein zeitlich nicht eingegrenztes Problem handelt, fällt auch ins Gewicht, dass die politische Philosophie in einem Viel-Staaten-Modell befangen ist (vgl. dazu in diesem Band Jamieson und Di Paola). Dass politische Agenden von Staaten notwendig sind, um dem Klimawandel wirksam entgegenzuwirken, wird auch heute kaum in Zweifel gezogen. Zugleich ist aber auch deutlich geworden, dass gerade wegen dieser praktisch-politischen Seite eine sehr viel stärkere Vermittlung geleistet werden muss zwischen einem abstrakten Entwurf idealer Prinzipien und tatsächlichen Erfordernissen der politischen und gesellschaftlichen Wirklichkeit. Dazu zählt auch, dass ohne das Mitwirken nicht-politischer Institutionen der Gesellschaft und ohne die Mitwirkung der Bürgerinnen und Bürger – mindestens der über genügend Mittel verfügenden Bürgerinnen und Bürger – ein wirksamer Wandel nicht zu erwarten ist. Dies erfordert nicht „nur" eine in Gerechtigkeitsfragen akzeptable Agenda. Es wird auch notwendig, nach grundlegenden ethischen Prinzipien zu fragen, welche eine zukunftsweisende Ausrichtung der heutigen Gesellschaften in Richtung einer klima-schonenden Lebensweise unterstützen.

1 Themen des Bandes

Der vorliegende Band zur „Klimagerechtigkeit und Klimaethik" setzt folgerichtig an der skizzierten systematischen Stelle an. Nachdem bereits intensiv über Klimagerechtigkeit debattiert worden ist, tritt die Diskussion aktuell in eine neue Phase ein. Diese neue Phase mit „Klimaethik" zu überschreiben, wäre sicherlich vereinfachend. Gerechtigkeitsdebatten bleiben weiterhin zentral. Mindestens gilt aber, dass die ethische Debatte sich über Entwürfe der Verteilungsgerechtigkeit hinaus bewegt. Ein Grund für diese neuen Bewegungen sind auch Forschungen an Technologien des Klima-Engineering. Zwar handelt es sich weiterhin nur um Forschungsvorhaben, nicht um bereits realisierte oder in Großversuchen getestete Ansätze; jedoch wird wiederum zügig mit einer Forschungsethik reagiert.

Die jüngere Debatte zu Fragen der Klimagerechtigkeit und der Klimaethik ist noch nicht abschließend konturiert. Jedoch lassen sich mit Rücksicht auf die in diesem Band versammelten Beiträge drei gemeinsame Schwerpunkte ausmachen.

Erstens sind die Autoren und Autorinnen sich darin einig, dass die philosophische Erörterung des Klimawandels eine Gerechtigkeitsdebatte einschließt. Sie wissen aber auch, dass Ansätze zu einer Theorie der distributiven Gerechtigkeit die normativen Herausforderungen nicht adäquat abbilden können. Einige der Autoren in diesem Band – so vor allem Dieter Birnbacher, Anton Leist, Dale Jamieson und Marcello Di Paola – stellen fest, dass eine auf allgemeinen gerechtigkeitstheoretischen Prinzipien beruhende Lösung nicht wegweisend ist. Birnbacher und Leist fragen stattdessen, welche konkreten Prinzipien eine gerechte Klimakooperation konturieren können.

Auch wenn auf Gerechtigkeitstheorien Bezug genommen wird, wird die Situation insgesamt nicht mehr nur als eine Verteilungssituation gedeutet. Vielmehr wird das Gefälle zwischen Arm und Reich nun direkt angesprochen – jedoch nicht mit dem unmittelbaren Ziel der Rechtfertigung einer Rück- oder Umverteilung. Vielmehr plädieren einige Autoren dafür, die Anliegen der ärmsten Mitglieder der Weltbevölkerung unmittelbar zu priorisieren. Margit Ammer befasst sich in dieser Absicht mit den Schicksalen und den rechtlichen Rahmenordnungen zur Verbesserung der Situationen von Klimaflüchtlingen in Europa. Henry Shue hebt abermals hervor, dass es in der Diskussion darum gehen muss, den am meisten Betroffenen ein explizites Augenmerk zu geben. Jedoch sieht er keinen Raum mehr dafür, aus dieser Priorisierung auch besondere Emissionsrechte für die armen Länder abzuleiten. Vielmehr plädiert er heute – wie auch Jamieson und Di Paola – für ein rasches politisches Handeln zugunsten einer weltweiten Energiewende.

Zweitens setzt jeder der Beiträge mit einem hinreichend präzisen Teilaspekt der normativen Herausforderungen an. In der Debatte um Klimagerechtigkeit war es zwar auch bisher schon üblich, zwischen idealer Theorie und nicht-idealer Theorie so zu vermitteln, so dass abstrakte Prinzipien praxistauglich werden. Die Beiträge in diesem Band gehen in dieser Hinsicht jedoch weiter. Die Autoren erörtern eine alternative Vorgehensweise: Sie analysieren konkrete Teilaspekte der großen normativen Herausforderungen des Klimawandels. Drei Themen sind dabei besonders wichtig: *Erstens*, wie bereits erwähnt, die Frage, welche ethischen Forderungen zugunsten der primär vom Klimawandel Betroffenen gerechtfertigt sind. *Zweitens* wird erörtert, wie Klimakooperation trotz aller Widernisse theoretisch erfasst werden kann und auch praktisch eine Chance haben wird. Einig sind sich die Autoren darin, dass es ohne die Berücksichtigung grundlegender Gerechtigkeitsforderungen auch keine Kooperation geben wird. *Drittens* wird von Konrad Ott und Christian Baatz, Stephen M. Gardiner, Harald Stelzer und James R. Fleming erörtert, ob das Klima-Engineering eine ethisch vertretbare Option ist. Insgesamt geht es darum, wegweisende und auch politisch tragbare Vorgaben zu erörtern, welche alle dem einen Ziel dienen, Strategien zu untermauern, welche in ihrer Anwendung der Erderwärmung wirksam entgegentreten und zugleich in normativer Hinsicht als gerechtfertigt gelten können.

Noch ist es nur eine Projektion in die Zukunft, die Erde durch technische Mittel des Geo-Engineering vor einer Überhitzung zu schützen. Es steht fest, dass solche Mittel nur dann helfen, wenn sie großräumig angewendet werden – deshalb gibt es keine aktuellen experimentellen Ergebnisse. Fleming argumentiert in diesem Band aber, dass es nicht stimmt, dass wir gar nichts über mögliche Folgen des Geo-Engineering wissen. Vielmehr hat es Experimente des Klima-Engineering gegeben; und als Forscher der Klimageschichte weiß er auch über die Ergebnisse dieser Ansätze zu berichten. Heute gibt es große Forschungsprojekte, die sich der Möglichkeiten des Klimaengineerings annehmen und zukünftige Möglichkeiten vorbereiten. In diesem Band werden Positionen versammelt, welche den Einsatz solcher Großtechnologien sowohl hinsichtlich des möglichen Nutzens als auch hinsichtlich möglicher Übel abwägen. Insbesondere wird auch diskutiert, wie stichhaltig Argumente der Alternativlosigkeit und „des kleineren Übels" angesichts eines möglichen Katastrophenszenarios sind. Wir möchten damit auch dazu beitragen, eine Debatte, die bisher hinter den Türen großer Forschungseinrichtungen geführt wird, der interessierten Öffentlichkeit zugänglich zu machen.

Drittens war die Debatte zur Klimagerechtigkeit immer schon bezogen auf die Vorstellung, es gehe um Nutzungsformen mit Rücksicht auf ein natürliches Kollektivgut (Singer 2002; Vanderheiden 2008). Jedoch wird nun deutlich gemacht, dass die Nutzung eines solchen Gutes ethischen Prinzipien unterliegen sollte. Eine besondere Herausforderung stellen dabei die viel besprochenen Dilemmata kooperativen Handelns dar. Um eine „Tragödie der Allgemeingüter" auch heute noch abzuwenden, ist es nötig, über Kooperationsprinzipien nachzudenken, welche eine Übernutzung der Atmosphäre verhindern, zugleich aber auch notorische Probleme des Trittbrettfahrens verunmöglichen. Anton Leist fragt, unter welchen Bedingungen Pflichten des Einzelnen zur Kooperation begründet werden können. Bernward Gesang stellt Prinzipien des Nutzens auf den Prüfstand. Angela Kallhoff analysiert ein Modell des Gruppenhandelns, das auf ein geteiltes Ethos als ethische Richtschnur setzt.

Insgesamt geht es aus Perspektive der praktischen Philosophie darum, ein empirisch hoch-komplexes Problem in einer normativen Beschreibung zu analysieren. Da das Problem sowohl in seiner Dimension als auch in seiner Entwicklung einzigartig ist, bietet die Situation einen Gegenstand, der zu einem grundlegenden und rigorosen Philosophieren einlädt. Zugleich wird sichtbar, dass

Ethikerinnen in diesem Kontext auch sehr konkret über Machbarkeitserfordernisse nachdenken.

Der Band gliedert sich in drei Abschnitte. Der erste Abschnitt versammelt Positionen zur „Klimagerechtigkeit“, der zweite Beiträge zum Thema „Klimaschutz und Kollektives Handeln“, der dritte Beiträge zum Thema „Ethik des Klima-Engineering“. Die einzelnen Beiträge werden nun in dieser Reihenfolge vorgestellt.

2 Klimagerechtigkeit

Dale Jamieson und Marcello Di Paola zeichnen ein düsteres Bild zum Thema „Klimawandel und globale Gerechtigkeit“. Sie diagnostizieren eine Geschichte des Versagens, beginnend mit dem zunächst vielversprechenden Klimagipfel von Rio im Jahr 1992. Die Weltgemeinschaft ist nicht nur gespalten zwischen Entwicklungsländern und Industrieländern – die einen fordern eine Deckelung der Emissionen, die anderen fordern ein Recht auf wirtschaftliche Entwicklung. Auch wenn nach Jamieson und Di Paola vieles dafür spricht, den Klimawandel im Paradigma einer internationalen Unrechtssituation zu interpretieren, ist diese Beschreibung allzu einfach. Übersehen werden charakteristische Eigenschaften des Klimawandels, so etwa, dass er nicht an nationalen Grenzen halt macht, „Schaden“ neu definiert werden muss, und Risiken aus der Beschaffenheit natürlicher Systeme resultieren, nicht allein aus Handlungsfolgen. Insbesondere stellen Dale Jamieson und Marcello Di Paola klassische Ansätze der politischen Philosophie als Lösungsansätze zum Thema Klimagerechtigkeit in Frage: einerseits sind dies Theorien der internationalen Gerechtigkeit, andererseits Ansätze bei den Menschenrechten. Gegen diese Ansätze spricht nicht nur, dass sie den Eigenschaften der Situation des Klimawandels nicht gerecht werden; vielmehr können sie auch angesichts einer geschundenen Natur keine adäquate Lösung bieten.

Im Kontrast zu dieser eher pessimistischen Einschätzung argumentiert Henry Shue ein zukünftiges Handeln, das „Klimahoffnung“ bedeuten kann. Notwendig sei eine dritte Revolution der Produktion, die in der konsequenten Hinwendung zu sicheren Energien besteht. Entgegen eigener früherer Einschätzungen der Korrelation von Klimagerechtigkeit und Armutsbekämpfung vertritt Shue in diesem Beitrag die These, den Armen der Weltbevölkerung sei zwar die Nutzung von Energie, nicht jedoch ein erhöhtes Budget an Emissionen zuzugestehen. In Auseinandersetzung mit neuen Studien zum kumulativen Effekt der Anreicherung von Treibhausgasen in der Atmosphäre klärt Shue, dass angesichts der Situation eine früher von ihm argumentierte Strategie zugunsten der Besserstellung der

Ärmsten nicht mehr verteidigt werden kann: Es ist dies der Vorschlag, durch die Reduktion von „Luxusemissionen" Platz zu schaffen für die „Subsistenzemissionen" der armen Bevölkerungen (Shue 1993). Statt weiter am Verteilungsparadigma festzuhalten, sei es angebracht, den Schaden zu sehen, der zukünftigen Generationen durch jegliche weitere Emission von Treibhausgasen zugemutet wird. Im Folgenden plädiert Shue sowohl theoretisch als auch praktisch mit konkreten Maßnahmenvorschlägen dafür, alternative Energien nicht nur auszubauen, sondern konsequent gerade jenen zur Verfügung zu stellen, deren Armut aus Energiearmut resultiert. Konsequent fordert Shue ein sofortiges Handeln, insbesondere auch von den Regierungen der großen Nationen.

Dieter Birnbacher beginnt seine Auseinandersetzung um moralische Prinzipien in der Debatte um Klimagerechtigkeit mit der in der Theoriebildung zentralen Unterscheidung zwischen idealer und nicht-idealer Theorie. Während die Philosophie zu ersterem neigt, ist in der Situation des Klimawandels eine Überführung in ein praktisches Szenario unabdingbar. Leitend für Birnbachers Analysen ist die Annahme, aus der Debatte um Verteilungsszenarien in der Organspende könnten auch für die philosophische Analyse der Verteilungsszenarien zu Emissionsrechten Erkenntnisse gewonnen werden. Entsprechend der dort entwickelten Dimensionen der Diskussion beginnt Birnbacher mit der Unterscheidung von drei Ebenen der Analyse, einer ideal-philosophischen, einer Ebene der Regeln und Praxisnormen und einer Ebene politischer Strategien. Der Autor diskutiert die unterschiedlichen ethischen Begründungen und möglichen politischen Folgen, ohne Prinzipien jedoch gegeneinander ausspielen zu wollen. Als wegweisende Alternative diskutiert Birnbacher sodann ein konsequentialistisch argumentiertes Menschenrechtssystem, in welchem die Armutsprävention neben der Klimagerechtigkeit einen prominenten Platz hat. Ein solches schon von John Stuart Mill räsoniertes Szenario würde auch Raum geben für die beiden zuerst diskutierten Prinzipien.

Margit Ammer nimmt das Problem der Schäden des Klimawandels auf und befasst sich in ihrem Beitrag mit der Frage, ob existierende politische Rahmenbedingungen dafür geeignet sind, auf die Zunahme von Migration aufgrund von Umweltveränderungen zu reagieren. Sie konzentriert ihre Analyse auf rechtliche Institutionen, die im Rahmen der Europäischen Union bereits etabliert sind. Ein solches Instrument ist u.a. die Genfer Flüchtlingskonvention, deren Anwendung jedoch unter Voraussetzungen steht, die nur in einigen Fällen mit der Situation des Umweltflüchtlings zusammen stimmen. Vor allem muss auch unterschieden werden zwischen Flüchtlingen aufgrund punktueller katastrophaler Umweltentwicklungen und einer schleichenden Veränderung, welche ebenfalls zur Migration in einen anderen Staat zwingen kann. Der Beitrag bietet eine Diskussion unterschiedlicher rechtlicher Institutionen, die auch jenseits der Flüchtlingskonvention greifen können, eine Darstellung unterschiedlicher Praktiken von EU-Mitgliedsländern und der Frage, welche Pflichten der EU gegenüber jenen Personen bestehen, die ihr Herkunftsland nicht verlassen können. Schließlich plädiert Ammer für ein neues rechtliches Rahmenprogramm, das den verschiedenen Formen von Umweltmigration Rechnung trägt.

3 Klimaschutz und Kollektives Handeln

Anton Leist möchte die Debatte um Klimagerechtigkeit – wie auch die vorhergehenden Beiträge – in eine neue Richtung wenden. In einer moralphilosophisch grundsätzlichen Auseinandersetzung beginnt Leist mit der Feststellung, im Falle eines Schadens durch das Handeln von Individuen bestehe eine Wiedergutmachungspflicht. Jedoch sei das Prinzip individueller Verantwortung dadurch systematisch eingeschränkt, dass Personen gerade mit Rücksicht auf die folgenreichsten Handlungen in der Beurteilung und Kontrolle der Folgen auf Kooperation mit anderen angewiesen sind. Leist stellt dem moralischen Individualismus, dem zufolge ein jedes Individuum Adressat von Pflichten ist, einen sozialen Individualismus gegenüber: Unter Bedingungen von Kooperation und Übereinkunft mit anderen Mitgliedern einer Gesellschaft können auch Pflichten und deren Inhalte als durch die Gemeinschaft gemeinsam zu erfüllende Pflichten interpretiert werden. In weiteren analytischen Schritten führt Leist den Leser zu einem Prinzip der Handlungsverpflichtung, das er als Gegenprinzip zum Konsequentialismus verstanden wissen will. Dieses besagt – hier verkürzt dargestellt –, dass dann, wenn es um die Beteiligung Einzelner an einem öffentlichen Gut geht, moralische Urteile auch daran bemessen werden, ob sich genügend Andere zur Erhaltung des Gutes bereitfinden und welches Verhältnis von Nutzen und Lasten die Mehrheit als angemessen beurteilt. In Hinblick auf die Klimaproblematik argumentiert Leist ein Prinzip, wonach sich eine Pflicht verteidigen lässt, die jedoch unter Bedingungen von Effektivität und Gradualität steht. Abschließend stellt Leist diese Überlegungen in den Kontext ökonomischer Vorbehalte und politischer Forderungen.

Bernward Gesang fragt, ob es politische Pflichten zum individuellen Klimaschutz gibt. Im Kontext des Handlungsutilitarismus gilt das Prinzip, eine Handlung sei dann erlaubt, wenn keine andere mögliche Handlung größeren Nutzen hat. Auf der Grundlage dieses Prinzips vertieft Gesang eine Perspektive auf den Klimaschutz, die besagt, Einzelne seien nicht verpflichtet zu einem Beitrag in Sachen Klimaschutz, da der einzelne Eintrag zu klein sei, um kausal wirksam zu werden. Jedoch, so Gesang, muss von der Diskussion individueller Pflichten diejenige um politische Pflichten des Einzelnen unterschieden werden. Gesang argumentiert, dass, solange kein politischer Rahmen der Erzwingung von Klimakooperation gegeben sei, jeder Einzelne wenigstens insoweit gefordert ist, als er eine Vorbildfunktion übernehmen kann. Gesang argumentiert, dass es zur öffentlichen politischen Vorbildfunktion sogar eine Verpflichtung gebe, sodass mindestens indirekte Pflichten zum Klimaschutz auf diesem Weg ebenfalls argumentiert werden können. Von diesem Sachverhalt unterscheidet Gesang einen weiteren, nämlich ob es geboten ist, dass der Einzelne sein Alltags- und Emissionsverhalten ändere. Hier wird für Doppeleffekte argumentiert, die das Gebot zur Armutsbekämpfung verbinden mit Beiträgen zum Klimaschutz.

Angela Kallhoff konzentriert ihre Analyse zum Klimaschutz auf die Dilemmata kollektiven Handelns und ein Gegenmodell des Gruppenhandelns. Die Veränderung des Klimas kann interpretiert werden als ein Effekt kollektiven Handelns auf ein natürliches Kollektivgut, die Atmosphäre. In dieser Interpretation war es weder Absicht noch war es ein Verschulden, dass der massive Eintrag von Treibhausgasen zu einer Veränderung des Klimas beigetragen hat. Vielmehr resultiert die jetzige Situation aus dem Misslingen gemeinsamen Handelns zugunsten eines natürlichen Gutes. In ihrer Analyse geht Kallhoff zunächst die Standardfälle solcher Dilemmata kollektiven Handelns durch und zeigt ihre erklärende Kraft für die Bedrohung des Klimahaushalts. Dann argumentiert sie ein Kontrastmodell der „ökologischen Kooperation“. Mithilfe neuerer Erkenntnisse der Theorien des Gruppenhandelns wird ein Modell der Kooperation zugunsten des Atmosphärenschutzes argumentiert. Damit wendet sich die Autorin nicht nur gegen die als zwangsläufig diagnostizierte „Tragödie des Gemeingutes“. Vielmehr möchte sie auch eine Perspektive erarbeiten, wonach eine sowohl geteilte als auch jeweils spezifische Verantwortung mit Rücksicht auf die Erhaltung der zentralen Öko-Funktionen der Atmosphäre mit Fairnessprinzipien vermittelt werden kann.

4 Ethik des Klima-Engineering

Die Debatten um das Klima-Engineering werden eingeleitet mit einem Beitrag zur Geschichte der experimentellen Klimaforschung. James Rodger Fleming widmet sich der „vielfarbigen“ Vergangenheit der Wetter- und Klimakontrolle. Gegen die verbreitete Annahme, mit Geo-Engineering würde Neuland betreten, dokumentiert er zivile und militärische Anstrengungen, um Regen artifiziell zu erzeugen, Nebel zu verbannen, Stürme umzuleiten und sogar Eigenschaften des planetaren Systems, inklusive der Stratosphäre und Magnetosphäre, gezielt zu verändern. Fleming erörtert vor diesem Hintergrund neue Technologien, so vor allem jüngste Versuche, die Sonneneinstrahlung zu kontrollieren und Kohlendioxid abzusondern. Er fragt, ob „Klima-Engineering“ ein nicht aus der Welt zu schaffender

Irrweg oder nur eine Modeerscheinung ist. Insbesondere ist Fleming skeptisch, ob die kontroversen Erfahrungen der Vergangenheit dazu beitragen können, für das neue Forschungsfeld des Klima-Engineering eine vielversprechende Perspektive aufzuzeigen.

Christian Baatz und Konrad Ott bieten in ihrem Beitrag zur Klimaethik zunächst eine grundlegende Einführung in die zentralen Themenstellungen. Sie erinnern an die ethischen Herausforderungen der als Mitigation (Minderung von Emissionen) und Adaptation (Anpassung an klimatische Änderungen) bezeichneten Strategien, auf den Klimawandel zu reagieren. Vor allem machen sie deutlich, wie konkrete politische Vorgaben in beiden Hinsichten mit normativen Grundlagenfragen verzahnt sind. Hinsichtlich der Mitigation ist dies die Verzahnung politischer Vorgaben zur Deckelung von Emissionen mit konkreten Reduktionsprinzipien; hinsichtlich der Adaptation ist es die Frage, welche ethischen Prinzipien die Bereitstellung und institutionelle Kanalisierung von Mitteln zugunsten der Klimabetroffenen und Klimaflüchtlinge leiten sollten. Vor diesem Hintergrund wird in die Debatte um das Klima-Engineering eingeführt. Als zwei zentrale technologische Optionen werden Techniken der Entnahme von Kohlendioxid aus der Atmosphäre (Carbon Dioxide Removal, CDR) und der technischen Beeinflussung des Strahlenhaushaltes der Erde (Solar Radiation Management, SRM) erörtert. Die Autoren kombinieren eine Einführung in die technischen Optionen mit einer Darlegung der ethischen Herausforderungen. Neben Fragen der Risiko-Abschätzung und der Forschungsethik ist den Autoren daran gelegen, demokratische Defizite zu artikulieren und die Vorzüge eines holistischen Ansatzes zu skizzieren.

Harald Stelzer konzentriert seine Auseinandersetzung mit dem Klima-Engineering auf sogenannte Notfallargumente. In Notfallsituationen spielen Argumente des Kleineren Übels eine Rolle, die von einer Kontextualisierung in mehr oder weniger durchschnittlichen Lebensumständen deutlich unterschieden sind. Im Vorfeld drohender Katastrophenszenarien gewinnen solche Argumente an Bedeutung – eine Situation, die Stelzer in der internationalen Debatte um den Klimawandel diagnostiziert. In seinem Beitrag konzentriert sich Stelzer auf eine Technik der Beeinflussung des Strahlenhaushaltes (Solar Radiation Management, SRM): die stratosphärische Aerosolinjektion (Stratosphereic Aerosol Injection, SAI). Auch wenn diese Technik sehr risikobehaftet ist, wird mindestens dafür gestritten, die Technik einsatzbereit zu machen – die einschlägigen Argumente beziehen sich auf den enormen möglichen Nutzen dieser Technologien in der Verhinderung gravierenden Leids. In einer differenzierten Auseinandersetzung geht Stelzer der Frage nach, welche Hintergrundprinzipien das „Prinzip des kleineren Übels" in diesem Szenario rechtfertigen. Es gilt beispielsweise zu berücksichtigen, dass das potenzielle Leid nicht eindimensional charakterisiert werden kann, dass die Entscheidungen über Technologien im Kontext extrem unsicheren Wissens über die Folgen geschehen müssten und dass „der Klimanotfall" keineswegs ein eindeutiges Szenario ist. Stelzer bietet keine einfache Lösung der Situation. Vielmehr beschließt er seine Ausführungen mit Überlegungen zur Gewichtung der verschiedenen Bewertungsansätze und mit einer Empfehlung, die Forschung zum Klima-Engineering weiter voranzutreiben.

Der letzte Beitrag dieses Bandes kommt zu einer anderen Wertung. Aus philosophischer Warte untersucht Stephen M. Gardiner die moralische Schizophrenie, die den Diskurs über Techniken des Klima-Engineering seiner Meinung nach dominiert. Mit der Figur der „moralischen Schizophrenie" knüpft er an den bekannten Beitrag von Michael Stocker (Stocker 1976) an und legt die Metapher der moralischen Schizophrenie auf den Umgang mit Notfallargumenten um. Wie auch Stelzer konstatiert Gardiner zunächst den Mangel an Differenzierungen hinsichtlich dieser Argumente. Gardiner verknüpft die moralische Argumentation zugunsten des Geo-Engineering dann mit den Leitthemen seines Buches *A Perfect Moral Storm* (Gardiner 2011), in welchem er ein vielfaches moralisches Versagen der Menschheit als Ursache des Versagens der Klimapolitik diagnostiziert. Schizophren ist der Befürworter des Klima-Engineering dann, wenn seine Argumentation auf einer Engführung des ethischen Blickwinkels beruht, die rational nicht nachzuvollziehen ist. Gardiner illustriert diese Art moralischen Versagens mit dem Verhalten des „dummen Wayne", dessen sexuelle Eskapaden und deren Rechtfertigung dem Leser an dieser Stelle nicht vorweggenommen werden sollen. Gardiner unterscheidet auf der Grundlage seiner ethischen Einschätzung einerseits Formen des Geo-Engineering, die zu Recht mit Sorge beobachtet werden – so etwa Geo-Engineering im Alleingang, ohne Konsens, in räuberischer Absicht oder mit militärischen Mitteln. Vor allem ist ihm aber daran gelegen, ein differenziertes Panorama sowohl der möglichen Argumentationen, als auch der relevanten Kontexte nachzuzeichnen und damit die Debatte um Geo-Engineering vor unzulässigen Vereinfachungen zu schützen.

Literatur

Caney, Simon (2005): „Cosmopolitan Justice, Responsibility, and Global Climate Change". In: *Leiden Journal of International Law* 18. Nr. 4, S. 747–75.

Gardiner, Stephen M. (2011): *A Perfect Moral Storm. The Ethical Tragedy of Climate Change.* Oxford, New York: Oxford University Press.

Gardiner, Stephen M./Caney, Simon/Jamieson, Dale et al. (Hrsg.) (2010): *Climate Ethics. Essential Readings.* Oxford, New York: Oxford University Press.

Shue, Henry (1993): „Subsistence Emisssions and Luxury Emissions". In: *Law and Politics* 15. Nr. 1, S. 39–59.

Singer, Peter (2002): „One Atmosphere“. In: *One World. The Ethics of Globalization*. New Haven: Yale University Press, S. 14-50.
Stocker, Michael (1976): „The Schizophrenia of Modern Ethical Theories“. In: *The Journal of Philosophy* 73. Nr 14, S. 14453–66.
Vanderheiden, Steve (2008): *Atmospheric Justice: A Political Theory of Climate Change*. Oxford: Oxford University Press.

I. Klimagerechtigkeit

Dale Jamieson/Marcello Di Paola

Klimawandel und globale Gerechtigkeit: Neues Problem, altes Paradigma?[1]

Wir kommen vom Klimawandel nicht los. Ohne dass wir es wollten, haben wir uns selbst und unsere Nachfahren auf eine Welt festgeschrieben, die sich qualitativ unterscheidet von der Welt, die die Menschheit und all ihre Schöpfungen ermöglicht hat. Die Dämmerung beginnt sich zu legen, die Eule der Minerva kann ihre Flügel ausbreiten und fliegen: jetzt können wir uns ernsthaft darüber Gedanken machen, warum die weltweiten Anstrengungen, einen gefährlichen anthropogenen Klimawandel zu verhindern, gescheitert sind.

Ein Grund für die Schwierigkeiten, auf den Klimawandel zu reagieren, besteht darin, dass man das Problem auf verschiedene Arten begrifflich fassen kann. Jede dieser Arten erachtet für die Lösung des Problems unterschiedliche Mittel als wichtig und betrachtet unterschiedliche Reaktionen als Erfolge und Misserfolge. Wenn das Problem im Wesentlichen eines der *global governance* ist, brauchen wir neue Abkommen und Institutionen. Wenn das Problem Marktversagen ist, brauchen wir effektive CO_2-Steuern oder ein funktionales Cap- und Handelssystem. Wenn das Problem in erster Linie technologische Versäumnisse widerspiegelt, brauchen wir ein *clean energy*-Programm oder vielleicht Geo-Engineering. Ist Klimawandel nur die jüngste Variante der Reichen in der Welt, die Armen auszubeuten, dann müssen wir den Kampf für globale Gerechtigkeit wieder aufnehmen. Das Phänomen unterschiedlicher Problemaufrisse, die alle gleichermaßen plausibel sind, ist charakteristisch für sogenannte „*wicked problems*“, die für politische Systeme gemeinhin schwierig anzugehen sind (Allgemeines zu Klimawandel und Rahmenbedingungen siehe Hulme 2009).[2]

Im Folgenden konzentrieren wir uns auf die Auffassung des Klimawandels als eine Sache der globalen Gerechtigkeit. Wir leugnen nicht, dass der Klimawandel grundlegende und drastische Gerechtigkeitsprobleme sowohl zwischen den Völkern als auch zwischen den Generationen aufwirft. Wir behaupten aber zugleich, dass die Sprache der globalen Gerechtigkeit die Tatsache verschleiern kann, dass den Problemen, die der Klimawandel hervorruft, einige der klassi-

---

1 [Anmerkung d. Übersetzerin: der Originalbeitrag „Climate Change and Global Justice. New Problem, Old Paradigm?“. In: *Global Policy* 5. Nr. 1 (2014), S. 105–111, wurde mit freundlicher Genehmigung des Verlegers *John Wiley and Sons* übersetzt.]

2 Mehr zum Thema „wicked problems“ finden Sie unter: http://eureka.sbs.ox.ac.uk/66/1/TheWrongTrousers.pdf, besucht am 19.11.2014.

schen Eigenschaften globaler Gerechtigkeitsprobleme fehlen, während sie andere aufweisen, die für solche Probleme nicht charakteristisch sind.

Wir beschreiben zunächst, wie wir da hingekommen sind, wo wir jetzt stehen, zeigen dann, warum es plausibel ist, den Klimawandel als Ursache für globale Gerechtigkeitsprobleme zu denken, und zeigen vier Hinsichten auf, in welchen dieser Diskurs nicht in den Problembereich passt. Wir stellen Probleme mit zwei begrifflichen Schlüsselelementen der meisten *global justice*-Theorieansätze dar, die sich bei Anwendung auf den Klimawandel ergeben, und ziehen am Ende einige Schlüsse daraus.

1 Eine kurze Geschichte des Versagens

Im Jahr 1992 traf sich die größte Versammlung von Staatsoberhäuptern, die jemals zusammengekommen war, auf dem „Erdgipfel" in Rio – fachwissenschaftlich als „Konferenz der Vereinten Nationen über Umwelt und Entwicklung" bekannt – und mehr als 17 000 Menschen besuchten das alternative NGO-Forum. Das markiert den Beginn einer im wahrsten Sinne globalen Umweltbewegung. Optimismus lag in der Luft. Der Traum von Rio war, dass sich die Länder des Nordens und des Südens die Hände reichen, um die globale Umwelt zu schützen und die Armen der Welt zu unterstützen. Nach fast zwei Jahrzehnten Ringens ist der Traum 2009 auf der UN-Klimakonferenz in Kopenhagen geplatzt. Die Hoffnung, dass die Völker der Welt das Problem Klimawandel durch eine Umwandlung in globale Vermögenswerte lösen werden, ging verloren.

Die Klimapolitik der absehbaren Zukunft wird die kunterbunte Sammlung von Richtlinien und Gepflogenheiten einzelner Länder widerspiegeln, aber nicht das Ergebnis einer globalen Übereinkunft, die in einem gemeinsamen Verständnis von Gerechtigkeit gründet. Es wird praktisch überall klimarelevante Politik geben, aber sie wird in allen Ländern unterschiedlich sein, wird unter unterschiedlichen Beschreibungen und mit unterschiedlichen Arbeitszielen verfolgt werden. Einige Länder werden Emissionshandel einführen, andere CO_2-Steuern und wieder andere *technology forcing*-Standards. Einige Länder werden ihren Energiemix ändern, andere ihre Transportsysteme und wieder andere werden sich auf Gebäude konzentrieren. Einige werden viel, andere wenig tun. In einigen Ländern wird es eine ganze Reihe subnationaler Variationen geben, während andere Länder ihre politischen Maßnahmen auf nationaler, bis zu einem gewissen Grad vielleicht sogar auf internationaler Ebene betreiben. Diese Maßnahmen hängen in unterschiedlichem Grade von den jeweiligen Ländern ab und spiegeln eine Mischung aus Eigeninteresse und ethischen Idealen verschiedenster Ausformung verschiedenster Völker wider.

Seit Beginn der Klimaverhandlungen gibt es einen anhaltenden Konflikt zwischen Industrie- und Entwicklungsländern. Letztere haben in der Geschichte weitaus weniger zur totalen Ansammlung von Treibhausgasen in der Atmosphäre beigetragen als Industrieländer, ihr Pro-Kopf-Beitrag ist im Verhältnis noch einmal geringer als ihre Gesamtemissionen. Entwicklungsländer sind bei den Vereinten Nationen durch die G 77 vertreten.[3] Dennoch gibt es innerhalb der G 77 eine breite Palette von Interessen. So ist beispielsweise die „Allianz der kleinen Inselstaaten“ (engl. AOSIS) der stärkste Verteidiger bindender Emissionsbeschränkungen für Industrieländer, während ölproduzierende Staaten oft sogar die zugrundeliegenden wissenschaftlichen Erkenntnisse in Zweifel ziehen und sich jeder bedeutenden Aktion in den Weg stellen. Große Länder wie Brasilien, China und Indien konzentrieren sich typischerweise auf Angelegenheiten, durch die sie ihre nationale Souveränität berührt sehen. Solcher Differenzen ungeachtet ist die G 77 in den Klimaverhandlungen durchwegs als bemerkenswerte Einheit bezüglich zweier Kernthemen aufgetreten: zum einen bezüglich der Forderung nach Technologietransfer und ökonomischer Unterstützung durch die Industriestaaten, zum anderen bezüglich der Weigerung, bindende Festlegungen für ihre eigenen Mitglieder einzugehen.

Aus der Sicht von Staaten wie Brasilien, China und Indien drohen weltweite Obergrenzen für Emissionen, solange die Industriestaaten nicht aggressiv zu Einschränkungen verpflichtet werden, sie selbst auf ihre ohnehin relativ niedrigen Pro-Kopf-Emissionen festzuschreiben und dadurch ihr Wirtschaftswachstum zu behindern. Diese Staaten befürchten, dass sich die Industriestaaten weiterhin bedeutenden Emissionsbeschränkungen entziehen könnten, während sie zugleich auf die Erfüllung globaler Zielsetzungen pochen und damit zunehmend ihnen die Last aufbürden. Aus ihrer Sicht haben die Industriestaaten von Beginn an versucht, die ganze Last auf sie zu verlagern. Ohne eine Festlegung der USA auf bedeutende Einschränkungen sind Brasilien, China und Indien schlichtweg nicht bereit, ihrerseits irgendwelchen Zielsetzungen zuzustimmen.[4]

Kopenhagen hat gezeigt, wie tief und vielfältig die menschliche Gemeinschaft in dieser Angelegenheit gespalten ist. Die internationalen Klimaverhand-

---

3 Die G 77 wurde 1964 zur Förderung der ökonomischen Ziele von Entwicklungsländern gegründet. China betreibt seine Klimapolitik in Übereinstimmung mit der G 77, ist aber kein Mitglied, sondern ein „special invitee“.

4 Es scheint tatsächlich, als hätten die Chinesen im Zuge der „Übereinkunft von Kopenhagen“ stärkere Einschnitte bei ihren Emissionen versprochen als die USA. Dennoch lässt sich schwer sagen, wie viel von den versprochenen Emissionsbeschränkungen tatsächlich als Abkehr vom gewohnten Vorgehen zu gelten hat, da China auch unabhängig davon in den letzten Jahren einen Plan zu signifikanten Einschränkungen in der Energieintensität verabschiedet hat.

lungen gleichen zunehmend dem langwierigen Stellungskrieg der Welthandelsgespräche in Doha.[5] Die Klimadiplomatie wird weitergeführt, aber das wirkliche Handeln wird anderswo stattfinden. Bilaterale Beziehungen wie die zwischen den USA und China werden weiterhin wichtig sein, aber Anliegen bezüglich des Klimawandels spielen neben Verhandlungen über Handel, Währung, Sicherheit etc. eine zunehmend untergeordnete Rolle.

Nach zwanzig Jahren Klimadiplomatie ist es unbestreitbare Tatsache, dass die drei Hauptfaktoren in der Reduktion des THG-Ausstoßes in keiner Weise auf eine Glanzleistung globaler Zusammenarbeit zurückzuführen sind. Vielmehr spielen die weltweite Rezession, der Zusammenbruch des Kommunismus und Chinas Ein-Kind-Politik eine immer bedeutendere Rolle.

2 Warum Klimawandel oft als ein globales Gerechtigkeitsproblem gesehen wird

Traditionelle Sichtweisen sterben schwer aus und ein Teil des Traums von Rio, der sich am Leben erhält, ist die Sicht, dass anthropogener Klimawandel im Grunde ein Problem der Gerechtigkeit zwischen den Staaten ist. Wenn diese Sichtweise auch nicht zur Gänze falsch ist, ist das Modell doch in mancher Hinsicht irreführend. China emittiert mehr als die Vereinigten Staaten, die Vereinigten Staaten emittieren mehr pro Kopf als China oder Frankreich, Frankreich emittiert mehr im Ganzen und pro Kopf als Chile und jedes Land hat sowohl starke als auch schwache Emittenten.

Anstatt den Klimawandel als ein Problem zu denken, das von einigen Nationen verursacht und von anderen erlitten wird, ist es plausibler, ihn als ein Problem mit etwa einer halben Milliarde Verursachern zu denken, die, wenn auch ungleichmäßig verteilt, über den ganzen Erdball verstreut sind (Chakravarty et al. 2009).

Die Sichtweise, dass der Klimawandel im Grunde seines Wesens ein Problem der globalen Gerechtigkeit ist, gibt der damit verbundenen Hoffnung Vorschub, dass ihn die Staaten durch eine Übereinkunft untereinander lösen können. Dieser Sichtweise zufolge kann eine internationale Gruppe von Erwachsenen, die als Vertreter von Staaten oder anderen mächtigen Institutionen agieren und, gebunden an Erwägungen der Gerechtigkeit, nationale oder institutionelle Interessen verfolgen, die Welt wieder zusammensetzen. Das zu tun, liegt in der Tat in

5 Die Doha-Runde war seit 2001 aktiv und wurde 2008 eingestellt.

ihrer Verantwortung. Allein wie die Übereinkunft aussehen sollte oder könnte, ist offenbar ein Streitfall. Es gibt aber flächendeckende Zustimmung zu einer weitgehend staatenzentrierten Sicht auf die Lösung des Problems.

Obwohl ihr praktisches Scheitern offen zutage liegt, bleibt diese Sicht einflussreich. Für einige Akademiker ist sie deshalb so attraktiv, weil sie glauben, wir wüssten, wovon wir sprächen, wenn es um *global justice* und *rational choice theory* geht. Klimagerechtigkeit wird dann als ein Spezialfall gezeichnet, auf den sich diese breiteren Theorien anwenden lassen. Solche Gelehrte lehnen Kollisionen mit der Realität oft ab mit dem Argument, dass sie mit Fragen „nicht-idealer" Theorie verbunden sind, die nicht zu ihrem Forschungsgegenstand gehören (für eine Diskussion siehe Valentini 2012).

Für diejenigen, die an der existierenden Weltordnung leiden oder für solche sprechen, die das tun, bietet die Sprache der globalen Gerechtigkeit eine Art „sanfte Macht". Sie sprechen den Klimawandel oft als eine Ungerechtigkeit an, die reiche Länder armen Ländern zufügen. So zum Beispiel hat 2009 in Kopenhagen Lumumba Stanislaus-Kaw Di-Aping, Verhandlungsführer der G 77, die „Übereinkunft von Kopenhagen" mit dem Holocaust verglichen.[6] Tatsächlich ist die Anfälligkeit der armen Länder für den Klimawandel in internationalen Berichten und Erklärungen weithin anerkannt. Die „Erklärung von Johannesburg", abgegeben am zehnten Jahrestag des „Erdgipfels" in Rio 1992, verkündet: „[...] die nachteiligen Auswirkungen der Klimaänderung sind bereits augenfällig, Naturkatastrophen werden immer häufiger und verheerender, die Krisenanfälligkeit der Entwicklungsländer steigt."[7] Wir können den Klimawandel mit gutem Grund als eine Ungerechtigkeit betrachten, die reiche Länder armen Ländern zufügen. Den größten Teil der Emissionen haben reiche Länder zu verantworten, aber das meiste mit dem Klimawandel in Zusammenhang stehende Leid ist in armen Ländern zu erwarten, die weniger technische und finanzielle Kapazitäten haben, darauf zu reagieren, und de facto auch heute schon mehr unter Klimaschwankungen und Extremwetterereignissen leiden. Honduras leidet zum Beispiel mehr unter Hurrikans als Costa Rica, Äthiopien leidet mehr unter Dürre als die USA und wahrscheinlich wird kein Land mehr von Fluten in Mitleidenschaft gezogen wie Bangladesch. In einem „normalen" Jahr wird etwa ein Viertel von Bangladesch durch Fluten überschwemmt. In einem „abnormalen" Jahr stehen die Dinge schlechter. 1998 waren 68% der Landmasse von Bangladesch überflutet, 30 Millionen Menschen wurden vertrieben und mehr als 1000 getötet – und das

6 http://www.youtube.com/watch?v=sO_wvZwOfOU, besucht am 19.11.2014.

7 Für den deutschen Text vgl. http://www.un.org/Depts/german/conf/jhnnsbrg/decl_jo.pdf [Punkt 13], besucht am 17.04.2014.

war nur eine von sieben Hauptfluten, die in einem Zeitraum von 25 Jahren aufgetreten sind. Der Klimawandel wird die Situation noch verschärfen. Gegen Ende des Jahrhunderts wird der Anstieg des Meeresspiegels einen Meter oder mehr betragen (siehe Rignot, Velicogna, van den Broeke, Monaghan und Lenaerts 2011). Ein Anstieg des Meeresspiegels um 80 Zentimeter würde 20% von Bangladesch dauerhaft unter Wasser setzen und etwa 18 Millionen Umweltflüchtlinge schaffen (siehe Roy 2010). Der Klimawandel wird auch Zyklone verstärken, die im Allgemeinen etwa alle drei Jahre auftreten. Salzhaltiges Wasser wird während der Sturmfluten noch weiter ins Binnenland eindringen, wird Trinkwasserversorgung und Ernte zerstören und Viehbestände schädigen. 2008 hat Bangladesch einen Klima-Aktionsplan veröffentlicht.[8] Fünf Milliarden Dollar waren notwendig, um die ersten fünf Jahre dieses Plans vollständig zu finanzieren, für Bangladesch mehr als die Hälfte des gesamten Jahresbudgets von 2008. Der Plan ist mit einem Beitrag Großbritanniens in Höhe von etwa 125 Millionen Dollar gestartet, aber die Hilfszahlungen an Bangladesch waren unbeständig und haben sich in der Regel laufend verringert, sowohl in Basisdollar als auch in Prozent des Bruttoinlandsprodukts.[9] Bangladesch wird sich ohne finanzielle Hilfe von außen nicht erfolgreich an den Klimawandel anpassen können. Es wird unter dem Klimawandel enorm zu leiden haben, sein Beitrag zur Entstehung des Problems ist hingegen immer noch verschwindend gering. Seine gesamten CO_2-Emissionen betragen weniger als 0.2 von 1 % der weltweiten Gesamtmenge.[10] In einer Pro-Kopf-Rechnung betragen Bangladeschs Emissionen ungefähr 1/20stel des weltweiten Durchschnitts und ungefähr 1/50stel der amerikanischen Emissionen.[11]

Ebensolche Überlegungen schenken der Meinung Glaubwürdigkeit, der anthropogene Klimawandel sei ein Akt des Unrechts gegenüber den armen Ländern des Südens durch die reichen Länder des Nordens. Trotz der Plausibilität dieser Sichtweise werden bei schärferem Nachdenken einige Komplikationen sichtbar. Dem weltweiten Klimawandel fehlen einige der zentralen Eigenschaften von Ungerechtigkeit zwischen Staaten, während sie einige neuartige Eigenschaften aufweisen, für die traditionelle *global justice*-Theorien nicht gerüstet sind.

---

8 Bangladeschs Strategie für den Klimawandel und der Aktionsplan von 2008 sind verfügbar unter: http://www.sdnbd.org/moef.pdf, besucht am 19.11.2014.

9 http://indexmundi.com/facts/bangladesch/net-official-development-assistance-received, besucht am 19.11.2014.

10 http://co2now.org/Know-GHGs/Emissions/, besucht am 19.11.2014.

11 Das wurde aus Daten der Weltbank errechnet, die hier verfügbar sind: http://data.worldbank.org/indicator/EN.ATM.CO2E.PC/countries/BD-8S-US?display=graph, besucht am 19.09. 2013).

3 Vier Unterschiede zwischen klimaverursachten Problemen und Paradefällen globaler Ungerechtigkeit

Ein erster Unterschied ist, dass viele Menschen (und sogar einige politische Führungskräfte) in emissionsstarken Ländern Unwissenheit über die Auswirkungen von THG-Ausstoß vortäuschen. Andererseits gibt es aber Länder, die die Schäden zugeben und politische Maßnahmen ergreifen, um Emissionen zu reduzieren oder denjenigen zu helfen, die unter dem Klimawandel leiden. Das mutet allerdings bizarr an, wenn man den Klimawandel nach dem Modell einer Ungerechtigkeit zwischen Staaten begreift. Im ersten Fall ist es, als ob ein Land in ein anderes einfallen würde, ohne davon zu wissen. Im zweiten Fall ist es, als ob ein Land versuchen würde, den Schaden, den es einem anderen zufügt, abzumildern, indem es ihn als politische Maßnahme weiter zufügt.

Ein zweiter Unterschied ist, dass paradigmatische Fälle von Ungerechtigkeit zwischen Staaten die absichtliche Zufügung von Schaden implizieren, und das ist beim Klimawandel nicht der Fall. Treibhausgas-Emissionen sind ein Nebenprodukt der Wirtschaft und anderer Aktivitäten, Klimaschäden sind ein Nebenprodukt von diesen (und anderen) Emissionen. Jedes Land würde seine Wirtschaft und seine sonstigen Aktivitäten gerne weiterführen, die damit verbundenen Emissionen aber einstellen. Man wäre auch glücklich, wenn die Emissionen zwar auftreten würden, aber nichts und niemanden an irgendeinem Ort oder zu irgendeiner Zeit schädigen würden. Bei einem ungerechten Krieg hingegen oder bei der Durchsetzung eines ungerechten Handelsabkommens von einem Staat (oder einer Staatengruppe) in einem anderen Staat (oder einer Staatengruppe) geht es genau darum, andere dessen zu berauben, was rechtmäßig ihnen gehört. Im Gegensatz dazu geht es bei der Emission von Treibhausgasen nur darum, reich zu werden und das Leben zu genießen.

Ein dritter Unterschied ist, dass die Erdatmosphäre nicht an nationalen Grenzen Halt macht und jedes Molekül CO_2 denselben Effekt auf das Klima hat, egal wo es ausgestoßen wurde. Dadurch kann der Klimawandel zum größten Teil von reichen Menschen, wo auch immer sie leben, verursacht werden, während arme Menschen, ebenfalls egal wo sie leben, darunter leiden. Die Menschen, die am meisten zum Klimawandel beitragen und diejenigen, die am meisten darunter leiden, sind also in allen Ländern der Welt verstreut, wenn auch in unterschiedlichem Verhältnis. Wir können über die, die am meisten zum Klimawandel beitragen, nachdenken, indem wir uns auf die 500 Millionen Menschen konzentrieren, die die Hälfte des Kohlenstoffdioxids in der Welt ausstoßen.[12] Das Klimaproblem sähe ganz anders aus, würden sie (wir) nicht existieren. Wer sind diese Leute und wo leben sie? Um das herauszufinden, können wir Näherungswerte verwenden. 2010 gab es weltweit etwas mehr als 700 Millionen registrierte PKWs.[13] Jeder Autobesitzer gehört höchstwahrscheinlich zu denen, die die Hälfte des Kohlenstoffdioxids ausstoßen. Es geht dabei nicht nur um die Emissionen des Autos. Jemand, der ein Auto besitzt, ist in der Regel auch in der Lage, größere Mengen Energie zum Heizen, zum Kühlen und zu diversen anderen Dingen zu verwenden. Die Unterschiede hinsichtlich Autobesitz sind in einigen Ländern riesig, gleichzeitig finden wir Autobesitz über viele Länder verbreitet.[14] Autobesitz in den USA ist um das Zehntausendfache häufiger als in der Republik Zentralafrika. China und Russland haben mehr als 17-mal so viele Autos wie Irland und mehr als alle EU-Staaten mit Ausnahme von zweien (Deutschland und Italien). Nur sechs der Top 10-Staaten im Autobesitz sind unter den Ländern, die gemäß der Klimarahmenkonvention der Vereinten Nationen die Maßnahmen der Entwicklungsländer gegen Klimawandel finanzieren müssen; dagegen sind einige der 24 Länder, die diese Maßnahmen finanzieren müssen, nicht unter den Top 24 im Autobesitz. Das bedeutet, dass sich Reiche in ärmeren Ländern wie China oder Russland Verpflichtungen entziehen, die an den Armen in reicheren Ländern wie Irland und Spanien hängen bleiben.

Dass die emissionsstarken 500 Millionen genauso wie die potentiellen Opfer des Klimawandels über den ganzen Erdball verstreut sind, ist eine unangenehme Tatsache für diejenigen, die den Klimawandel einem traditionellen Problem globaler Gerechtigkeit gleichstellen wollen. Es ist, als ob eine einfallende Armee Bürger des Opferlandes umfassen würde, während die Opfer des Angreifers Einwohner beider Länder sind. Bis zu einem gewissen Grad mag das auch auf einige ungerechte Kriege zutreffen. Es mag auch zutreffen, dass Bürger ärmerer Länder zum Teil kollaborieren oder von der Durchsetzung eines unfairen Handelsabkommens durch ein reicheres Land profitieren, während manche Bürger des reiche-

12 Diesen Zugang wählen Chakravarty et al. 2009

13 Wahrscheinlich ist die Anzahl der Autobesitzer geringer, da einige Menschen mehr als ein Auto besitzen. Wir haben hier Zahlen der „Ward´s Automotive Group" gerundet, verfügbar unter: http://wardsauto.com/ar/world_vehicle_population_110815, besucht am 19.11.2014. Die Zahlen steigen offensichtlich rapide an.

14 Die Behauptungen in diesem Absatz wurden mithilfe von Daten berechnet, die auf folgenden zwei Webseiten einsehbar sind: http://www.quandl.com/society/passenger-vehicles-all-countries; http://data.worldbank.org/indicator/IS.VEH.PCAR.P3/countries/1W?display=default, besucht am 18.09.2013.

ren Landes durch das Abkommen schlechter dastehen. Wenn das auch zutrifft, dann nicht annähernd in dem Ausmaß, wie es für den Klimawandel zutrifft.[15]

Ein vierter Unterschied betrifft die Art des Risikos und die damit verbundene zeitliche Dringlichkeit, die den Klimawandel von gewöhnlichen globalen Gerechtigkeitsproblemen abhebt. In den meisten Fällen globaler Ungerechtigkeit profitiert eine Nation auf Kosten einer anderen und das kann sich auf einen mehr oder weniger unbegrenzten Zeitraum erstrecken. Das aktuelle Emissionsniveau wohlhabender Menschen kann in keinem Fall unbegrenzt weiter gehen. In einem bestimmten Sinn ist aufgeschobene Gerechtigkeit verweigerte Gerechtigkeit, in einem gewöhnlichen Fall kann Gerechtigkeit aber jahrzehnte- oder jahrhundertelang verweigert werden und dann doch siegen (man denke an Rassismus, Sexismus und die Diskriminierung Homosexueller). Die übermäßige Emission von Treibhausgasen droht allerdings die Bedingungen für modernes Leben, auch für die Reichen selbst, zu untergraben. Natürlich kann in einer Welt voller Massenvernichtungswaffen eine globale Ungerechtigkeit ebenso das gesamte globale System gefährden, aber diese Möglichkeit liegt fern im Vergleich mit der Möglichkeit, dass Treibhausgase zu einer globalen Katastrophe führen. Klarheit ist hier wichtig. Der Punkt ist nicht, dass ein atomarer Holocaust weniger wahrscheinlich ist als eine Klimakatastrophe, sondern dass es in einem gewöhnlichen Fall globaler Ungerechtigkeit weniger wahrscheinlich ist, dass sowohl Täter als auch Opfer in derart katastrophalem Ausmaß geschädigt werden, wie es beim Klimawandel der Fall ist. Außerdem liegen militärische Katastrophen immer noch in einer wichtigen Hinsicht in unserer Hand, während das auf eine Klimakatastrophe nicht zutrifft. Im Klimawandel gibt es einen neuartigen Akteur: das Zusammenspiel natürlicher Systeme, das wir üblicherweise „Natur" nennen. Das wird auch von *global justice*-Theoretikern, die sich oft zu denen zählen, für die Natur ein freier Kostgeber für alle ist, nur zu gerne ignoriert. Jetzt gibt es aber keine freie Kost mehr: die Natur wird ihre Rechnung einfordern. Die Gäste können müßig ihren jeweiligen Anteil an der Rechnung aushandeln, bevor der Restaurantbesitzer an ihren Tisch kommt. Aber es bleibt kaum mehr Zeit zum Verhandeln, wenn der Besitzer einmal am Tisch ist und die Rechnung verlangt.

---

15 Gardiner (2011) bewertet die Analogie zwischen Krieg und der Emission von Kohlenstoffdioxid stärker, als wir es tun. Shue (1980) und Pogge (2002) liefern Material für die Annahme, dass sich Staaten anderen Staaten gegenüber einer ungerechten Handlung ähnlich eines Krieges schuldig machen, indem sie negative Pflichten des Nichtschadens verletzen. Eine wachsende Anzahl von Literatur zu komplexen Formen der Ungerechtigkeit beschäftigt sich ebenfalls mit diesen Fragen (z. B. Young 2013).

4 Klimawandel und Gleichheit

Viele der einflussreichsten Theorien globaler distributiver Gerechtigkeit halten an einem Begriff von Gleichheit als einem intrinsischen oder instrumentellen Wert fest, der realisiert werden muss oder dem man sich zumindest als regulativem Ideal annähern muss. Typischerweise vertreten sie redistributive oder kompensatorische Prinzipien, die den Wohlstand der Reichen zwar unter Umständen ein Stück weit herabsetzen (engl. *„leveling down“*), dies aber nur im Zuge des übergeordneten Projektes, den Wohlstand der Armen anzuheben (engl. *„leveling up“*). Die Fakten des Klimawandels werfen ein etwas anderes Licht auf diese Prinzipien.

Nennen wir die (technisch vermittelte) Fähigkeit der Menschheit, das ökologische System unseres Planeten, einschließlich des Klimas, zu beeinflussen und zu verändern, „Geo-Power“. [16] Die Ausübung von „Geo-Power“ ist kausal und räumlich-zeitlich fragmentiert: jedes menschliche Wesen beeinflusst das Klima zu einem gewissen Grad, einfach nur dadurch, dass es lebt, egal wo und wie. Die Reichen der Welt haben seit jeher wesentlich mehr „Geo-Power“ ausgeübt als die Armen, und ihr Produktions- und Konsumverhalten hat stärkere und weiterreichende Auswirkungen auf das Klima als das der Armen. Im Grunde leiden die Armen unter der „Geo-Power“ der Reichen: sie haben zur ökologischen Verschlechterung der Welt, respektive zum Klimawandel, wenig beigetragen, sind aber außerordentlich anfällig für die Auswirkungen. Vom Standpunkt des Klimas betrachtet läuft der einzig sinnvolle Weg, die Asymmetrie der „Geo-Power“ zwischen Arm und Reich zu korrigieren, darauf hinaus, ausschließlich „Leveling-Down“ zu betreiben, nicht darauf, den Armen mehr „Geo-Power“ zu geben. Da reich zu werden und das Leben zu genießen automatisch zu einer Zunahme der eigenen „Geo-Power“ führt, haben *global justice*-Theorien mit egalitaristischen Tendenzen mit folgendem Problem zu kämpfen. Sie können kaum ihre Zustimmung zu einem Verzicht auf „Leveling up“ geben, sofern ihr primäres Ziel darin besteht, die Armen der Welt näher an das Niveau der Reichen heranzubringen. Um klimatische Störungen zu verringern, sollte man jedoch auch die mit Produktions- und Konsumverhalten verbundene „Geo-Power“ aller Menschen verringern. Selbstverständlich ist es wünschenswert, dass jeder so gut gestellt wird wie möglich, und nicht, dass alle so arm werden wie die weltweit Ärmsten, aber es soll so geschehen, dass die „Geo-Power“ insgesamt verringert wird. Ein solches

---

16 Für eine eingehendere Diskussion des Begriffs „Geo-Power“ siehe Di Paola: „Virtues for the Anthropocene“, demnächst in Environmental Values 2014.

Bewusstsein steht hinter dem Konzept der sogenannten „nachhaltigen Entwicklung“.

Eine „Grüne Revolution“ des weltweiten Produktions- und Konsumverhaltens wird oft angeführt, um einen Kompromiss zwischen Wohlergehen und „Geo-Power“ (engl. „wellbeing/geo-power tradeoff“) zu finden. Abstrakt gedacht versteht sich dieser Kompromiss von selbst, in der Praxis ist er jedoch ziemlich unangenehm. Die Mechanismen der *global governance* müssen reformiert werden, erhebliche Umrüstungen in vielen Bereichen der Schlüsselindustrie, bedeutende Umstrukturierungen des Marktes (einschließlich der Finanzmärkte, respektive derer, auf denen natürliche Grundressourcen, Lebensmittel und Energie gehandelt werden), eine Neugestaltung der Politik, neue Mittel der Wissens- und Informationsübertragung und neu durchdachtes Verhalten von Konsumenten, Bürger und Privatpersonen sind erforderlich. *Global justice*-Theorieansätze haben ihr Augenmerk traditionell auf mögliche Reformen der *global governance* gelegt und hatten im Hinblick auf die anderen oben erwähnten Schritte bislang eher wenig zu sagen. Wenn egalitaristische Gerechtigkeitstheoretiker den Klimawandel in ihr Programm aufnehmen, dann müssen sie über die Verkündung idealer Prinzipien, die Verantwortungszuschreibung an Individuen und die Ausarbeitung von *global governance*-Reformen sehr weit hinausgehen. Sie müssen sich umfassenden, mehrstufigen und mehrdimensionalen Theorien nachhaltiger Entwicklung zuwenden. Sobald der Klimawandel ins Bild gerückt ist, drängt sich die Frage auf, ob die Theorieansätze der *global justice* (respektive die distributiven Formen, vor allem wenn sie von egalitaristischen Werten inspiriert sind) sich überhaupt weiterhin als eigenständige Konzepte halten lassen oder ob sie als (sehr wichtiges) Unterthema in der Theoriebildung zur nachhaltigen Entwicklung eingestuft werden sollen.

5 Klimawandel und Menschenrechte

Manche *global justice*-Theorien (auch einige mit egalitaristischen Tendenzen) betrachten den Wert der Menschenrechte als ihre begriffliche Grundlage und ihre Verteidigung als Ziel politischer Arbeit. Nach allgemeiner Ansicht verlangen die Menschenrechte einen Schutz auf einer basalen Ebene, von dem die fortschreitende Institutionalisierung der Werte der Gerechtigkeit ihren Ausgang nehmen kann – voraussichtlich im Bereich der Wirtschaft, des Sozialen und der Umwelt auf ähnliche Weise. Die kennzeichnende Stärke der Menschenrechte ist, dass sie als genuin moralische Rechte (beispielsweise das Recht auf Unversehrtheit) verstanden werden, die in politischen und rechtlichen Normen ihren Ausdruck finden und institutionalisiert werden können.

Für manche *global justice*-Theoretiker ist der Schutz der Armen und der zukünftigen Generationen vor schädlichen Auswirkungen des Klimawandels eine Frage des Schutzes der Menschenrechte – d. h. etwas, das wir den Betroffenen eben aufgrund ihres Menschseins schulden (siehe z. B. Caney 2010, für eine Diskussion der Position Caneys siehe Jamieson 2014, S. 294–300). Natürlich setzt das voraus, dass der Begriff der Menschenrechte und die Art unserer Pflichten gegenüber den Armen der Welt und den zukünftigen Generationen ausreichend geklärt sind, was sie keineswegs sind (am schwierigsten ist das intergenerationelle Problem, siehe Aufsätze in Gosseries und Meyer 2009). Doch selbst wenn wir annehmen, sie seien es, müssen wir die Rechte und Pflichten immer noch auf die Individuen beziehen. Anschließend kann man sie von moralischen Normen zu politischen und rechtlichen Normen ausarbeiten und festlegen, in wie weit sie sich speziell auf den Klimawandel anwenden lassen.

Einige der negativen Auswirkungen des Klimawandels (Extremwetterereignisse, die Ausbreitung von Epidemien, Nahrungs- und Wasserknappheit etc.) werden offensichtlich einen verheerenden Einfluss auf das Überleben und die Gesundheit der Menschen haben. Den Kampf gegen den anthropogenen Klimawandel könnte man dann einfach als einen Kampf für ein minimales, weithin anerkanntes Menschenrecht – das Recht auf ein gesundes Überleben – begreifen.[17]

Aber das wirft Probleme auf. Erstens kann man die Gesundheit des Menschen durch gesteigertes Wirtschaftswachstum schützen und fördern.[18] Wenn dieses Wirtschaftswachstum jedoch von der Zunahme der CO_2-Emissionen und allgemein von der „Geo-Power" abhängt, wie es heute der Fall ist, dann bedeutet das, dass Schutz und Förderung der menschlichen Gesundheit auf das Klima zurückschlagen können. Das gehört ganz einfach zu den Ausdrucksformen des Kompromisses zwischen „Geo-Power" und Wohlergehen.

Zweitens bedeuten einige Folgen des Klimawandels eine Einschränkung für den Bestand und den Zugang zu grundlegenden Ressourcen wie Nahrung, Wasser und verschiedenen Stoffen in der Artenvielfalt, die umgewandelt für medizinische Forschung nutzbar gemacht werden können. Das stellt *global justice*-Denker, die am Zugang zu solchen Grundgütern als Menschenrecht festhalten, vor große Schwierigkeiten. Die Idee, dass auf einer erwärmten Erde acht oder neun Milliarden Menschen ein Recht auf verschiedene natürliche Ressourcen haben sollten, die immer knapper werden, ist zum einen praktisch äußerst schwer zu realisieren. Aber auch von einem theoretischen Standpunkt aus kann es durch-

---

17 Siehe Caney: „Realizing Human Rights in a Finite World" (unveröffentlicht).

18 Wie es Caney selbst beschreibt in: „Realizing Human Rights in a Finite World" (unveröffentlicht).

aus paradox sein, da die Verpflichtung, das Recht des einen auf ein knappes Gut zu berücksichtigen, sich oftmals als Verpflichtung entpuppen kann, einen anderen in seinem Recht auf dieses Gut zu sabotieren.[19] Besonders klar wird das in der Generationenperspektive, die man in Anbetracht des Klimawandels unbedingt einnehmen muss.

Die Alternative ist natürlich ein Neuentwurf der Menschenrechte: von einem absoluten Konzept zu einem relativen, das an den „Index" von Quantität und Qualität der verfügbaren Ressourcen gebunden ist. Das ist jedoch mit einem tiefgreifenden Wandel unseres Verständnisses solcher Rechte verbunden: sie werden zu Zielen, die es so weit wie möglich zu realisieren gilt, anstatt Bastionen zu sein, die man von einem allgemeinen Prinzip her verteidigt (genau diese Ansicht vertreten einige Menschenrechtstheoretiker wie z. B. Nickel 2007). Das macht sie nicht notwendigerweise weniger wichtig, aber es verankert sie in der komplexen und dynamischen Realität, in der sie heute vorangebracht werden müssen. Wenn die mittlere Temperatur der Erdoberfläche steigt, müssen sich menschenrechtsbasierte Theorien globaler Gerechtigkeit an diesen Wandel anpassen.

6 Abschließende Bemerkungen

Das Ziel unseres Beitrags war nicht, zu bestreiten, dass der Klimawandel Fragen der Gerechtigkeit zwischen den Völkern und Generationen aufwirft. Unser Punkt ist vielmehr, dass es sowohl theoretisch als auch praktisch in die Irre führen kann, wenn man einem Phänomen, das in seinen kausalen, räumlich-zeitlichen und strategischen Kennzeichen einzigartig und präzedenzlos ist, kanonische Theorien globaler Gerechtigkeit überstülpen will.

Der Klimawandel stellt uns vor Probleme, die vom traditionellen Paradigma globaler Gerechtigkeit abweichen. Wenn ein Land eine große Menge Treibhausgase emittiert, ist das in vielen wichtigen Punkten nicht dasselbe, wie wenn ein Land unrechtmäßig in einem anderen einmarschiert oder ihm ein unfaires Handelsabkommen aufzwingt. Der Nationalstaat ist kein besonders gutes Vehikel, um starke THG-Emittenten oder auch potentielle Opfer des Klimawandels zusammenzufassen. Gegeben den Kompromiss zwischen „Geo-Power" und Wohlergehen (engl. „wellbeing/geo-power tradeoff") müssen egalitaristische

19 Eine weitere heikle Frage, die wir hier übergehen, ist die, wessen Verpflichtung das wäre: die von Individuen, Staaten, Unternehmen, globalen Institutionen, von keinem der Genannten, oder allen von ihnen? Zu diesem Thema gibt es Unmengen von Literatur; zu den jüngsten Beiträgen gehören u. a.: Cripps 2013, Moellendorf 2013, Di Paola 2013, Jamieson 2014.

global justice-Theorien angesichts des anthropogenen Klimawandels entweder ein unliebsames Zugeständnis an sozioökonomisches „Leveling down“ machen, oder sie müssen in systematische, mehrstufige und mehrdimensionale Theorien nachhaltiger Entwicklung umgewandelt werden. Theorien globaler Gerechtigkeit, deren konzeptueller Eckstein ein Begriff der Menschenrechte ist, müssen mit der Tatsache rechnen, dass in einer heißeren, überbevölkerten Welt solche Rechte wesentlich neu entworfen werden müssen, wenn die Verteidigung dieser Rechte für einige Menschen oder Generationen die Verhinderung derselben Rechte für andere bedeutet.

Unsere Behauptungen sind streitbar und vereinfachen komplexe Sachverhalte. Zweifelsohne kann man durchdachte Argumente liefern, die ihre Wirkung schwächen oder sie vielleicht sogar ganz aufheben. Hauptsächlich ist diesem Beitrag daran gelegen, solche durchdachten Reaktionen hervorzurufen und damit der Besonderheit des präzedenzlosen Phänomens des anthropogenen Klimawandels Respekt zu zollen. Dabei wollen wir auch Fortschritte im Nachdenken über globale Gerechtigkeit machen.

Übersetzt von Gloria Mähringer

Literatur

Caney, Simon (2010): „Climate Change, Human Rights, and Moral Thresholds“. In: Stephen M. Gardiner et al (Hrsg.): *Climate Ethics: Essential Readings.* New York: Oxford University Press.

Chakravarty, Shoibal/Chikkatur, Ananth/de Conick, Heleen/Pacala, Stephen/Socolow, Robert/Tavoni, Massimo (2009): „Sharing Global CO_2 Emission Reductions Among One Billion High Emitters“. In: *Proceedings of the National Academy of Sciences of the United States of America* 106. Nr. 29, S. 11884–11888.

Cripps, Elizabeth (2013): *Climate Change and the Moral Agent: Individual Duties in an Interdependent World.* Oxford: Oxford University Press.

Di Paola, Marcello (2013): „Climate Change and Moral Corruption“. In: *Philosophy and Public Issues* 3. Nr. 1, S. 55–67.

Fagan, Brian (2001): *The Little Ice Age: How Climate Made History.* New York: Basic Books.

Gardiner, Stephen M. (2011): *A Perfect Moral Storm: The Ethical Tragedy of Climate Change.* New York: Oxford University Press.

Gardiner, Stephen M. (2012): „Climate Change as a Challenge to our Ethical Concepts“. In: Denis G. Arnold (Hrsg.): *The Ethics of Global Climate Change.* Cambridge: Cambridge University Press.

Gosseries, Axel/Meyer, Lukas H. (2009): *Intergenerational Justice.* Oxford: Oxford University Press.

Jamieson, Dale (2014): *Reason in a Dark Time.* Oxford: Oxford University Press.

Hulme, Mike (2009): *Why We Disagree about Climate Change.* Cambridge: Cambridge University Press.

Moellendorf, Darrel (2013): „Responsibility for Mitigation and Adaption, and the Right to Sustainable Development“. In: Marcello Di Paola/Gianfranco Pellegrino (Hrsg.): *Canned Heat: Theoretical and Practical Challenges of Global Climate Change*. Delhi: Routledge Publishing.

Nickel, James (2007): *Making Sense of Human Rights*. Malden MA: Blackwell Publishing.

Pogge, Thomas (2002): *World Poverty and Human Rights*. Cambridge: Polity Press.

Rignot, Eric/Velicogna, Isabella/van den Broeke, Michiel R./Monaghan, Andrew/Lenaerts, Jan T. M. (2011): „Acceleration of the Contribution of the Greenland and Antarctic Ice Sheets to Sea Level Rise“. In: *Geophysical Research Letters* 38. Nr. 5.

Roy, Pinaki (2010): „Climate Refugees of the Future“. In: *ALRD Newsletter on Land, Water and Forest* 3. http://www.alrd.org/pdf/enl/Newsletter%203.pdf, besucht am 19.11.2014.

Shue, Henry (1980): *Basic Rights*. Princeton: Princeton University Press.

Valentini, Laura (2012): „Ideal vs. Non-Ideal Theory: A Conceptual Map“. In: *Philosophy Compass* 7, S. 654–664.

Young, Iris Marion (2010): *Responsibility for Justice*. Oxford: Oxford University Press.

Henry Shue

Klimahoffnung: Die Ausstiegsstrategie in die Tat umsetzen[1]

> Das Ziel allen Handelns muss letzten Endes in einer Reduktion der weltweiten Energieversorgung durch fossile Brennstoffe bestehen.“ (Posner/Weisbach 2010, S. 32)

> Die Vergangenheit ist niemals tot. Sie ist nicht einmal vergangen. (Rechtsanwalt Gavin Stevens in Faulkners „Requiem für eine Nonne“, 1. Akt, 3. Szene)[2]

1 Einleitung

Eric A. Posner und David Weisbach schlagen folgende These vor: „Das Problem der weitverbreiteten Armut ist dringlich. Ebenso ist es das Problem der Reduktion von Emissionen. [...] Aber kein Gerechtigkeitsprinzip verlangt, dass diese Probleme gleichzeitig oder multilateral angegangen werden müssen.“ (Posner/Weisbach 2010, S. 197)[3] Ich möchte ihre These von der Trennbarkeit der Lösungen für Armut und Klimaprobleme als unhaltbar ausweisen. Anstatt meine Argumente aus den vergangenen beiden Jahrzehnten zu wiederholen, möchte ich hier kurz einen für sich stehenden kreativen Ansatz vorstellen, der vielleicht auf beiden Seiten einen wichtigen Beitrag leisten kann. Im weiteren Verlauf will ich noch einige Gründe anführen, warum Klimaprobleme und Armut fest miteinander verzahnt sind.[4]

---

1 [Anmerkung d. Übersetzerin: der Originalbeitrag „Climate Hope: Implementing the Exit Strategy“. In: *Chicago Journal of International Law* 13. Nr. 2 (2013), S. 381–402, wurde mit freundlicher Genehmigung der *University of Chicago Law School* übersetzt.]

2 [Anmerkung d. Übersetzerin: Für das Originalzitat siehe Faulkner 1951, S. 92.]

3 Sie behaupten des Weiteren: „Die Ereignisse in Kopenhagen lehren uns, dass solche Versuche [...] alle unsere Zielsetzungen in Gefahr bringen.“ (Posner/Weisbach 2010, S. 197) Zu den Lehren aus Kopenhagen empfehle ich Rajamani 2010.

4 Ich habe 1992 dargelegt, dass es für einen Staat, der durch sein Wohlstandsniveau einer angemessenen Anpassung (engl. „adaption“) an den Klimawandel gewachsen ist, irrational wäre, sein eigenes wirtschaftliches Entwicklungstempo zu opfern, um sich nach einem internationalen Plan zur Verringerung des Klimawandels zu richten, solange sich wohlhabendere Staaten nicht auf einen ergänzenden internationalen Plan festlegen, der allen Staaten eine Anpassung an den Klimawandel ermöglicht. Kurz gesagt: Eine Kooperation zur Abschwächung (engl. „mitigation“) wäre irrational ohne eine Kooperation zur Anpassung (Shue 1992). Posner und Weisbach würden

Wir werden ernstlichen Schaden anrichten, wenn wir unsere Treibhausgasemissionen nicht schnellstens in den Griff bekommen; aber wir werden genauso viel Schaden anrichten, wenn wir sie ausschließlich dadurch in den Griff bekommen, dass wir, wie zur Zeit im Fokus der Diskussion, die Preise für fossile Brennstoffe anheben. Zum Glück steht uns darüber hinaus aber noch ein realistisches Mittel zur Verfügung, das in Verbindung mit den herkömmlichen politischen Maßnahmen des Handels mit Emissionsberechtigungen oder der Besteuerung von CO_2 beide Schadensformen abwenden könnte. Genau das soll meine Empfehlung sein.

Mein Schwerpunkt liegt hier in erster Linie auf der Art des Problems der Abschwächung des Klimawandels, da es hierbei, wie ich glaube, im Allgemeinen eine starke Tendenz gibt, das Problem falsch zu deuten. Eine Fehldeutung des politischen und moralischen Problems ist es, das Problem ausschließlich als eines der internationalen distributiven Gerechtigkeit zu deuten, während es doch vornehmlich darum geht, Schaden abzuwenden, der in zwei Formen auftreten kann: Entweder wir verschärfen den Klimawandel, indem wir Unmengen von Treibhausgasen emittieren, oder wir stellen durch unsere Methoden zur Reduktion des THG-Ausstoßes der Dritten Welt untragbare Hindernisse bei ihrer Entwicklung in den Weg.[5] Die meistdiskutierten Methoden, Emissionshandel mit festen Obergrenzen (engl. „cap-and-trade") und CO_2-Steuern, treiben beide die Energiepreise in die Höhe. Wenn die Erhöhung von Energiepreisen alles ist, was wir tun, erschweren wir es den Armen der Welt, ihrer „Energie-Armut" als entscheidendem Entwicklungshindernis zu entkommen.[6] Das gibt uns ein Bei-

---

das vermutlich als unsaubere Vermischung von „distributiver Gerechtigkeit" und „Klimawandel" betrachten. Im Allgemeinen kritisieren sie eher eine generelle Position, als dass sie die konkreten Argumente in der mittlerweile umfangreichen Literatur zu Klima und Gerechtigkeit der Betrachtung unterziehen würden (vergleiche die Essays in Gardiner 2010).

5 Posner und Weisbach diskutieren ausgiebig, ob „ein Klimavertrag der distributiven Gerechtigkeit dienen muss." (Posner und Weisbach 2010, S. 86) Streng genommen argumentiere ich hier nicht dafür, dass ein Klimavertrag der distributiven Gerechtigkeit dienen muss, sondern dass er es vermeiden muss, den Armen der Gegenwart oder der Zukunft einen Zustand der Verwüstung zu hinterlassen. Die Armen nicht zu übergehen kann entweder als Nichtschaden oder als Nicht-Ungerecht-Behandeln interpretiert werden.

6 Die meisten Vorschläge zum Umgang mit dem Klimawandel sind hochkomplex und dementsprechend gilt das auch für die entsprechenden Rechtfertigungsstrategien zur Durchführung dieser Vorschläge. Dieser Artikel versucht, von Grund auf in den Blick zu nehmen, was meiner Überzeugung nach für die USA Priorität haben sollte, und sich dabei auf das Wesentliche zu konzentrieren. Ich konzentriere mich deshalb auf die USA, weil diese auf nationaler Ebene am weitesten davon entfernt sind, mit der Wahrnehmung ihres Minimums an Verantwortung auch nur anzufangen. Ich habe die Hoffnung, dass man mit einem relativ einfachen Entwurf der

spiel davon, wie wir sowohl unser Verständnis der maßgeblichen normativen Probleme als auch das Verständnis einer angemessenen Reaktion verändern können, indem wir aktuelle empirische Erkenntnisse ernst nehmen.

Jahrzehntelange Studien liefern gute Belege dafür, dass die größte systematische Bedrohung für die menschliche Gesellschaft in ihrer gewohnten Form einzig und allein im menschgemachten Klimawandel besteht (McKibben 2010, Hertsgaard 2011, Hamilton 2010, Lynas 2007, empfehlenswerte Einführung in die wissenschaftlichen Grundlagen Volk 2008).[7] Er greift auf eine Art und Weise in unsere Umwelt ein, durch die viele unserer Gewohnheiten in den kommenden Jahrzehnten unhaltbar gemacht werden (und zudem viele der gewohnten Tier- und Pflanzenarten nicht mehr überlebensfähig, das heißt zum Aussterben verurteilt sein werden). Unterdessen wächst die Armut weltweit in erschreckendem Maße an, Hunger und Unterernährung fordern jährlich mehrere Millionen Leben (Pogge 2010, S. 205 Fußnote 10).[8] Aus moralischen Gründen, die mehr als offen zutage liegen, sollten wir den Klimawandel auf eine Art angehen, die es nicht unmöglich macht, die weltweite Armut anzugehen, und der Armut auf eine Art den Kampf ansagen, die es nicht unmöglich macht, den Klimawandel zu bekämpfen.[9] Ich nehme die unterschiedlichen „Warums" zur Kenntnis, konzentriere mich hier aber auf die praktische Frage „Wie?" und stelle dabei besonders in den Vordergrund, dass diese beiden zusammenspielenden Bedrohungen notwendiger-

---

Grundlagen der Gefahr entgeht, vor lauter Bäumen den Wald nicht mehr zu sehen. Es geht hier also darum, sich in Einfachheit zu üben. Für einige gute Überlegungen zum Wert und auch zu den Grenzen der Einfachheit sowie für eine wertvolle Zusammenstellung als Überblick über die relativen Verdienste verschiedener Vorschläge siehe unter Climate Action Network 2011.

7 Eine beunruhigende Zusammenstellung einiger noch immer laufender und gut finanzierter, aber kontraproduktiver politischer Bemühungen, die der Industrie fossiler Brennstoffe dabei helfen, die Wahrheit zu verschleiern, indem sie wissenschaftliche Fragen so formulieren, dass sie breit erscheinen, aber de facto in hohem Maße geschlossen sind, liefern Oreskes/Conway 2010, S. 169–215. Für eine weitere Beschäftigung mit der exorbitanten Verschmutzung durch fossile Brennstoffe siehe Mann 2012.

8 Pogge erklärt, warum Zahlen, die eine optimistische Interpretation der Globalisierung vorschlagen, in die Irre führen (Pogge 2010, S. 93–109).

9 Während ich nicht annähernd so überzeugt bin wie Posner und Weisbach, dass Internationaler Paretianismus (IP) notwendig ist (Posner und Weisbach 2010, S. 6–7, 87, 93–96, 132, 143, 178–81), so glaube ich dennoch, dass die Verhinderung einer Armutsverschärfung der einzige Weg zur Erfüllung von IP ist, der eine Emissionsreduktion erlaubt, die schnell genug ist, um Gefahr abzuwenden. Ich vermute, sie versuchen von jedem Teil (mittels eines einzelnen Vertrags) ein Kriterium einzufordern – IP –, das nur auf ein Ganzes (internationale Zusammenarbeit) anwendbar wäre, ein Kritikpunkt, den sie häufig gegen Verfechter distributiver Gerechtigkeit vorbringen (Posner und Weisbach 2010, S. 73–98).

weise zusammen bekämpft werden müssen.[10] Diese Verzahnung glauben Posner und Weisbach umgehen zu können, wenn sie dafür plädieren, Klimawandel und Armut getrennt anzugehen (Posner und Weisbach 2010, S. 73–98).[11]

Abschnitt II plausibilisiert die Forderung nach einer dritten historischen Revolution der Menschheit, um die Auswirkungen der Industriellen Revolution zu handhaben, und Abschnitt III erklärt Bedeutung und Wichtigkeit der Konzeption einen Budgets der kumulierten CO_2-Gesamtemissionen (engl. „total cumulative carbon emissions") seit den Zeiten vor der Industriellen Revolution. Abschnitt IV untersucht alternative Ausstiegsstrategien aus der kohlenstoffbasierten Energiegewinnung angesichts des kumulativen Charakters des CO_2-Budgets, während Abschnitt V zeigt, dass die Tatsache, dass das kumulative CO_2-Budget eine Nullsumme ist, von höchster moralischer Bedeutung ist. Abschnitt VI stellt die nicht aus der Welt zu schaffende andere Hälfte des Problems dar, die Posner und Weisbach beiseiteschieben wollen, und Abschnitt VII argumentiert, dass vergangene Emissionen keine vergangene Geschichte sind und nicht aufhören werden, Grund für gegenwärtige und zukünftige Verantwortung zu sein.

2 Die Dritte Menschheitsrevolution entwerfen: Den Kontext ändern und neue Optionen eröffnen

Warum ist es trotz der moralischen Unumgänglichkeit so schwer, in Bezug auf den Klimawandel und die Armut zugleich einen Fortschritt zu erzielen? Nachhaltige Formen der Wirtschaftsentwicklung, welche zur Abschaffung der schlimmsten Armut nötig sind, hängen klarerweise von der Erschwinglichkeit zusätzlicher Energie als einer notwendigen Bedingung ab (vgl. z. B. Meisen/Akin 2012, S. 12–15). Energie ist ein bestimmender Faktor für wirtschaftliche Entwicklung und Armut kann nicht verringert werden, ohne „Energie-Armut" zu verringern. Überwindung von Energie-Armut ist gleichbedeutend mit einer angemessenen Preisgestaltung für die Energie, welche eine wirtschaftliche Entwicklung erfordert.

---

10 Zu meinem Verständnis der Gründe für unsere Verantwortung im Umgang mit dem Klimawandel siehe Shue 2010, S. 146 und Shue 2011a. Meine Hauptbegründung für eine Verantwortung gegenüber den Ärmsten der Welt finden sich in Shue 1996 und 1988. Für aktuellere Daten und Argumente siehe Pogge 2010, S. 10–56. Siehe auch die Diskussion der „Methode der Isolation" und der „Methode der Integration" in Caney 2012.

11 Sie argumentieren hier, dass „diese Forderungen eine unscharfe Verbindung von berechtigter Sorge über Umverteilung mit dem Problem, die Auswirkungen des Klimawandels zu verringern, herstellen."

Und was ist die bei Weitem erschwinglichste Energiequelle? Energie aus fossilen Brennstoffen (vgl. Mitchell 2011).

Genau diese Form von Energie – Energie bezogen aus der Verbrennung von Kohle, Gas und Öl – stellt allerdings den wichtigsten Motor für den menschgemachten Klimawandel dar. Darum muss die Verbrennung fossiler Brennstoffe schnell und ernsthaft zurückgefahren werden, wenn der Klimawandel nicht außer Kontrolle geraten soll. So gerne wir die Sache auch um der praktischen Handhabung willen vereinfachen möchten, so dringend gilt es doch, den Klimawandel und die weltweite Armut einer gleichzeitigen Betrachtung zu unterziehen. Wie können wir die Erschwinglichkeit von Energie in den ärmsten Ländern verbessern ohne erhebliche Verstärkung der Emissionen aus fossilen Brennstoffen – oder besser gesagt, sogar bei vehementer Einschränkung der Emissionen? Eine negative Schlussfolgerung lautet im Allgemeinen, dass die weltweite Armut nicht mit solchen Maßnahmen verringert werden darf, die die Verbrennung fossiler Brennstoffe in ihrem derzeitigen Ausmaß erhöhen oder auch nur zu ihrer Beibehaltung beitragen, da solche Brennstoffe Kohlenstoffdioxid freisetzen und den rapiden Klimawandel antreiben. Die Maßnahmen zur Armutsbekämpfung müssen aber nichtsdestotrotz beinhalten, dass den ärmsten Mitgliedern der Menschheit mehr Energie zur Verfügung steht. Eine halbe Milliarde indischer Bürger hat zum Beispiel keinen Zugang zu Elektrizität; ohne Elektrizität und andere Formen von Energie können sie sich nicht entwickeln (vgl. Rajamani/Ghosh 2012, S. 140, sowie für weitere Probleme Bajaj 2012 oder Gottipati 2012). Die Armen brauchen für eine angemessene Entwicklung ein beträchtliches Mehr an Energie, aber für eine Verlangsamung des Klimawandels darf die kostengünstigste Energie nicht aus fossilen Brennstoffen stammen.

Es ist also nur zu offensichtlich, dass wir schnellstmöglich sowohl alternative Energiequellen ausbauen als auch praktikable institutionelle Rahmenbedingungen schaffen müssen, so dass die alternative Energie zu einem erschwinglichen Preis an die Ärmsten geliefert werden kann. Wir müssen eine Ausstiegsstrategie entwickeln, die uns von fossilen Brennstoffen weg hin zu alternativen Energiequellen führt. Andernfalls werden wir entweder das Klima weiter verschlechtern oder weiterhin die Ärmsten im Stich lassen. Mit den Worten des Internationalen Rats für Menschenrechtspolitik: „Saubere Energie universal verfügbar zu machen, ist unverzichtbar, um Menschenrechte zu schützen, während der Klimawandel um sich greift.“ (International Council on Human Rights Policy 2011a, S. 3)[12]

---

12 Der Bericht fährt fort mit den Worten: „Ein solches politisches Ziel ist erschwinglich, durchführbar und sehr dringlich […]. Es wird sicherstellen, dass Entwicklungsprioritäten nicht den Erfordernissen der Klimapolitik zum Opfer fallen.“ Siehe auch International Council on Human

Die Menschheit hat bis jetzt zwei große Revolutionen durchlaufen. An erster Stelle steht die landwirtschaftliche Revolution vor zehntausend Jahren, die gefestigte menschliche Siedlungen und schließlich große Städte ermöglicht hat, welche durch die landwirtschaftliche Erzeugung mit Nahrungsmitteln versorgt werden konnten. Die zweite ist die Industrielle Revolution vor zweihundert Jahren, welche einigen von uns zu ihrem derzeitigen Wohlstands- und Konsumstandard verholfen hat. Aber die Industrielle Revolution entpuppt sich als ein Faustischer Handel, da die Energie aus fossilen Brennstoffen, welche den modernen Wohlstand erzeugt hat, eben jene Umwelt untergräbt, die unsere Wirtschaft und besonders unsere Landwirtschaft gedeihen lässt. *Die zweite Revolution droht*, wie wir nun feststellen, *die erste zu unterhöhlen*. Die dritte große Revolution muss deshalb eine Kombination aus einem Fluchtweg aus der Energiegewinnung durch fossile Brennstoffe *und* einem Weg schnellstmöglichen Übergangs zu alternativen Energiequellen sein, um die ökologischen Voraussetzungen für nachhaltige Entwicklung zu bewahren. Wie sollen wir diesen großen Übergang von kohlenstoffbasierten fossilen Brennstoffen, mit denen wir uns gerade selbst den Hals abschneiden, hin zu sicheren Energiequellen bewerkstelligen?

Wir könnten Industrieländer dazu veranlassen, ihre jährlichen THG-Emissionen so stark einzuschränken, dass die jährlichen Emissionen der Entwicklungsländer ansteigen können. Damit würde man die weltweiten Gesamtemissionen pro Jahr „cappen“ und eine Umverteilung von den Industrieländern auf die Entwicklungsländer in die Wege leiten. Für genau das haben ich und eine Reihe anderer normativer Theoretiker in der Vergangenheit plädiert (Shue 1993). Aber das geht insofern fehl, als es dem jüngsten Verständnis der empirischen Realität des Klimawandels nicht ausreichend Rechnung trägt, wobei insbesondere die Wichtigkeit nicht bloß der jährlichen Emissionen, sondern der kumulierten Gesamtemissionen seit 1750 zu betonen ist.

3 Das CO_2-Budget: Kumuliert und beschränkt

Klimaforscher (keine normativen Theoretiker!) haben unlängst einen wichtigen begrifflichen Durchbruch erzielt. Die Tatsache, dass die Emission allein von CO_2 den mit Abstand wichtigsten Beitrag zum rapiden Klimawandel darstellt, hat allgemein ersichtlich werden lassen: soll der Klimawandel beschränkt werden, muss

---

Rights Policy 2011b, S. 106–126. Bert Bolin, Gründungsvorstand des IPCC: „Eine nachhaltige Versorgung mit erneuerbarer Energie ist das vorrangige Langzeitziel.“ (Bolin 2007, S. 250). „Langzeit“ wird laufend kürzer gefasst werden müssen.

die CO_2-Emission beschränkt werden. Man hat Berechnungen angestellt, denen zufolge es für jeden gegebenen Anstieg der weltweiten Durchschnittstemperatur über das vorindustrielle Level hinaus eine kumulierte Menge von CO_2-Emissionen gibt, die das mehr als wahrscheinlich herbeigeführt haben. Begonnen wurde mit der Berechnung der kumulierten Summe von CO_2 (engl. „cumulative total") um das Jahr 1750 herum, als noch nicht so viel CO_2 durch Verbrennung aus fossilen Brennstoffen gelöst und in die Ozeane und die Atmosphäre eingespeist wurde, wie es dann mit dem Aufkommen der Industriellen Revolution geschehen ist (vgl. Allen 2009a, Meinshausen 2009, Allen 2009b).[13] Erhöht man also die kumulierte Summe an CO_2-Emissionen, die seit 1750 in der Atmosphäre zusammengekommen ist, lässt sich sodann mit hoher Wahrscheinlichkeit der genaue Betrag berechnen, um den die Temperatur steigen wird.[14]

Nehmen wir die Studie von Myles Allen und seinem Kollegium: Eine Emissionssumme von mehr als einer Billion Tonnen CO_2 zwischen 1750 und 2500 wird die weltweite Durchschnittstemperatur emissions-induziert um 2° C über das vorindustrielle Mittel steigen lassen (vgl. Allen 2011a, S. 1163). Mitte Juni 2012 hatten wir bereits über 558 Milliarden Tonnen (558 Gigatonnen [Gt]) emittiert, und wir würden die Billionenmarke bei unserer derzeitigen Emissionsrate im August 2043

---

13 [Anmerkung der Übersetzerin: Für politische Maßnahmen auf Grundlage dieser Studien bezieht sich der Autor auf Unterlagen aus Deutschland, die vom Wissenschaftlichen Beirat der Bundesregierung Globale Umweltveränderungen (WBGU) veröffentlicht und vom Autor in der englischsprachigen Variante verwendet wurden (siehe German Advisory Council on Global Change 2009).] Eine politisch relevante Folgestudie liefert Bowerman 2011. Für eine Analyse der politischen Bedeutung der Lebensdauer von CO_2 im Vergleich mit anderen Treibhausgasen siehe Matthews/Solomon/Pierrehumbert 2012. Für eine eingehendere Besprechung der Wissenschaft, als ich sie bieten kann, siehe Pierrehumbert 2013.

14 Der Hauptgrund, warum gerade die kumulative Summe wichtig ist, liegt in der außergewöhnlich langen atmosphärischen Verweildauer von CO_2, die für den größten Teil mehrere Jahrhunderte, für etwa 25 Prozent ein Jahrtausend beträgt (siehe Archer/Brovkin 2008). Aus der menschlichen Perspektive der Generationen oder auch eines Jahrhunderts bedeutet das im Grunde, dass das CO_2, das hinaufsteigt, nicht mehr wieder herunterkommt. Posner und Weisbach sagen korrekt: „Die meisten Treibhausgase, die einmal in die Atmosphäre ausgestoßen wurden, bleiben dort für eine sehr lange Zeit – was die Klimapolitik betrifft, können wir sie als dauerhaft betrachten." (Posner und Weisbach 2010, S. 14) Der Kommentar in einer diesbezüglichen Fußnote, dass „der Klimarat (IPCC) behauptet, dass mehr als die Hälfte des CO_2 nach einem Jahrhundert aus der Atmosphäre getilgt sein wird (Posner und Weisbach 2010, S. 201 Fußnote 10)", ist bedauerlicherweise nicht korrekt – meines Wissens taucht auf der zitierten Seite und auch nirgends sonst eine derartige Behauptung auf. Die letzte Analyse des IPCC besagt im Gegenteil, dass „eine [atmosphärische] Lebenszeit von CO_2 nicht definiert werden kann. [...] das Verhalten von CO_2 unterscheidet sich vollkommen von anderen Spurengasen mit genau definierten Lebenszeiten." (Meehl 2007, S. 824)

erreichen – in etwa dreißig Jahren (vgl. Oxford e-Research Centre 2012)! Die heute 25-Jährigen werden 55 sein, wenn die Emissionen die Obergrenze des Planeten sprengen, sollte die Politik so schwach bleiben, wie sie es während ihrer bisherigen Lebensspanne war; ihre Kinder werden kaum in dem Alter sein wie sie heute und den größten Teil ihres Lebens noch vor sich haben. Eine Studie sagt vorher, dass die kumulierten Emissionen für eine mindestens gleichwertige Chance, den Temperaturanstieg um 2°C nicht zu überschreiten, natürlich noch geringer sein müssen (für eine 3 : 4-Chance auf einen Anstieg auf weniger als 2°C müssen die Emissionen bei 750 Gt eingestellt werden).[15]

Es gibt zwei voneinander unabhängige Gründe, weshalb diese Zahlen, so sehr sie bereits erschrecken mögen, noch als äußerst zurückhaltend gelten müssen. Erstens ignorieren sie die Auswirkungen aller Treibhausgase mit Ausnahme von CO_2. Unter Berücksichtigung aller anderen Gase wird der Temperaturanstieg wohl noch höher ausfallen und noch schneller vonstattengehen (vgl. Meinshausen 2009, S. 1160). Zweitens ist es eine ziemlich lockere Zielsetzung, lediglich die Überschreitung von 2°C im Temperaturanstieg zu verhindern. Sie wurde politisch gewählt, um widerspenstige Regierungen wie Washington für eine Kooperation zu gewinnen. Eine Menge negativer Folgen dürfte aber bereits daraus erwachsen, dass die weltweite Durchschnittstemperatur um genau 2°C ansteigt.[16]

Worauf es hier ankommt, sind nicht spezielle Zahlen, die man mit künstlicher Präzision mithilfe von Computern hochgerechnet hat, die auf vielen (recht plausiblen) Annahmen beruhen und ständig weiterentwickelt werden, sondern ist die grundsätzliche Idee. Der begriffliche Durchbruch besteht in der Erkenntnis, dass man die Situation am besten begreift, indem man sich vorstellt, dass unser Planet ein *kumuliertes CO_2-Budget* hat, bei dem jeweils mit bestimmter Wahrscheinlich-

15 Es geht natürlich keinesfalls das ganze emittierte CO_2 in die Atmosphäre – vieles geht in das Land und seine Vegetation ein, vieles auch in die Ozeane, wo es zu deren Übersäuerung führt. Das beeinträchtigt menschliche Nahrungsquellen und stellt ein weiteres Problem dar, welches zwar streng genommen nicht Teil des Klimawandels ist, aber trotzdem einen weiteren überzeugenden Grund für die schnellstmögliche Abkehr von fossilen Brennstoffen liefert (vgl. Volk 2008, S. 167, 170). Eine Billion Tonnen ist die Summe, welche die Menschheit insgesamt emittieren darf, ohne dass mehr CO_2 in die Atmosphäre gelangt, als mit einer 50 : 50-Chance eines Temperaturanstiegs von „nur“ 2 °C vereinbar ist.

16 Ich halte 2°C über dem vorindustriellen Level für ein viel zu laxes Ziel, aber ich benutze es als Beispiel, da es eine breite rhetorische Festlegung darauf gibt. Für das Argument, dass dieses Ziel zu lax ist, siehe Hertsgaard 2011, S. 251–257, oder auch Lynas 2007, S. 57–106. Für die rhetorische Festlegung (soweit man etwas davon hat) siehe United Nations 2011, Decision 1/CP.16. Für die konkreten Festlegungen von Kopenhagen (soweit brauchbar), wo ebenfalls eine Grenze von 2°C vereinbart wurde, siehe Rogelj 2010, den Elzen 2010.

keit eine bestimmte Temperaturerhöhung zu erwarten ist (Allen 2011b, S. 57).[17] Mehr Emissionen ziehen eine höhere Temperatur nach sich, deren Wahrscheinlichkeit berechenbar ist. Die kumulierten Emissionen werden (weitgehend) vom Menschen bestimmt; die Kräfte des Planeten bestimmen als Antwort darauf den Temperaturanstieg. Wir können uns entscheiden, welches Emissionslevel wir anstreben wollen, aber wir können nicht über den wahrscheinlichen Temperaturanstieg entscheiden, der mit dem Emissionslevel, das wir faktisch erreichen, einher geht – über die Temperatur, die herauskommt, entscheidet Mutter Natur. Das heißt klarerweise, dass wir uns politisch auf ein Temperaturanstiegslevel festlegen sollten, das in einem gewissen Sinne „tragbar" ist, und zurückrechnen müssen, welche kumulierte Gesamtemission zulässig ist. Wenn ein großer Teil der Menschheit nicht ohne Risiko mit einem Temperaturanstieg um mehr als (etwa) 2°C umgehen könnte, sind wir gut beraten, nicht mehr als (etwa) eine Billion kumulierte Tonnen CO_2 zu emittieren. Die Zahlen werden mit dem wissenschaftlichen Fortschritt verfeinert werden, aber der grundlegende Punkt ist der begriffliche: Für jede gegebene Wahrscheinlichkeit eines gegebenen Temperaturanstiegs gibt es ein kumuliertes CO_2-Budget. Wenn die Menschheit dieses Budget überschreitet, wird die Natur wahrscheinlich die entsprechende Temperatur überschreiten.

4 Auf der Suche nach einem Ausstieg

Klarerweise können wir die CO_2-Emission nicht einfach bis August 2043 (oder wann auch immer) ihren gewohnten Gang gehen lassen, um die Nettoinjektion in die Atmosphäre dann plötzlich auf Null herunterzufahren.[18] Ein solcher Weg ist

---

17 In diesem Zusammenhang könnte es hilfreich sein, das Prinzip eines kumulativen Budgets zu beachten: Je höher die Emissionen sind, die 2020 erlaubt sind, desto niedriger werden die Emissionen sein, die 2050 zulässig sein werden.

18 Die CO_2-Emissionen müssen nicht absolut auf Null reduziert werden – wir müssen zum Beispiel nicht aufhören zu atmen, obwohl wir fortlaufend CO_2 emittieren. Eine bestimmte Menge CO_2 kann an der Oberfläche von Pflanzen, Ozeanen etc. verarbeitet werden, wie es in den Jahrtausenden vor 1750 geschehen ist (vgl. Volk 2008, S. 22–25). Wir müssen so bald wie möglich unsere Emissionen auf einen Punkt reduzieren, an dem die Nettoinjektion in die Atmosphäre gegen Null geht. Je nach dem, was sonst noch geschieht, bedeutet das im Wesentlichen, dass wir bald damit aufhören müssen, einen bedeutenden Teil unserer Energie aus fossilen Brennstoffen zu gewinnen. Wir können weiterhin Öl für alles „von Computerchips, Insektiziden, Anästhetika und Düngemitteln über Lippenstift, Parfüm und Netzstrumpfhosen bis hin zu Aspirin und Fallschirmen" verbrauchen, sofern wir diese Dinge benötigen (vgl. McKibben 2010, S. 30). Aber wir werden aufhören müssen, Öl (und Kohle) zu verbrennen, um Elektrizität zu erzeugen

weder politisch noch technisch plausibel zu machen, auch wenn er wirtschaftlich sinnvoll wäre, was ebenfalls stark zu bezweifeln ist (vgl. Stern 2007, S. 282–296). Wir wollen nun einige extreme Optionen zum Umgang mit der Lage beiseiteschieben und Ausschau halten nach plausiblen und annehmbaren Auswegen aus der Gefahr, die über unseren Kinder schwebt, wenn nicht gar schon über uns. Manche dürften dafür plädieren, dass die Beschleunigung des Klimawandels unseren Planeten in den Notstand versetzt hat und wir deshalb angehalten sind, die CO_2-Emissionen nicht nur zu senken, wo immer es möglich ist, sondern sie auch keinesfalls irgendwo zu erhöhen. Diese starre Position bleibt dennoch blind für unbestreitbare Tatsachen und grundlegende moralische Verpflichtungen. Obwohl wir gut daran tun, so schnell wie möglich einen Ausweg innerhalb des Rahmens unserer moralischen Verpflichtungen zu suchen, ist die auffälligste Tatsache, dass das bei Weitem bedeutendste Energieregime dieses Planeten ein Regime fossiler Brennstoffe ist.[19] Wenn die große Mehrheit der ärmsten Menschen auf dem Planeten keine Energiequelle hat außer der Verbrennung von Dingen, die sie sammeln können (wie Reisig oder Dung), sind diese Menschen von fossilen Brennstoffen abhängig. Schließlich sind fossile Brennstoffe die billigste Energiequelle und daher ist es kein Wunder, dass sich die Armen (und bis dato auch praktisch alle anderen) auf genau jene verlassen. Doch selbst bei der Menge an Energie, die derzeit aus der billigsten Quelle – den fossilen Brennstoffen – bezogen wird, sind noch immer 1,5 Milliarden Menschen ganz ohne Zugang zu Elektrizität (vgl. United Nations, Department of Economic and Social Affairs, Division for Sustainable Development 2009, technical note 8). Lediglich darauf zu bestehen, dass die CO_2-Emissionen grundsätzlich nirgendwo steigen dürfen, und unterdessen nichts mehr weiter zu unternehmen, würde bedeuten, die meisten dieser Menschen dazu zu verurteilen, noch für unbestimmte Zeit ohne Elektrizität zu bleiben, und sie und andere in der erbärmlichen Armut stecken zu lassen, in der sie sich aktuell befinden. In unmittelbarer Zukunft haben sie nur die Wahl zwischen CO_2-basierter Elektrizität oder gar keiner.

---

und Transport zu stützen, weil die Verbrennung fossiler Brennstoffe zur Energiegewinnung genau das ist, was die Emissionen über die Obergrenze hinaustreibt. In Shue 2011a habe ich die Unterscheidung zwischen Nullemissionen und Nettonullemissionen nicht deutlich genug gemacht, besonders auf S. 303, wo ich fälschlicherweise gefordert habe, dass wir jegliche Nutzung fossiler Brennstoffe zu unterlassen haben.

19 Auf der Liste der zehn umsatzstärksten Konzerne der Welt befinden sich sechs Ölkonzerne, zwei allgemeine Energiekonzerne und ein KFZ-Hersteller (siehe „State Capitalism: Special Report“. In: *The Economist*. 21.01.2012). Nur Walmart macht mehr Umsatz als die nächsten fünf, die alle Ölkonzerne unter der Führung von Royal Dutch Shell und Exxon Mobil sind. Für eine besorgniserregende Analyse der politischen Macht von Exxon Mobil allgemein siehe Coll 2012.

Der Standpunkt, dass niemand von jetzt an seine CO_2-Emissionen steigern darf, wäre aus einer Vielzahl moralischer Gründe, von denen die meisten offen zutage liegen, einfach ungeheuerlich. Diejenigen, deren Subsistenzrechte zur Zeit nicht eingehalten werden, weil ihnen die ausreichende Elektrizität fehlt, wären dazu verdammt, auf unbestimmte Zeit weiter zu existieren, ohne dass einige ihrer grundlegenden Rechte gewürdigt werden – und das aufgrund einer politischen Maßnahme, die der Rest von uns zum Umgang mit dem Klimawandel durchgesetzt hat (nämlich keine neuerlichen CO_2-Emissionen).[20] Unabhängig vom Status dieser aktuellen Rechtsverletzung (vgl. Pogge 2007) wird ihr Mangel in der Zukunft das Ergebnis einer bewussten Wahl sein, die der Rest von uns getroffen hat, indem er ihnen eine Politik aufzwingt, die mit der Abschaffung ihres Mangels nicht vereinbar ist. Die auf diese Weise zustande gekommene Rechtsverletzung ist so gewaltig und direkt verursacht, wie man es sich nur vorstellen kann.[21]

Noch ungeheuerlicher wäre es, den Energie-Armen den politischen Grundsatz „Keine neuen Emissionen“ aufzuzwingen, während man gar nichts gegen die notorisch verschwenderischen Emissionsmengen wohlhabender Konsumenten unternimmt. Wenn wir vollkommen überflüssige Ansprüche und sinnlose Verschwendung auf Seiten der Reichsten im selben Maße eingeschränkt hätten, hätten wir in der Vergangenheit sehr wohl „Platz schaffen“ können für ein beträchtliches Maß an zusätzlichen Emissionen für die Ärmsten zur Deckung ihrer Grundbedürfnisse, und zwar unter jeder beliebigen Obergrenze für die Gesamtemissionen.[22] Trotz allem ist es angesichts der Höhe der aktuellen Konzentration in der Atmosphäre zum gegenwärtigen Zeitpunkt keine Lösung mehr,

---

20 Ich gehe hier davon aus, dass das Subsistenzrecht ein universelles Menschenrecht ist, was von den maßgeblichen Menschenrechtsverträgen anerkannt wird (siehe zum Beispiel United Nations 1948, Art. 25). Wer die philosophische Fragestellung weiterverfolgen möchte, sei auf Shue 2011a und Ashford 2009 hingewiesen.

21 Jemand könnte dafürhalten, dass das Leid derjenigen, die durch unsere Politik in Energiearmut belassen werden, ähnlich wie im Falle von „Kollateralschäden“ beim Bombardieren legitimer Ziele nicht absichtlich, sondern lediglich vorhersehbar, wenn auch bedauernswert ist. Nichtsdestotrotz müssen auch unabsichtliche Kollateralschäden im Krieg proportional zu einem Gut sein, für dessen Erreichung sie notwendig sind – in diesem Fall ist sowohl zweifelhaft, worin dieses Gut besteht, als auch, warum eine Beibehaltung der Energiearmut für seine Erreichung notwendig ist (siehe auch den Text der nächsten Fußnote).

22 Ich versuche in Shue 1993, die hilfreichen Konzepte fortzuführen, die erstmals von Agarwal/ Narain 1991 eingeführt wurden. Das Hauptargument meines Artikels war folgendes:„Es ist nicht gerechtfertigt, einige Menschen um die Aufgabe von Lebensnotwendigkeiten zu bitten, um Luxus für andere zu erhalten.“ (Shue 1993, S. 56) Oder auch: „In einer Notlage verpfändet man Juwelen, bevor man Decken verkauft.“ (Shue 1992, S. 397) Egal, wo man die Grenze zwischen Subsistenzemissionen, Emissionen für einen gewöhnlichen Alltagsverbrauch und Luxusemissionen

durch Reduktion von Luxusemissionen Platz für Subsistenzemissionen zu schaffen. Wenn wir uns das kumulierte CO_2-Budget des Planeten vor Augen führen, ist leicht ersichtlich, warum; und mir ist heute klar, dass ich einen Fehler gemacht habe, als ich 1993 vorschlug, dass den Armen in den Entwicklungsländern „eine bestimmte Menge an geschützten Emissionen zugestanden werden muss, die sie nach ihrem Gutdünken produzieren dürfen“ (Shue 1992, S. 58).[23] Was es zu verstehen gilt, ist, dass man den Armen Energie, nicht aber Emissionen zugestehen muss.[24] In einer Welt, die von einem Regime der fossilen Brennstoffe beherrscht wird, mag es, wie ich damals angenommen habe, zutreffend sein, dass das einzig zielführende Mittel, um Energie zu garantieren, vorläufig die Garantie von Emissionen ist. So weit so gut: Solange die einzige erschwingliche Energiequelle für die Armen Emissionen erzeugt, kann man ihnen Energie nur garantieren, indem man ihnen Emissionsrechte zugesteht. Aber das ist nicht einmal annähernd weit genug gedacht.

Derselbe Grundgedanke stand auch hinter der Klimarahmenkonvention der Vereinten Nationen (UNFCCC 1992, 1771 UN Treaty Ser 107 1994), als man die Welt eingeteilt hat in Annex I-Staaten, die 1992 sofort mit einer Einschränkung ihrer Emissionen beginnen sollten, und anderen, denen zur Ermöglichung ihres Fortschritts noch eine Übergangsperiode genehmigt wurde, in der sie ihre Emissionen weiter steigern durften.[25] Hätten die Annex I-Staaten sofort mit einer nennenswerten Einschränkung begonnen, worin die USA – geführt von einem

zieht – ein wichtiges Grenzziehungsproblem bleibt, dass die beiden Extremsituationen des Spektrums zur Genüge klar sind.

23 Dieser Vorschlag ist unabhängig von der Frage, ob es einen weltweiten Handel mit Emissionsberechtigungen gibt: „Wenn es einen internationalen Markt für Emissionsberechtigungen gibt, könnte die Bevölkerung armer Regionen unveräußerliche und nicht verkäufliche Berechtigungen erhalten, die sie zu jeder Benutzung heranziehen dürfen, welche sie für richtig halten.“ (Shue 1992, S. 58)

24 Genau genommen ist Energie ein Weg zur Gewährleistung von Subsistenzrechten (und anderen Rechten), ebenso wie Emissionen ein Weg zu Energie sind. Also sind im Grunde Rechte das, was gewährleistet werden muss. An diesem Punkt kann man sich schwer eine Garantie von Subsistenzmitteln vorstellen, die nicht von Energie als einem unerlässlichen Mittel abhängt, aber auch das ist eine kontingente Tatsache, die sich ändern kann – allerdings nur in einem Zeitrahmen, der zu lang ist, um unter diesen Gesichtspunkten relevant zu sein. Der grundlegende Punkt gegen meinen Vorschlag wurde überzeugend formuliert in Hayward 2007, S. 440–443.

25 Das Prinzip, das dieser Einteilung zugrunde liegt, lautet: „common but differentiated responsibilities“ (CBDR) [dt. „gemeinsame, aber unterschiedliche Verantwortlichkeiten“], siehe UNFCCC 1992, 1771 UN Treaty Ser 107 1994, Art 4.1. Für eine sorgfältige Untersuchung des internationalen Rechtsstatus' dieses Prinzips siehe Rajamani 2006, S. 133–162. Für Zweifel an CBDR siehe Caney 2010, S. 138–139. Für den derzeitigen Status von CBDR siehe Rajamani 2012.

realitätsblinden Senat – natürlich komplett versagt haben, so hätten die ärmeren Länder im Zuge ihrer Entwicklung ihre Emissionen steigern können, ohne dass sich die weltweiten Gesamtemissionen erhöht hätten, weil die Einschränkungen der USA und anderer Annex I-Staaten Platz geschaffen hätten für die Steigerungen anderer unterhalb der Aggregationsobergrenze. Den weltweit in die Höhe schießenden Gesamtemissionen und den steigenden kumulierten Emissionen, die wir in den beiden verlorenen Jahrzehnten seit der Rahmenkonvention 1992 faktisch produziert haben, wäre das natürlich vorzuziehen gewesen. Aber es wäre heute nicht einmal annähernd gut genug. Der Grund, warum es nicht reicht, die weltweite Emissionssumme jährlich konstant zu halten (was uns ja auch nicht gelungen ist), erschließt sich aus der Tatsache, dass sich das weltweite CO_2-Budget kumulativ verhält. Bestimmender Faktor für den Temperaturanstieg auf der Erdoberfläche sind die kumulierten Gesamtemissionen von 1750 bis zu dem Zeitpunkt, an dem die Emissionen, die in der Atmosphäre ankommen, auf Nettonull reduziert werden. Jährlich konstant gehaltene globale Emissionssummen wären lediglich den jährlich steigenden globalen Emissionssummen, die wir derzeit produzieren, überlegen.[26] Das ist deswegen der Fall, weil jede Jahressumme mehr als das erschöpft, was von jedem beliebigen kumulierten Budget übrigbleiben würde. Der Restbetrag des CO_2-Budgets für eine 50 : 50-Chance, dass die Temperatur um nicht mehr als 2° C steigen wird, wird derzeit mit bemerkenswerter Geschwindigkeit erschöpft: „Nachdem wir 250 Jahre gebraucht haben, um die erste halbe Billion Tonnen Kohlenstoff zu verbrennen, werden wir bei der derzeitigen Entwicklung für die andere halbe Billion aller Voraussicht nach weniger als 40 Jahre haben.“ (vgl. Allen 2009b, S. 57)[27]

Es muss auch hier wiederholt werden, dass es nicht darum geht, ob das Budget nun genau eine Billion Tonnen umfasst, was eine näherungsweise gerundete Zahl ist, oder ob das Budget bei der aktuellen Verbrauchsrate nun wirklich nur noch genau dreißig Jahre zulässt, was eine Computerberechnung ist. Es geht darum, dass auch eine konstante Jahresrate den Rest von einfach jedem kumulierten CO_2-Budget in Windeseile verschlingen würde, egal, welchen Umfang es genau hat. Gesetzt den Fall, dass die kumulierte Summe an CO_2-Emissionen alles ist, was den Temperaturanstieg (und die vielen anderen Aspekte des Klimawandels) bestimmt, lassen wir unsere Nachkommen mit rasender Geschwindigkeit

26 Während der weltweiten Rezession von 2008/2009 haben die jährlichen Zuwächse Halt gemacht (vgl. Global Carbon Project 2012).

27 Wie bereits erwähnt scheint der verbleibende Zeitrahmen aufgrund der rapide steigenden jährlichen Emissionsraten schon auf beinahe dreißig Jahre geschrumpft zu sein (vgl. Oxford e-Research Centre 2012).

geradewegs in eine Steinmauer krachen. Ob die Steinmauer nun ein paar Fuß weiter oder ein paar Fuß weniger weit entfernt ist – das heißt, ob eine Billion Tonnen und 2° C nun genau die korrekten Zahlen sind –, ist, wenn auch nicht ganz unwichtig, so doch ausgesprochen zweitrangig.

Aus diesem Grund muss die globale Summe an CO_2-Emissionen pro Jahr (engl. „total global annual carbon emissions“) rapide sinken, bis die Nettoemission in die Atmosphäre – das heißt alles, was über den Kohlenstoff hinausgeht, der gleich über der Erdoberfläche recycelt wird – Null erreicht.[28] In unseren Tagen steigt die CO_2-Emission, außer in großen wirtschaftlichen Rezessionsperioden, jedes Jahr an – und zwar so schnell, dass die Menschheit aller Voraussicht nach innerhalb von deutlich weniger als 40 Jahren die gleiche Menge an CO_2 emittieren wird wie innerhalb der vergangenen 250 Jahre! Das kann so nicht weitergehen. Wenn wir der Realität nicht ins Gesicht sehen, wird sie uns schlichtweg von hinten überrollen.

5 Die moralische Bedeutung des CO_2-Budgets: Aufbrauchen, was andere benötigen

Das empirische Konzept des CO_2-Budgets – also das Verständnis, dass die im Rahmen des kumulierten Budgets verbleibenden Emissionen alles sind, was allen Nationen und allen Generationen vielleicht für die nächsten 500 Jahre zur Verfügung steht – verändert die Natur des normativen Problems, vor dem wir stehen, tiefgreifend. CO_2-Emissionen sind eine Nullsumme – räumlich und zeitlich, transnational und transgenerationell – und werden deshalb zunehmend zur Mangelware. Wir – oder jedenfalls ich – war(en) geneigt, die Probleme im Umgang mit dem Klimawandel als rein distributive Probleme zu betrachten. Das heißt, es besteht ein Problem und viele verschiedene Parteien müssen zu seiner Lösung einen positiven Beitrag leisten. Ein solcher Ansatz wirft mehrere Fragen auf: Wie sollen wir die Verantwortung verteilen? Gemäß der historischen Verantwortung für die Erzeugung des Problems? Gemäß dem Ausmaß, in dem von den Prozessen profitiert wurde, welche das Problem erzeugt haben (genauer gesagt, von der Industrialisierung)? Oder gemäß der Zahlungsfähigkeit?[29] Aber die Nationen, die bereits den Löwenanteil am kumulierten CO_2-Budget konsumiert haben,

---

28 Hier wird wieder das ernste Problem der Übersäuerung der Ozeane durch zusätzliche Absorption von Kohlenstoffdioxid außer Acht gelassen.

29 Ich diskutiere diese Punkte in Shue 1999, eine kritische Sichtweise bietet Caney 2009.

werden in erster Linie nicht darum gebeten, einen positiven Beitrag zu leisten – sie werden vor allen Dingen gebeten, ein Handeln zu unterlassen, das zerstörerisch ist und Schaden anrichtet, indem restlos aufgebraucht wird, was andere benötigen: die schwindende Fähigkeit des Planeten, CO_2-Emissionen sicher zu entsorgen. „Überschreitung ist Missbrauch“: Wer mehr als seinen Anteil emittiert, vergreift sich an den dadurch sinkenden Anteilen der anderen (Shue 1994, S. 364).

Weiterzumachen wie bisher und Emissionen zu produzieren, indem man fossile Brennstoffe als Energiequelle benutzt, ist doppelt zerstörerisch. In erster Linie nährt es den beschleunigten Klimawandel, welcher die Stürme heftiger, die Regenfälle schlechter beherrschbar und die Erntebedingungen unberechenbarer macht sowie den Meeresspiegel ansteigen lässt und vieles mehr, das Gesundheit und Wohlbefinden vieler willkürlich getroffener Menschen in unmittelbarer Weise bedroht (Hertsgaard 2011, S. 50–59). Außerdem verbraucht es auch jedes CO_2-Budget: Fortgesetzte Emissionen werden jedes kumulierte CO_2-Budget, egal wie hoch das Budget sein mag, das mit einem gegebenen Temperaturanstieg vereinbar ist, restlos aufbrauchen und weniger Senkraum zurücklassen als zuvor.

Jeden Tag gibt es weniger Senkraum – also weniger Raum, in den Emissionen ausweichen können, ohne anderswo im Klimasystem Störungen zu verursachen –, als es noch am Tag zuvor gab. Die Senke wird aufgebraucht und die Menschen der Zukunft werden mit weniger Ausweichmöglichkeiten zurückgelassen. Das macht die Absorptionskapazität des Planeten für CO_2 (und andere THGs) zum klassischen Beispiel für das, was Elinor Ostrom „Allmende-Güter“ (engl. „common-pool resources“) genannt hat – Güter, bei denen man jede Beanspruchung von der verbleibenden Restsumme abziehen muss und deren Benutzung in Rivalität mit allen anderen möglichen Benutzungen steht, vor allem mit der Benutzung durch unsere Nachkommen (Dolšak/Ostrom 2003, S. 7–9). Das Budget der Absorptionskapazitäten wird aufgebraucht und beraubt die Menschen in der Zukunft ihrer Möglichkeiten.

Die individuellen Identitäten und die Anzahl der zukünftigen Menschen sind noch offen, aber wir wissen, dass wir ihnen die Lage schlechter hinterlassen, als sie es für uns war, und dass wir ihnen ein gedeihliches Leben, vielleicht sogar ein Überleben, schwerer gestalten, als es das für uns gewesen ist. Wir sind nicht nur dazu aufgerufen, unseren Anteil an Hilfe zu leisten, wofür wir dann nur noch ein distributives Prinzip bräuchten, um unseren Anteil an Unterstützung richtig zuzuweisen; wir sind auch dringend dazu aufgerufen, den Schaden zu unterlassen, den wir anrichten. Es steht uns dringend zu Gebot, die Umwelt des Planeten nicht länger unwirtlich für menschliches Leben und Gedeihen sowie für das Leben und Gedeihen anderer Tier- und Pflanzenarten zu machen, die an die einzige Umwelt angepasst sind, die sie kennen, nämlich diejenige, die wir mit unseren verschwenderischen Emissionen zerstören.

Deshalb sind Energiequellen für unsere Wirtschaft, die die Umwelt nicht zerstören, mehr als ein positives Gut, welches wir vielleicht zur Verfügung stellen müssen, vielleicht auch nicht (und für welches das Ausmaß unserer Verantwortung strittig wäre). Die Entwicklung alternativer Energiequellen ist außerdem der einzige Weg, unser eigenes Leben zu erhalten, ohne anderem Leben zu schaden, was sowohl durch eine Verschlimmerung des Klimawandels als auch durch eine Verringerung des verfügbaren Senkraums geschieht. Wenn wir unser eigenes Leben erhalten wollen, ohne das Leben jeglicher zukünftiger Lebewesen sehr viel härter zu machen als unseres, d. h. wenn wir leben wollen, ohne die Lebensbedingungen jeglicher zukünftiger Lebewesen zu untergraben, müssen wir alternative Energieformen ins Leben rufen, nicht nur dumpf darauf hoffen, dass sich unsere Nachkommen zum gegebenen Zeitpunkt schon irgendwie selbst behelfen werden. Zu diesem Zeitpunkt wird es wahrscheinlich zu spät sein, um die kumulierte Summe an Kohlenstoffdioxid so gering halten zu können, dass es bei einem noch tragbaren Klimawandel bleibt.

6 Die andere Hälfte der Geschichte: Die Armut nicht verschlimmern

Der Klimawandel ist nur die eine Hälfte der Geschichte. Die andere Hälfte ist, dass derzeit mehr als zwei Milliarden Menschen unter Energie-Armut leiden. Sie müssen mit einem Zugang zu Energie, besonders zu Elektrizität, ausgestattet werden. Energie-Armut zu beenden oder auch nur in nennenswerter Weise abzumildern und gleichzeitig auch die Nettoemission von CO_2 in die Atmosphäre zu beenden, mag auf den ersten Blick schlichtweg als eine Unmöglichkeit erscheinen – eine doppelt schwierige Kombination zweier Aufgaben, von denen auch jede für sich genommen schon eine Herausforderung ist. Ich glaube dennoch, dass die beste Lösung zur Beendigung der Energie-Armut den Kern zur Beendigung der Nettoemissionen in sich trägt. Zum gegenwärtigen Zeitpunkt ist der Preis für die Energie aus allen fossilen Brennstoffen viel niedriger als der Preis für Energie aus fast allen erneuerbaren Quellen. Darin liegt das grundsätzliche ökonomische Problem. Wenn aus alternativen Quellen kostengünstigere Energie erzeugt würde als aus fossilen Brennstoffen, wäre die Abkehr von fossilen Brennstoffen schlechthin im Interesse aller und individuelle Konsumenten könnten, indem sie ihr eigenes Interesse auf dem Markt verfolgen, einen gewaltigen Schritt tun, um dem Klimawandel Einhalt zu gebieten. Aber der Klimawandel ist, wie es

Nicholas Stern beobachtet hat, „das größte Beispiel von Marktversagen, das wir jemals gesehen haben“ (Stern 2007, xviii). Die Unsichtbare Hand wird den Klimawandel nicht aufhalten.

Es wäre vorstellbar, eine Strategie auszuprobieren, die faktisch alles, was vom CO_2-Budget noch übrig bleibt, für die Armen der Welt reserviert, die sich im Moment keine Energieform außer Energie aus fossilen Trägern leisten können, wenn sie es sich denn tatsächlich leisten können, und des Weiteren darauf besteht, dass die Bessergestellten ab jetzt auf die eine oder andere Weise für erneuerbare Energieträger bezahlen, um den zeitweilig nicht zu vermeidenden Emissionen der Armen nichts mehr hinzuzufügen.[30] Eine Vielzahl von bekümmerten Einzelpersonen bezahlt bereits bewusst mehr für Energie aus erneuerbaren Quellen, als sie für Energie aus fossilen Brennstoffen zahlen müsste und bringt sich damit in bewundernswerter Weise in die Bemühungen im Umgang mit dem Klimawandel ein. Aber das spontane Angebot an solch starkem Sinn für individuelle moralische Verantwortung, gepaart mit einem Verständnis des Problems, ist im Moment überschaubar und scheint für die Dringlichkeit und Größenordnung der Aufgabe nicht ausreichend; einige mächtige Regierungskörperschaften, insbesondere der US-Kongress, haben bei der Schaffung von ökonomischen Anreizen, etwa durch eine Klimagesetzgebung, welche Steuern für die Abgabe von CO_2 erhebt (vgl. Ramseur/Parker 2009), auf ganzer Linie versagt. Wie das Idealergebnis unter moralischen Gesichtspunkten auch immer aussieht – man kann sich schwer vorstellen, wie individuelle Entscheidungen dazu führen sollen, dass fossilen Energieträgern abgeschworen und mehr für Energie aus erneuerbaren Quellen gezahlt wird. Die Regierung hat darin versagt, eine Führungsrolle zu übernehmen, indem sie ausreichend ökonomische Anreize geschaffen hätte, um Bürger mit weniger Pflichtbewusstsein und Sachverständnis zu motivieren – und Bürger mit hohem Pflichtbewusstsein und Verständnis sind dünn gesät. Natürlich beruhen diese Zweifel am Zureichen der wahrscheinlichen freiwilligen Opferbereitschaft jedes Einzelnen in gewissem Maße auf Vermutungen.

Die praktikabelste Alternative scheint ein rasch genug erfolgender Ausbau der Versorgung mit alternativer Energie zu sein, sodass die Preise dafür bald erheblich nach unten gedrückt werden.[31] Ein konkreter Vorschlag, der mir durch-

---

30 Mit dieser Option setzte ich mich auf eher vage und wenig beweiskräftige Art auseinander in Shue 2011, S. 307–311. Meine dortige Diskussion zeigt schmerzlich das Ungenügen einer jeden Position, die einen Emissionshandelsplan als allein ausreichende Lösung propagiert. Sie zeigt auch, dass es gesonderte und direkte Bestimmungen geben muss, die Subsistenzrechte zu schützen, so wie ich es hier formuliere, aber damals noch nicht vollständig gesehen habe.

31 Einige Bewegungen in die richtige Richtung gibt es bereits (siehe z. B. Azar/Sterner/Wagner 2012).

führbar scheint, ist zum Beispiel der so genannte „Global Green New Deal" (GGND) (United Nations 2009).[32] Wieder einmal geht es um die grundsätzliche Konzeption, nicht um die genauen Einzelheiten des illustrativen Falls (Mitchell 2011, S. 865). Der GGND beruht auf der gut dokumentierten Tendenz der Preise zu fallen, wenn die installierte Leistung ansteigt und andere Faktoren (natürlich) unverändert bleiben (United Nations 2009, ii). Förderungen werden so angelegt, dass für erneuerbare Elektrizität ein Preis gezahlt werden kann, der über dem Marktpreis liegt. Somit wird die installierte Leistung der Elektrizitätserzeugung aus erneuerbaren Quellen immer schneller ausgebaut (United Nations 2009, S. 14–15). Weil fossile Brennstoffe so massenhaft und kostengünstig verfügbar sind, ist ihr derzeitiger Marktpreis extrem niedrig und deckt die derzeitigen Kosten für erneuerbare Energie nicht.

Der Mechanismus, dessen sich die Fördermaßnahmen der Regierung bedienen, ist der so genannte „Einspeisungstarif" (engl. „feed-in tariff"), ein garantierter höherer Preis für erneuerbare Elektrizität, die ins Netz eingespeist wird (United Nations 2009, S. 14–15). Dieser Mechanismus wird gegenwärtig mit bemerkenswertem Erfolg von Deutschland und einigen anderen Ländern genutzt, darunter Dänemark und, bis zur Eurokrise, auch Spanien (siehe Environmental and Energy Study Institute 2010). Der Mechanismus hat den großen Vorzug, dass er von der Regierung nicht verlangt, die Erfolgswahrscheinlichkeit einer Technologie zu bestimmen, also „Gewinner auszuwählen". Die Regierung garantiert lediglich, dass jede Form von Elektrizität, die mithilfe irgendeines erneuerbaren Mittels erzeugt wurde, ins Netz eingespeist wird (Environmental and Energy Study Institute 2010). Private Investoren bestimmen, auf welche Technologie sie setzen wollen. Unternehmen würden auch darin bestärkt, erneuerbare Elektrizität auf andere Arten zu fördern. Berechnungen, die 2009 für die Abteilung der Vereinten Nationen für Nachhaltige Entwicklung angestellt wurden, gehen davon aus, dass eine Fördersumme von 1,5 Billionen Dollar – 100 Milliarden im Jahr über einen Zeitraum von fünfzehn Jahren – genügend installierte Leistung hervorbringen würde, um den Preis für erneuerbare Elektrizität auf ein Niveau zu senken, das für die meisten Armen in der Welt tragbar ist (United Nations 2009, S. 3). Alle privaten Beiträge sind miteingerechnet. Für ein so bahnbrechendes Ergebnis sind 100 Milliarden Dollar im Jahr unter Beteiligung der ganzen Welt kein überzogener Geldbetrag. Es entspricht zum Beispiel kaum den jährlichen Kosten für den Krieg der USA im Irak oder den in Afghanistan (Crawford 2012).

Bis jetzt hat sich die Diskussion zum Großteil der Frage gewidmet, wie man CO_2-Emissionen kostenintensiver machen kann. Auch auf dieser Seite besteht

---

32 Für ein aktualisiertes Argument siehe Banuri/Hällström 2012.

Handlungsbedarf, aber hier müssen zwei Stoßrichtungen zusammenlaufen. Erstens müssen CO_2-Emissionen drastisch und vehement eingedämmt werden. Ein wirksames Mittel hierfür ist wohl, der CO_2-Emission einen Preis aufzuerlegen, entweder durch *cap-and-trade* oder durch CO_2-Steuern.[33] Allerdings trägt die Kostenerhöhung von Kohlenstoffdioxid, das bei Energieproduktion frei wird, nichts zur Unterstützung der Armen in der Welt bei – sie verschlimmert für sich genommen das Problem der Energie-Armut sogar noch, indem sie die am ehesten erschwingliche Energie weniger erschwinglich macht. *Cap-and-trade* für sich genommen würde das Leben der Ärmsten schlichtweg dadurch verschlechtern, dass es die Preise für fossile Brennstoffe nach oben treibt. Wir können uns nicht allein auf *cap-and-trade* oder CO_2-Steuern verlassen, weil sie keinen positiven Effekt auf die Energie-Armut haben. Wir müssen einen Plan wie den GGND zur Umsetzung bringen, welcher der Energie-Armut direkt den Kampf ansagt, indem er den Preis für erneuerbare Produkte auf ein für die Ärmsten leistbares Niveau hinunterdrückt.

Wir müssen deshalb, zweitens, so schnell wie nur menschenmöglich alternative Energietechnologien entwickeln und den frühestmöglichen Tag anstreben, an dem die Preise für alternative Technologien zunächst mit den Preisen für fossile Brennstoffe konkurrenzfähig und schließlich auch für die Ärmsten erschwinglich werden. Fossile Brennstoffe sind derzeit bekanntlich billig, was natürlich den wichtigsten Grund darstellt, warum wir auch das *cap-and-trade*-System und/oder die CO_2-Steuer brauchen, um ihren Preis durch politischen Willen anzuheben. Hier ist politisches Einschreiten nötig, um die Marktmechanismen zu ergänzen und die Umwelt zu schützen, von der alle wirtschaftliche Aktivität abhängt. (Das erachtet man für gewöhnlich als den grundlegenden Zweck einer Regierung). Wir müssen in der Politik den Kreuzungspunkt ansteuern, an dem ein Preisrückgang für alternative Energien und eine Preissteigerung für fossile Brennstoffe dazu führen, dass die schädlichen fossilen Brennstoffe ihren Wettbewerbsvorteil einbüßen. Je weiter wir auf der einen Seite vorankommen, umso geringer wird die Entfernung, die wir auf der anderen Seite zurücklegen müssen. Ist der Kreuzungspunkt einmal erreicht, werden es sogar reine Egoisten, die sich weder um die Umwelt noch um die Rechte anderer scheren, einfach effizienter finden, alternative Brennstoffe zu nutzen.

---

33 Aus ökonomischer Perspektive ist es natürlich absurd, dass eine derart umweltschädliche Praxis wie die Verbrennung fossiler Brennstoffe zur allgemeinen Energieversorgung für diejenigen, die den Schaden anrichten, kostenlos sein sollte – solche Kosten sollten in den Preisen für fossile Brennstoffe eingeschlossen sein.

Von entscheidender Bedeutung ist aber immer noch das Verständnis, dass ein konkurrenzfähiger Preis und ein erschwinglicher Preis zwei verschiedene Dinge sind. Dass der Preis für alternative Energie eines Tages mit dem Preis von fossilen Brennstoffen konkurrenzfähig werden könnte, bedeutet noch nicht, dass der Preis dann erschwinglich wäre für die Ärmsten, insbesondere wenn der Preis für fossile Energie in der Zwischenzeit durch *cap-and-trade* und/oder CO_2-Steuern in die Höhe getrieben wurde. Nicht gelenkte Marktverläufe bieten uns keine Garantie dafür, dass der Kreuzungspreis, an dem erneuerbare Brennstoffe mit fossilen Brennstoffen konkurrenzfähig sind, nicht höher sein wird als der für die Ärmsten erschwingliche Preis. Das liefert uns einen zusätzlichen Grund, warum Marktmechanismen durch politische Eingriffe, wie etwa den GGND, ergänzt werden müssen, um Bedingungen zu schaffen, unter denen die Ärmsten eine Chance auf Entwicklung haben (auch das wird normalerweise als Zweck einer Regierung betrachtet). Je stärker das Maß, in dem die Kreuzung der Preise von fossiler und nicht-fossiler Energie durch eine Preissenkung von letzteren anstatt durch eine Preisanhebung von ersteren zustande gekommen ist, desto wahrscheinlicher wird es, dass die Preise zu diesem Zeitpunkt für die Armen erschwinglich sein werden. An dem Punkt, an dem eine grundlegende Energieversorgung für alle erschwinglich wird, dürfte die Menschheit sowohl bezüglich der extremen Armut als auch bezüglich des Klimawandels aus dem Schneider sein – vorausgesetzt, wir haben in der Zwischenzeit nicht schon die billionste Tonne emittiert oder was auch immer uns die schnell fortschreitende Wissenschaft als äußersten Grenzwert für CO_2-Emissionen nennt, den die Umwelt tragen kann.

Handeln wir jetzt energisch und kreativ, können wir durch die Politik wirtschaftliche Institutionen ins Leben rufen, mit denen wir ein unschätzbares Vermächtnis zum Schutz der Rechte vieler Generationen hinterlassen. Gelder für Vorstöße wie den GGND wären keine großzügige Spende an andere Länder oder an zukünftige Generationen. Diese Stoßrichtung ist, ganz im Gegenteil, der einzige Weg, wie wir im Zuge der Anstrengungen, die wir unternehmen müssen, um dem Klimawandel Einhalt zu gebieten, bevor er noch gefährlichere Ausmaße erreicht als die, die uns ohnehin schon sicher sind, auch gleichzeitig die Armen der Welt vor weiterer Schlechterstellung schützen können. Wenn wir daran scheitern, bald erneuerbare Energie zu gewährleisten, die für die Ärmsten erschwinglich ist, so scheitern wir nicht nur an unseren positiven Pflichten der Gerechtigkeit gegenüber den heutigen Armen, wir scheitern dann auch daran, sie vor den wirtschaftlichen Folgen unserer Bemühungen zur Beschränkung des Klimawandels zu schützen. Wenn wir daran scheitern, den Klimawandel zu beschränken, indem wir CO_2-Emissionen beschränken, untergraben wir die Umweltbedingungen für das Leben der zukünftigen Armen. Sollen die Lebensaussichten keiner dieser beiden anfälligen Gruppen Schaden nehmen, müssen wir die globale Armut und den Klimawandel ohne Umschweife und vehement in Angriff nehmen.

Das dringendste Gebot ist dann, damit aufzuhören, durch fortlaufend hohe CO_2-Emissionen Schaden anzurichten, der irreparabel und (in jedem normalen Zeitrahmen) irreversibel ist. Weil unser derzeitiges Verhalten zerstörerisch ist, insofern es die Bedingungen für ein gedeihliches menschliches Leben untergräbt, lautet die Frage nicht, was unser fairer Beitrag zur Erreichung eines positiven Guts ist, sondern wie schnell wir komplett damit aufhören können, zukünftigen Schaden anzurichten. Aber wir müssen auch darauf achten, dass die institutionellen und politischen Maßnahmen, die wir wählen, um unsere materiellen Schäden zu begrenzen, nicht den sozialen Schaden verursachen, die Entwicklungsaussichten für die Ärmsten noch trostloser zu machen, als sie es schon sind. Wir haben somit zwei negative Pflichten: eine Pflicht, die Klimabedingungen nicht zu untergraben, wodurch das Leben für alle Mitglieder von Generationen, die etwas weiter in der Zukunft liegen, erschwert würde, und eine Pflicht, die Entwicklungshemmnisse für die heutigen Armen und ihre unmittelbaren Nachfolger nicht zu vergrößern. Die beiden Pflichten sind additiv, aber die Schönheit, sie dadurch zu erfüllen, dass man erschwingliche und erneuerbare Energiequellen erschließt, liegt darin, dass man damit beide Pflichten zugleich erfüllen kann.

Wenn jemand Schaden anrichtet, besteht seine Verantwortlichkeit in der Regel einfach darin, das zu unterlassen. Im Falle zerstörerischen Verhaltens gibt es keine schwierigen distributiven Fragen, die zur Debatte stehen könnten: Wieviel von dem Schaden, den ich anrichte, kann man mir vernünftigerweise zumuten zu unterlassen? Die offenkundige Antwort auf eine solche Frage ist: alles. Natürlich gibt es die für die Theoriebildung uninteressante, aber praktisch wichtige Frage, wie schnell eine Veränderung vonstattengehen muss, um als „Unterlassen" zu gelten. Eine Wirtschaft braucht Energie. Man kann die Nutzung von Energiequellen, die der Umwelt mit CO_2-Emissionen schaden, nicht unterlassen,[34] bevor Quellen, die kein CO_2 ausstoßen, nicht flächendeckend verfügbar sind. Man kann in diesem Fall nicht unverzüglich aufhören. Aber die Bemühungen, Alternativen verfügbar zu machen, können entweder lax und halbherzig, von niederer Priorität und dürftiger Finanzierung sein, wie sie es zur Zeit auf nationaler Ebene in den USA sind, oder sie können energisch, eindringlich, mit hoher Priorität und guter Finanzierung betrieben werden, wie es in vielen US-Staaten und Städten und auf nationaler Ebene in einer Vielzahl anderer Länder geschieht (siehe Hertsgaard 2011, S. 79–81, Center for Climate and Energy Solution 2012, Hare 2011). Nur

34 Das gilt in Bezug auf Methoden der Müllentsorgung, der verbesserten Energieeffizienz und einer Vermeidung unnötiger Aktivitäten natürlich schon.

strammes und entschiedenes Handeln kann man in Anbetracht der Geschwindigkeit, mit der die kumulierte Summe der CO_2-Emissionen auf ein gefährliches Ausmaß zutreibt, sinnvoll als „Unterlassen" bezeichnen.

7 Schluss: Die Vergangenheit ist noch nicht vergangen

Der Punkt in dieser Darstellung war, dass die USA, wie auch viele andere Nationen,[35] noch immer ständig zu einer Gefahr beitragen, die sich zunehmend verschlimmert. Sorge bereiten jetzt nicht die Schäden, die in der Vergangenheit angerichtet wurden, sondern die Schäden, die in Zukunft angerichtet werden, sofern sich eine im Moment unhinterfragte Politik nicht ändert. Emissionen, die in der Vergangenheit produziert wurden, sind nicht vornehmlich Schäden, die in der Vergangenheit angerichtet wurden. Die Emissionen liegen zwar in der Vergangenheit, aber die Schäden, die bereits im Anmarsch sind, stehen größtenteils erst bevor, da sich die CO_2-Emissionen in der Atmosphäre angesammelt haben und über Jahrhunderte hinweg immer schwerwiegendere Auswirkungen hervorbringen werden. Das CO_2, das zum Beispiel bereits im Juni 2012 in der Atmosphäre war, wird zwangsläufig noch jahrhundertelang den Meeresspiegel ansteigen lassen (Meehl 2007, S. 828–831, Solomon 2009, S. 1707–1709, Schaeffer 2012, S. 1). Das System der Ozeane ist überaus träge und ändert sich nur außerordentlich langsam, aber das atmosphärische CO_2 tut geduldig seine Arbeit und wird noch für Jahrhunderte verweilen, um still und langsam seinen stetigen Einfluss auf den Meeresspiegel auszuüben.[36]

Man mag geneigt sein, die in der Atmosphäre akkumulierten Emissionen als eine (alleinige) Tatsache der Vergangenheit zu betrachten – vergangene Geschichte, Wasser unter der Brücke. Fakt ist aber, dass das Wasser nicht unter

35 Die Tatsache, dass andere Nationen auch Schaden anrichten, ist keine Entschärfung der bedingungslosen Aufforderung an die USA, so schnell wie möglich aufzuhören. Niemand hat das Recht, wie die US-Verhandlungsführer in der Klimapolitik zu glauben scheinen, darüber zu verhandeln, wer zuerst mit der Weitergabe desaströser Lebensbedingungen aufhören muss. Für das Argument, dass die Weigerung anderer ein Handeln stärker, nicht weniger gebietet, siehe das Paper von Anja Karnein: „Putting Fairness in Its Place: Why There Is a Duty to Take Up the Slack".

36 Abgesehen von der Entfernung durch Geo-Engineering-Techniken, die funktionieren können oder nicht, die mehr Gutes als Schaden bringen können oder auch nicht; mehr dazu siehe Gardiner 2011, S.339.

der Brücke hindurchgeflossen ist – es sammelt sich beinahe alles noch immer stillschweigend an, es steigt höher und höher. Die rapide Akkumulation in der Atmosphäre ist ein in Zukunft über die Ufer tretendes Problem. Wenn die Vereinigten Staaten vor ihrer eigenen Vergangenheit wegzulaufen versuchen, so versuchen sie auch vor der Zukunft aller anderen wegzulaufen.[37] Um seine Vorliebe für die Durban Plattform, das Ergebnis des letzten Treffens der Konferenz der Vertragsstaaten der Klimarahmenkonvention, zu erklären, hat sich ein ehemaliger Berater der US-Verhandlungsführung gebrüstet: „Es wurde nichts von historischer Verantwortung oder Pro-Kopf-Emissionen gesagt. Es wurde nichts von der ökonomischen Entwicklung als vorrangigem Ziel der Entwicklungsländer gesagt. Es wurde nichts gesagt von einem Unterschied zwischen dem Handeln von Industrieländern und dem von Entwicklungsländern." (Broder 2012) Das scheint zu bedeuten, wie es die Reichen und Mächtigen so gerne ausdrücken, „wir stecken alle zusammen da drin". Reichen und Armen steht es gleichermaßen frei, unter den Brücken von Paris zu schlafen, und die USA wird sich um nichts mehr in Sachen Klimawandel bemühen als Burkina Faso und Ecuador.

Das Problem des Klimawandels ist seit den 1980ern klar und wurde 1992 vom US-Senat durch die Ratifizierung der Klimarahmenkonvention anerkannt, doch bis zum heutigen Tag haben die USA ihre CO_2-Emissionssumme in keiner wie auch immer gearteten Weise beschränkt. Dieses beschämende Versagen, die größte politische Herausforderung des 21. Jahrhunderts auf nationaler Ebene anzugehen, stellt eine eklatante Missachtung der Interessen anderer (und auch der nationalen Interessen der USA) dar. Nach zwei Jahrzehnten – einer ganzen Generationendauer – Verschleppungspolitik bei internationalen Verhandlungen und einer sturen Tatenlosigkeit im eigenen Land wäre ein bisschen amerikanische Führerschaft auf nationaler Ebene für die Hinterlassung eines lebenswerten Klimas nicht unangebracht (Shue 2011b).[38] Wir beseitigen gerade anderer Menschen Zukunft. Unsere fortlaufend hohen CO_2-Emissionen stellen zahlreiche Generationen in vielen Ländern vor eine harte Zukunft. Wir müssen ohne Umschweife damit aufhören, denjenigen das Leben zu erschweren, die den Pla-

---

37 Posner und Weisbach schlagen vor: „Wenn ein bestimmtes Reduktionslevel einen bedeutenden Nutzen für Indien, aber einen wesentlich bescheideneren Nutzen für die USA oder Russland hat, könnten letztere Nationen eine Form von Entschädigung einfordern." (Posner/Weisbach 2010, S. 142) Die Idee einer Entschädigung dafür, dass man eine jahrzehntelange wissentliche Schädigung der gemeinsamen Umwelt des gesamten Planeten in einem riesigen Ausmaß unterlässt, ist eine „reductio ad absurdum", die so tut, als hätte die Welt keine Geschichte und als beginne die Verantwortung mit jedem Tag neu.

38 Für eine genaue Argumentation, warum Führerschaft in Klimafragen de facto geboten und dringlich ist, siehe Maltais 2014.

neten erben werden, den unser kurzer Wandel hier für sehr lange Zeit in grundlegender Weise zum Schlechteren verändert. Wenn uns das gelingt, können wir die derzeit düsteren Aussichten mit Hoffnung erhellen.

Übersetzt von Gloria Mähringer

Literatur

Agarwal, Anil/Narain, Sunita (1991): „Global Warming in an Unequal World: a Case of Environmental Colonialism“. New Delhi: Centre for Science and Environment.

Allen, Myles R. et al. (2009a): „Warming Caused by Cumulative Carbon Emissions Towards the Trillionth Ton“. In: *Nature* 458, S. 1163–1166.

Allen, Myles R. et al (2009b): „The Exit Strategy“. In: *Nature Reports Climate Change* 3, S. 56.

Archer, David/Brovkin, Victor (2008): „The Millenial Atmospheric Lifetime of Anthropogenic CO_2“. In: *Climate Change* 90. Nr. 3, S. 283–297.

Ashford, Elizabeth (2009): „The Alleged Dichotomy between Positive and Negative Rights and Duties“. In: Charles R. Beitz./Robert E. Goodin (Hrsg.): *Global Basic Rights*. Oxford: Oxford University Press, S.92–112.

Azar, Christian/Sterner, Thomas/Wagner, Gernot (2012): „Rio Isn't All Lost“. In: *International Herald Tribune* Nr. 120620, S. 3.

Bajaj, Vikas (2012): „No Power, No Boom“. In: *New York Times* B1, 20. April 2012.

Banuri, Tariq/Hällström, Niclas (2012): „A Global Programme to Tackle Energy Access and Climate Change“. In: *Development Dialogue* 61, S. 264–79.

Bolin, Bert (2007): *A History of the Science and Politics of Climate Change: The Role of the Intergovernmental Panel on Climate Change*. Cambridge: Cambridge University Press.

Bowerman, Niel H. A. et al (2011): „Cumulative Carbon Emissions, Emissions Floors and Short-Term Rates of Warming: Implications for Policy“. In: *Philosophical Transactions of the Royal Society* 369, S. 45–66.

Broder, John M. (2012): „Climate Change: A Battle on Many Fronts“. In: *International Herald Tribune* Nr. 120125, S. 12.

Caney, Simon (2010): „Cosmopolitan Justice, Responsibility, and Global Climate Change“. In: Stephen M. Gardiner et al (Hrsg.): *Climate Ethics: Essential Readings*. Oxford: Oxford University Press, S. 122–145.

Caney, Simon (2012): „Just Emissions“. In: *Philosophy and Public Affairs* 40. Nr. 4, S. 255–300.

Center for Climate and Energy Solutions: „Multi-State Climate Initiatives“. http://www.c2es.org/us-states-regions/regional-climate-initiatives, besucht am 13.10.2012.

Climate Action Network (2011): „Fair Effort Sharing“. Discussion Paper. http://climatenetwork.org/publication/can-discussion-paper-fair-effort-sharing-jul-2011, besucht am 14.10.2012.

Coll, Steve (2012): *Private Empire: ExxonMobil and American Power*. London: Penguin.

Crawford, Neta C. et al (2011): „Costs of War Project“. Watson Institute. http://www.costsofwar.org, besucht am 14.10.2012.

Dolšak, Nives/Ostrom, Elinor (2003): „The Challenges of the Common“. In: Nives Dolšak, / Elinor Ostrom (Hrsg.): *The Commons in the New Millenium: Challenges and Adaptions*. Cambridge MA: Massachusetts Institute of Technology, S. 3–34.

den Elzen, Michel et al (2010): „The Emissions Gap Report: Are the Copenhagen Accord Pledges Sufficient to Limit Global Warming to 2°C or 1,5°C? A Preliminary Assessment“. United Nations Environmental Programme 2010. http://www.unep.org/publications/ebooks/emissionsgapreport/pdfs/GAP_REPORT_SUNDAY_SINGLES_LOWRES.pdf, besucht am 14.10.2012.

Environmental and Energy Study Institute (2010): „Feed-in Tariffs“. http://www.eesi.org/files/feedintariff_033110.pdf, besucht am 14.10.2012.

Faulkner, William (1951): *Requiem for a Nun*. New York: Random House.

Gardiner, Stephen M. et al (Hrsg.) (2010): *Climate Ethics: Essential Readings*. Oxford: Oxford University Press.

Gardiner, Stephen M. (2011): *A Perfect Moral Storm: The Ethical Tragedy of Climate Change*. Oxford: Oxford University Press.

German Advisory Council on Global Change (2009): „Solving the Climate Dilemma: The Budget Approach“. http://www.wbgu.de/fileadmin/templates/dateien/veroeffentlichungen/sondergutachten/sn2009/wbgu_sn2009_en.pdf, besucht am 14.10.2012.

Global Carbon Project (2012): „Rapid Growth in CO_2 Emissions after the 2008–2009 Global Financial Crisis“. In: *Nature Reports Climate Change* 2.

Gottipati, Sruthi (2012): „A Silver Lining in India´s Coal Crisis“. In: *New York Times Global Edition: India*. 20. April 2012.

Hamilton, Cliff (2010): *Requiem for a Species: Why We Resist the Truth about Climate Change*. London, New York: Earthscan.

Hare, Bill (2011): „Climate Action Tracker“. Climate Action Tracker Partners 2011. http://www.climateactiontracker.org, besucht am 14.10.2012.

Hayward, Tim (2007): „Human Rights Versus Emission Rights: Climate Justice and the Equitable Distribution of Ecological Space“. In: *Ethics and International Affairs* 21. Nr. 4, S. 431–450.

Hertsgaard, Mark (2011): *Hot: Living Through the Next Fifty Years on Earth*. Boston, New York: Houghton Mifflin Harcourt.

International Council on Human Rights Policy (2011a): „Climate Technology Policy and Human Rights: Protecting Rights in a Climate-Constrained World, Summary and Recommendations“. http://www.spidh.org/uploads/media/64697446-Climate-Technology-Policy-and-Human-Rights-Protecting-Rights-in-a-Climate-Constrained-World-Executive-Summary_1_01.pdf, besucht am 13.10.2012.

International Council on Human Rights Policy (2011b): „Beyond Technology Transfer: Protecting Human Rights in a Climate-Constrained World“. http://www.ichrp.org/files/reports/65/138_ichrp_climate_tech_transfer_report.pdf, besucht am 13.10.2012.

Karnein, Anja: „Putting Fairness in Its Place: Why There Is a Duty to Take UP the Slack“. Journal of Philosophy (forthcoming).

Lynas, Mark (2007): *Six Degrees: Our Future on a Hotter Planet*. London: Fourth Estate.

Maltais, Aaron (2014): „Failing International Climate Politics and the Fairness of Going First“. In: *Political Studies* 62. Nr. 3, S. 618–633.

Mann, Michael E. (2012): *The Hockey Stick and the Climate Wars: Dispatches from the Front Lines*. New York, Chichester West Sussex: Columbia University Press.

Matthews, Damon H./Solomon, Susan/Pierrehumbert, Raymond (2012): „Cumulative Carbon as a Policy Framework for Achieving Climate Stabilization“. In: *Philosophical Transactions of the Royal Society* 370, S. 4365–4379.

McKibben, Bill (2010): *Eaarth. Making a Life on a Tough New Planet*. New York: Times Books.

Meehl, Gerald A. et al (2007): „Global Climate Projections“. In: Susan Solomon et al (Hrsg.): *Climate Change 2007: The Physical Science Basis, Contribution of Working Group I to the Fourth Assessment Report of the Intergovernmental Panel on Climate Change.* Cambridge: Cambridge University Press, S. 748–849.

Meisen, Peter/Akin, Irem (2008): „The Case for Meeting the Millenium Development Goals through Access to Clean Energy“. Global Energy Network Institute. http://www.geni.org/globalenergy/research/meeting-mdgs-through-access-to-electricity/MDG_Final_1208.pdf, besucht am 14.10.2012.

Meinshausen, Malte et al (2009): „Greenhouse-Gas Emission Targets for Limiting Global Warming to 2°“. In: *Nature* 458, S. 1158–1162.

Mitchell, Catherine, et al (2011): „Policy, Financing and Implementation“. In: Ottmar Edendorfer et al (Hrsg.): *Renewable Energy Sources and Climate Change Mitigation: Special Report of the Intergovernmental Panel on Climate Change.* Cambridge: Cambridge University Press, S. 865–950.

Oreskes, Naomi/Conway, Eric M. (2010): *Merchants of Doubt: How a Handful of Scientists Obscured the Truth on Issues from Tobacco Smoke to Global Warming.* New York: Bloomsbury.

Oxford e-Research Centre (2012): http://trillionthtonne.org/, besucht am 19.11.2014.

Pierrehumbert, Raymond (2013): „Cumulative Carbon and Just Allocation of the Global Carbon Commons“. In: *Chicago Journal of International Law* 13. Nr. 2, S. 527–548.

Pogge, Thomas (2007) (Hrsg.): *Freedom from Poverty as a Human Right: Who Owes What to the Very Poor?* Oxford: Oxford University Press.

Pogge, Thomas (2010): *Politics as Usual: What Lies Behind the Pro-Poor Rhetoric.* Malden MA, Cambridge UK: Polity Press.

Posner, Eric A./Weisbach, David (2010): *Climate Change Justice.* Princeton: Princeton University Press.

Rajamani, Lavanya (2006): *Differential Treatment in International Environmental Law.* Oxford: Oxford University Press.

Rajamani, Lavanya (2010): „The Making and Unmaking of the Copenhagen Accord“. In: *International & Comparative Law Quarterly* 59. Nr. 3, S. 824–843.

Rajamani, Lavanya (2012): „The Changing Fortunes of Differential Treatment in the Evolution of International Environmental Law“. In: *International Affairs* 88. Nr. 3, S. 605–623.

Rajamani, Lavanya/Ghosh, Shibani (2012): „India“. In: Richard Lord et al (Hrsg.): *Climate Change Liability: Transnational Law and Practice.* Cambridge: Cambridge University Press, S. 139–177.

Ramseur, Jonathan L./Parker, Larry (2009): „Carbon Tax and Greenhouse Gas Control: Options and Considerations for Congress“. Congressional Research Service 10.5.2009. http://www.fas.org/sgp/crs/misc/R40242.pdg, besucht am 13.10.2012.

Rogelj, Joeri et al (2010): „Copenhagen Accord Pledges are Paltry“. In: *Nature* 464, S. 1126–1128.

Schaeffer, Michiel et al (2012): „Long-Term Sea-Level Rise Implied by 1.5°c and 2°C Warming Levels“. In: *Nature Climate Change*2, S. 867–870.

Shue, Henry (1988): „Mediating duties“. In: *Ethics* 98. Nr. 4, S. 687–704.

Shue, Henry (1992): „The Unavoidability of Justice“. In: Andrew Hurrell/Benedict Kingsbury (Hrsg.): *The International Politics of the Environment: Actors, Interests, and Institutions.* New York: Oxford University Press, S. 373–397.

Shue, Henry (1993): „Subsistence Emissions and Luxury Emissions“. In: *Law and Policy* 15. Nr. 1, S. 39–59.

Shue, Henry (1994): „After You: May Action by the Rich Be Contingent Upon Action by the Poor?“. In: *Indiana Journal of Global Legal Studies* 1. Nr. 2, S. 343–366.

Shue, Henry (1996): *Basic Rights: Subsistence, Affluence, and US Foreign Policy.* 2. Auflage. Princeton: Princeton University Press.

Shue, Henry (1999): „Global Environment and International Inequality“. In: *International Affairs* 75. Nr. 3, S. 531–545.

Shue, Henry (2010): „Deadly Delays, Saving Opportunities: Creating a More Dangerous World?“ In: Stephen M. Gardiner et al (Hrsg.): *Climate Ethics: Essential Readings.* Oxford: Oxford University Press.

Shue, Henry (2011a): „Human Rights, Climate Change, and the Trillionth Ton“. In: Denis G. Arnold (Hrsg.): *The Ethics of Global Climate Change.* Cambridge: Cambridge University Press, S. 292–314.

Shue, Henry (2011b): „Face Reality? After You! A Call for Leadership on Climate Change“. In: *Ethics and International Affairs* 25. Nr. 1, S. 17–26.

Solomon, Susan et al (2009): „Irreversible Climate Change Due to Carbon Dioxide Emissions“. In: *Proceedings of the National Academy of Sciences of the United states of America* 106. Nr.6, S. 1704–1709.

Stern, Nicholas (2007): *The Economics of Climate Change: The Stern Review.* Cambridge: Cambridge University Press.

United Nations (1948): *Universal Declaration of Human Rights.* General Assembly Res 217A (III), UN Doc A/810.

United Nations, Department of Economic and Social Affairs, Division for Sustainable Development (2009): „A Global Green New Deal for Climate, Energy, and Development“. http://www.un.org/esa/dsd/resources/res_pdfs/publications/sdt_cc/cc_global_green_new_deal.pdf, besucht am 31.10.2012.

United Nations (2011): „The Cancun Agreements: Outcome of the Work of the Ad Hoc Working Group on Long-Term Cooperative Action under the Convention“. In: *United Nations Framework Convention on Climate Change. Report of the Conference of the Parties on Its Sixteenth Session, Addendum, Part Two: Action Taken by the Conference of the Parties.* UN Doc FCCC/CP/2007/Add. 1.

Volk, Tyler (2008): *CO_2 Rising: The World's Greatest Environmental Challenge.* Cambridge MA: Massachusetts Institute of Technology.

Dieter Birnbacher

Klimagerechtigkeit – Verursacher- oder Leistungsfähigkeitsprinzip?

1 Einleitung: Drei Ebenen der Klimagerechtigkeit

Die ethischen Probleme, die der Klimawandel und die weithin anerkannte Notwendigkeit von dessen Begrenzung aufwerfen, ähneln in vielem den Problemen, die sich bei der Verteilung anderer knapper und nicht vermehrbarer Ressourcen ergeben. Diese Probleme sind dadurch bestimmt, dass eine Ressource, die für eine große Zahl von Menschen von vitaler Bedeutung ist, nur begrenzt zur Verfügung steht, so dass der Bedarf grundsätzlich nicht vollständig befriedigt werden kann und eine irgendwie geartete Priorisierung erfolgen muss. Die Frage ist, nach welchen Kriterien eine solche Priorisierung vorgenommen werden soll, wenn sie als ethisch akzeptabel gelten soll.

Die Medizinethik ist mit dieser Art von Problem seit langem vertraut, etwa im Bereich kostspieliger Behandlungsmöglichkeiten, die nicht für alle, die von ihnen profitieren könnten, gleichermaßen verfügbar sind. Besonders vordringlich stellt sie sich im Bereich der Organtransplantation, in dem nicht allen, die eines Transplantats bedürfen, ein Transplantat zur Verfügung steht. In allen diesen Fällen stellt sich die Pilatus-Frage nach der Gerechtigkeit: Nach welchen Kriterien soll die Verteilung erfolgen, wenn sie als „gerecht" gelten kann, d. h. wenn sie zumindest einen zentralen Deckungsbereich der für diesen Bereich relevanten Gerechtigkeitsintuitionen entsprechen soll.

Gerechtigkeitsfragen stellen sich auf mehreren Ebenen: zunächst auf der Ebene einer idealen und der Ebene einer nicht-idealen Theorie. Auf der Ebene der *idealen* Theorie wird gefragt, wie eine gerechte Verteilung *in abstracto* aussehen könnte oder müsste, wobei von den realen Gegebenheiten – sowohl den de facto bestehenden normativen Vorgaben wie den anthropologisch-psychologischen Grenzen ihrer Verwirklichung – abgesehen wird. Auf dieser Ebene geht es um eine Verständigung über die Zielgrößen, an denen die für die Praxis geltenden Normen gemessen werden sollen. Auf der Ebene der *nicht-idealen* Theorie wird gefragt, wie die auf der idealen Ebene als ethisch optimal ausgezeichneten Normen unter den Gegebenheiten der Praxis näherungsweise umgesetzt werden könnten oder sollten. Hierbei kann man genauer zwischen zwei Unterebenen unterscheiden. Man kann einerseits fragen, wie die in der Praxis zur Anwendung kommenden Regeln aussehen müssten, wenn sie die Aussicht eröffnen sollen, die Zielgrößen unter realistischen Bedingungen zu verwirklichen. Auf dieser

Ebene geht es dann – anders als auf der idealen Ebene – weniger um die moralisch erwünschten *Ergebnisse* (die Gerechtigkeit der Resultate) als vielmehr um die zu ihrer Erreichung notwendigen oder geeigneten *Handlungsorientierungen* (die gerechtigkeitsdienlichen Regeln). Andererseits kann man fragen, wie diese gerechtigkeitsdienlichen Handlungsorientierungen unter den faktisch bestehenden Bedingungen etabliert werden können. Zu diesen Bedingungen gehören u. a. die geltenden normativen Vorgaben, etwa rechtlicher Art, aber auch die bestehenden Machtverhältnisse. Auf dieser Ebene stehen moralpragmatische, strategische und im weitesten Sinne politische Erwägungen im Vordergrund.

So kann man etwa bei der Frage der Kriterien der Verteilung der knappen Organtransplantate auf der Ebene der *idealen* Theorie fragen, welche Verteilung von Transplantaten als „gerecht" gelten kann, d. h. den für diesen Kontext bestehenden vorherrschenden Gerechtigkeitsintuitionen am besten entspricht. Auf der Ebene der *nicht-idealen* Theorie ist dann zu fragen, welche Kriterien gelten sollten, um eine solche Verteilung zumindest näherungsweise sicherzustellen, aber auch, wie diese Kriterien unter der Vorgabe der bereits bestehenden normativen Vorgaben und der zur Verfügung stehenden Regulierungsstrukturen etabliert werden können. Zu den normativen Vorgaben gehören im Fall der Organverteilung u. a. die in Deutschland im Transplantationsgesetz vorgegebenen Kriterien der Dringlichkeit und der Erfolgsaussicht und die bundeseinheitliche Warteliste, die für jeden Patienten unabhängig von seiner Herkunftsregion – nach Maßgabe der übrigen Kriterien – dieselbe Chance auf Zuteilung eines Organs sichert. Zu den vorgegebenen Regulierungsstrukturen gehört, dass die Verteilung durch eine transnationale Organisation (Eurotransplant) und nach einem fest programmierten Algorithmus, in den die Verteilungskriterien der verschiedenen beteiligten Länder eingehen, und ohne eine wie immer geartete persönliche Entscheidung erfolgt. Entscheidend ist, dass die Bedingungen auf beiden nicht-idealen Ebenen den Spielraum bei der Ausgestaltung der Verteilungsregeln mehr oder weniger eingrenzen, mit der Folge, dass die auf der idealen Ebene formulierten Ziele sich möglicherweise nur sehr unvollständig in den praktischen Verfahrensweisen wiedererkennen lassen. In die „Übersetzung" der idealen Zielvorstellungen in praktikable Verfahrensweisen gehen dabei sowohl ethische als auch empirische Überlegungen ein. Welche Allokationsregeln auf der Regelebene gelten sollten, um die auf der idealen Ebene formulierten Ziele zu verwirklichen, ist sowohl eine Frage der normativen Interpretation dieser Ziele als auch eine Frage empirisch kontrollierter Effizienz.

Für die Frage nach der Klimagerechtigkeit gilt diese Stufeneinteilung entsprechend. Auch hier stellen sich auf den verschiedenen Ebenen unterschiedliche Fragen, für die unterschiedliche Formen von Expertise relevant sind. Allerdings ist bei der Übertragung des Ebenenmodells ein struktureller Unterschied zu beachten: Bei der Transplantation ist die Zahl der verfügbaren Transplantate nicht ohne weiteres vermehrbar, die Begrenzung der Verfügbarkeit ist quasi naturgegeben. Demgegenüber ist der Spielraum der Abgabe von Treibhausgasen in die Atmosphäre seinerseits Ergebnis einer normativen Festsetzung. Eine Überschreitung dieser Grenzen ist nicht nur nicht ausgeschlossen, sondern angesichts des bisherigen Scheiterns bindender internationaler Vereinbarungen über eine Emissionsbegrenzung sogar wahrscheinlich. Für die nicht-ideale Theorie bedeutet das, dass ihr über die Ermöglichung bzw. Sicherung einer „gerechten" Verteilung der knappen Ressource hinaus die zusätzliche Aufgabe zuwächst, zu verhindern, dass die gesetzte Grenze überschritten und die Ressource übernutzt wird. Ein weiterer Unterschied ist die intertemporale und intergenerationelle Dimension der Gerechtigkeit im Fall der Klimagerechtigkeit. Erfordert ist eine „gerechte" Aufteilung der Vorteile und Lasten aus den Emissionsbegrenzungen, u. a. aus Gründen des langfristigen Erhalts der Lebensgrundlagen für zukünftige Generationen bzw. der langfristigen Verbesserung der Lebensgrundlagen über das gegenwärtige Niveau hinaus. Dieser Aspekt ist insbesondere angesichts der absehbaren weiteren Zunahme der Weltbevölkerung bedeutsam. Wenn die 9 Mrd. Menschen, die nach konservativen Schätzungen im Jahr 2050 leben werden, angemessen versorgt werden sollen, bedarf es bis dahin grundlegender Verbesserungen der landwirtschaftlichen Produktion sowie der Umverteilung von technologischem Wissen und Können vom reichen Norden in den armen Süden.

Ich gehe im Folgenden wie viele andere Autoren von einer Obergrenze der Zunahme der Durchschnittstemperaturen von 2° C aus. Diese Grenze, die historisch auf einen Kompromiss zwischen den Entwicklungs- und den Industrieländern zurückgeht, bietet sich u. a. deshalb an, weil klimawissenschaftliche Gründe dafür sprechen, dass über diesen Punkt hinaus die Klimaveränderungen unvorhersehbar werden und nicht auszuschließen ist, dass sie an „Kipppunkten" (*tipping points*) infolge von Selbstverstärkungseffekten entgleisen (vgl. Gesang 2011, S. 40 ff.). Außerdem erscheint diese Grenze prinzipiell einhaltbar, wenn auch angesichts der weiterhin steigenden globalen Emissionen nur noch mit radikalen Mitteln. Angesichts der anzunehmenden Irreversibilität sowohl der Steigerung der Durchschnittstemperatur als auch vieler ihrer Auswirkungen auf Vegetation, Artenbestand, Landwirtschaft, Wirtschaft und Bewohnbarkeit muss eine solche Entwicklung als katastrophal gelten. Ein Prinzip der Katastrophenvermeidung ist jedoch unabhängig davon, wie man den Begriff der Verteilungsgerechtigkeit im Einzelnen konstruiert, plausibel und konsensfähig. Es gilt, diese katastrophenträchtige Entwicklung möglichst auszuschließen, auch dann, wenn dies einen erheblichen Aufwand und schmerzliche Verzichte auf anderweitige Zielerreichungen bedeutet.

Hinsichtlich der Gerechtigkeit der Verteilung der Nutzung der klimatischen Belastungsspielräume stellen sich nach dem Gesagten drei Fragen:

1. Auf der Ebene der *idealen* Theorie stellt sich die Frage, nach welchen Kriterien die bei einer gegebenen Obergrenze der klimatischen Veränderungen verbleibenden Nutzungsspielräume auf die verschiedenen Nutzer *idealiter* verteilt werden sollten.
2. Auf der nicht-idealen Ebene der *Regeln* bzw. *Praxisnormen* stellt sich die Frage, nach welchen Kriterien die angesichts der klimatischen Veränderungen verbleibenden Nutzungsspielräume auf die verschiedenen Nutzer verteilt werden sollten, wenn zugleich sichergestellt oder zumindest wahrscheinlich gemacht werden soll, dass die Obergrenze nicht überschritten wird.
3. Auf der nicht-idealen Ebene der *politischen Strategien* stellt sich die Frage, welche Kriterien unter der Voraussetzung der bereits dafür getroffenen normativen Entscheidungen und der faktischen Machtverhältnisse Grundlage der Klimapolitik der Zukunft sein sollten.

Es ist eine Konsequenz der Unterscheidung zwischen verschiedenen klimaethischen Ebenen, dass eine Verteilungskonzeption, die auf der ersten Ebene den vorherrschenden Gerechtigkeitsintuitionen am besten gerecht wird, sowohl auf der zweiten als auch auf der dritten Ebene (oder beiden) untauglich sein kann, z. B. weil sie unrealistische Anforderungen an die moralische Motivation der beteiligten Akteure stellt oder weil selbst ihre vollständige Realisierung die vorgegebene Belastungsgrenze überschreiten würde. Allerdings wäre der Anspruch, dass eine bestimmte Verteilungskonzeption auf allen Ebenen zugleich zu befriedigenden Resultaten führt, von vornherein überzogen. Es ist nicht zu erwarten, dass eine ideale Theorie, die die Zielparameter einer gerechten Klimapolitik spezifiziert, unverändert für die beiden nicht-idealen Ebenen übernommen werden kann. Die Aufgabe einer idealen Theorie ist die, ideale Zielvorstellungen zu formulieren und damit gerechtigkeitstheoretische Blütenträume. Diese lassen sich vernünftigerweise nicht damit kritisieren, dass sie unter Realbedingungen nicht direkt realisierbar sind.

Ein einschlägiges Beispiel ist die Konzeption einer Gleichverteilung von Emissionsrechten unter alle einzelnen Erdenbürger (vgl. z. B. Singer 2004, S. 35 ff.) – eine Theorie, der zu Unrecht Realitätsferne vorgeworfen worden ist, insofern die Einrichtung eines globalen Emissionsmarkts mit Schwierigkeiten verbunden wäre, die das angestrebte Ziel in eine unerreichbare Ferne rücken lassen würde. Bis ein globales System des Emissionshandels eingerichtet und die entsprechenden Kontrollmechanismen installiert wären, wären die Belastungsgrenzen aller Wahrscheinlichkeit nach bereits längst überschritten; von einer Verteilung der Emissionsrechte unter die einzelnen Nationen nach der Größe ihrer Bevölkerung würden Anreize auf eine natalistische Bevölkerungspolitik ausgehen, die die Klimaprobleme langfristig verschärfen; und es wäre zweifelhaft, ob die Entwicklungsländer, denen der Emissionshandel erhebliche finanzielle Mittel bescheren würde, diese zukunftsgerecht nutzen würden. Aber diese Kritik kann allenfalls soweit berechtigt sein, als sie die nicht-ideale Ebene, d. h. die Formulierung bzw. tatsächliche Einrichtung eines dem globalen Emissionshandel entsprechenden Regelsystems betrifft. Die Plausibilität des egalitaristischen Modells auf der idealen Ebene wird durch sie nicht beeinträchtigt. In der Tat ist die Idee, die Gerechtigkeit der Verteilung der Nutzungsrechte an einem vollständig egalitären idealen Maßstab zu messen, durchaus bestechend. In der Klimaethik gehört sie zu den am häufigsten vertretenen Konzeptionen (vgl. Ott 2011, S. 103 ff.). Auch die deutsche Bundeskanzlerin hat sich zu dieser Konzeption zumindest als „Fernziel" bekannt. Unter den gegebenen Verhältnissen entfielen damit auf jeden Erdenbürger 2 bis 3 Tonnen Treibhausgas pro Jahr (jeder Deutsche emittiert gegenwärtig 10, jeder US-Amerikaner 20 Tonnen). Aber auch wenn diese Konzeption womöglich allzu einfach gestrickt ist und den in den verschiedenen Weltregionen sehr unterschiedlichen natürlich oder historisch bedingten Abhängigkeiten von fossilen Energieträgern nicht gerecht wird, wird sie durch die wie immer berechtigten Einwände der Nichtumsetzbarkeit als Gerechtigkeitskonzeption auf der idealen Ebene nicht in Frage gestellt.

2 Klimagerechtigkeit auf der Ebene der idealen Theorie

Verteilungsgerechtigkeit ist ein in sich heterogener Begriff, der sich nicht auf eine einfache Formel bringen lässt. Soweit die Verteilungsregeln nicht bereits durch ihren jeweiligen „lokalen" Kontext (vgl. Elster 1992) bzw. die jeweilige gesellschaftliche „Sphäre" (Walzer 1992) festgelegt sind, konkurrieren gewöhnlich egalitaristische Vorstellungen von Gleichheit und Chancengleichheit mit differentiellen Kriterien wie Verdienst, Sonderbedarf und Verteilungseffizienz (vgl. Perelman 1967, Rescher 1966). Alle diese Kriterien haben das Verführerische an sich, dass sie, solange man sie jeweils isoliert betrachtet, außerordentlich plausibel erscheinen. Kontroversen ergeben sich dann regelmäßig daraus, dass sie nur bedingt miteinander vereinbar sind und sich die Frage nach der Priorisierung stellt. Insofern sind die Kontroversen um die „gerechte" Organverteilung oder die „gerechte" Verteilung von Einkommen oder Steuern weniger Kontroversen um die Relevanz dieser Kriterien als vielmehr um die Rangfolge, in der sie relevant sind. Nur wenige Ethiker favorisieren in der Frage der „gerechten" Organverteilung monistische Modelle, die nur ein einziges Kriterium gelten lassen, etwa ein strikt egalitaristisches, das die Zuordnung von verfügbaren Organen zu Spendern einem Zufallsprinzip und damit vollständiger Chancengleichheit unterwirft. Der Mainstream zieht pluralistische Lösungen vor, die unterschiedliche – und auf unterschiedliche ethische Traditionen zurückgehende – Kriterien kombinieren. So versuchen die gegenwärtig geltenden Verteilungskriterien neben der Chancengleichheit u. a. auch konsequenzialistischen Überlegungen wie der Dringlichkeit und der Erfolgsaussicht, aber auch besonderen Bedarfslagen wie der Seltenheit des Vorkommens geeigneter Spenderorgane oder der mit dem Ausbleiben einer Transplantation verbundenen weiteren Gefährdungen (etwa bei Patienten im Kindesalter) gerecht zu werden. Zu Kontroversen kommt es im Wesentlichen darüber, wie zwischen den gesetzlich vorgegebenen Kriterien der Dringlichkeit, der Erfolgswahrscheinlichkeit und der Chancengleichheit im Sinne einer intuitiv befriedigenden Lösung abgewogen werden soll. Ginge es nur nach dem Kriterium der Dringlichkeit und würde diese nach der zu erwartenden Lebensspanne ohne Transplantation bestimmt, würden möglicherweise die Organe ausschließlich zur Lebensrettung eingesetzt, so dass für weniger schwer Kranke, die mit einem Transplantat wesentlich länger leben könnten, keine Transplantate übrig bleiben. Ginge es nur nach dem Kriterium der Erfolgsaussicht, würden weniger schwer erkrankte und jüngere Patienten sowie Patienten ohne Begleiterkrankungen bevorzugt, so dass für die Lebensrettung bei schwer Erkrankten nur wenige Organe verblieben. Was kontrovers ist, ist, wo die richtige „Mitte" zwischen diesen verschiedenen Gesichtspunkten liegt und welche *trade-offs* zwischen ihnen gelten sollen. Hierbei ist auf keine über jeden Meinungsstreit erhabene „Patentlösung" zu hoffen.

Eine Patentlösung ist auch für die Frage nach der gerechten Verteilung der Klimalasten unter den einzelnen Nationen nicht zu erwarten. Auch hier hängt die „Gerechtigkeit" der Verteilung auf der idealen Ebene von einer Vielzahl von für sich genommen plausiblen Zielvorgaben ab, die miteinander in eine Art Überlegungsgleichgewicht gebracht werden müssen. An erster Stelle stehen hier gewöhnlich das Verursacher- und das Leistungsfähigkeitsprinzip. Diese Prinzipien wurzeln in ebenso verschiedenen ethischen Begründungsmustern und Traditionen wie die Kriterien der Verdienst- und Bedürfnisgerechtigkeit bei der Verteilung von Einkommen und Steuern. Das Verursacherprinzip ist eher deontologisch, das Leistungsfähigkeitsprinzip eher konsequenzialistisch begründet. Ein auffälliger Unterschied besteht vor allem darin, dass während die Anwendbarkeit des ersteren vom Vorverhalten des Verpflichteten abhängt, dies bei dem letzteren nicht der Fall ist. Ginge es nur nach dem Verursacherprinzip, wäre eine Nation, die in keiner Weise kausal zum Klimawandel beiträgt, damit nicht nur von allen Verpflichtungen zur Reduktion der Schäden, sondern auch von allen Verpflichtungen zum Ausgleich von Schäden bei den durch den Klimawandel Geschädigten und zur Unterstützung der Geschädigten bei der Anpassung an die durch den Klimawandel bewirkten Lebensbedingungen befreit. Die Lasten würden in diesem Fall ausschließlich von den Verursachern getragen werden müssen, und zwar proportional zu ihrem jeweiligen Anteil an der Kausalität. Ginge es andererseits nur nach dem Leistungsfähigkeitsprinzip, wäre eine wirtschaftlich schwache Nation auch dann nicht zu entsprechenden Leistungen (etwa zu Einzahlungen in einen globalen Hilfsfonds) verpflichtet, wenn sie nicht unerheblich an der Verursachung der Klimaschäden beteiligt wäre oder in zurückliegenden Zeiten beteiligt war. Die Lasten würden in diesem Fall ausschließlich von den wirtschaftlich leistungsfähigen Nationen getragen werden müssen, auch dann, wenn sie – wie etwa Norwegen oder die Schweiz – nur sehr wenig zum Klimawandel beitragen oder beigetragen haben. Deshalb liegt es in der Natur eines reinen Leistungsfähigkeitsprinzips, dass es unabhängig davon gilt, ob die zu kompensierenden Schäden oder die erforderlichen Anpassungen auf anthropogene Ursachen zurückgehen, d. h. ob der Begriff eines irgendwie personalen oder quasi personalen „Verursachers" anwendbar ist. Die Verpflichtungen zur Vor- und Fürsorge für die am schwerwiegendsten von den Klimaveränderungen Betroffenen bestünden in derselben Weise, gingen diese auf natürliche Faktoren zurück.

Beide Prinzipien, das Verursacher- wie das Leistungsfähigkeitsprinzip, haben gute Gründe auf ihrer Seite. Für das Verursacherprinzip spricht, dass es sowohl an moralische Alltagsdenkweisen als auch an haftungsrechtliche Prinzipien anknüpft und die (proaktive) *Verantwortung* für die Unterlassung bzw. Minderung fremdschädigender Aktivitäten und die Schadensbehebung unmittelbar an die (retrospektive) *Verantwortlichkeit* für diese Aktivitäten bindet. Bereits die sprachliche Verwandtschaft von *Verantwortung* einerseits, *Verantwortlichkeit* andererseits weist darauf hin, dass das Verursacherprinzip den Status einer moralischen Urintuition hat, der Rationalisierung eines anthropologisch fundamentalen retributiven Impulses (vgl. Mackie 1985). Für das Leistungsfähigkeitsprinzip spricht auf der anderen Seite, dass eine verschuldensunabhängige Verantwortung für die Linderung von Notlagen ebenfalls weithin anerkannt ist. Insofern überrascht es nicht, beide Prinzipien bereits in den ersten internationalen normativen Dokumenten zum Klimawandel kombiniert zu finden, etwa in Artikel 3,1 der im Zusammenhang mit den Vorbereitungen zur Umweltkonferenz in Rio de Janeiro von 1992 entstandenen *Framework Convention of the United Nations on Climate Change:*

> The Parties should protect the climate system for the benefit of present and future generations of humankind, on the basis of equity and in accordance with their common but differentiated responsibilities and respective capabilities. (United Nations 1992)

Die Verantwortung für den Klimaschutz soll sich an beiden Faktoren orientieren: den unterschiedlichen Verantwortlichkeiten im Sinne des Verursacherprinzips und den unterschiedlichen Fähigkeiten, die Kosten des Klimaschutzes zu tragen. Damit werden die Lasten des Klimaschutzes primär den Industrienationen zugewiesen, da diese in der Regel sowohl die Hauptverursacher als auch die wirtschaftlich belastbarsten Akteure sind, mittelfristig aber auch Schwellenländern wie China, Indien und Brasilien, insofern diese bereits heute zu den Hauptverusachern gehören, auch wenn ihre Wirtschaftskraft hinter der der Industrieländer noch weit zurückbleibt. Das *Greenhouse Development Rights Framework*, das als der bisher überzeugendste und differenzierteste Entwurf eines „gerechten" Übergangs der Weltwirtschaft in einen dauerhaft klimaverträglichen Zustand gelten kann, knüpft an diesen Prinzipiendualismus an, indem es einen Index (RCI, *Responsibility and Capacity Index*) generiert, der beide Prinzipien integriert (vgl. Baer 2008, S. 18). Dieser Index dient als Verteilungsprinzip für einen internationalen Fonds, aus dem die Kosten sowohl für die Emissionsminderung als auch für die Anpassung an Klimaschäden finanziert werden sollen (vgl. ebd., S. 20). Danach entfallen auf die Industrieländer anfänglich Kosten in einer Höhe, die sie nicht allein durch Emissionsminderungen im eigenen Land aufbringen können, sondern nur dadurch, dass sie darüber hinaus Emissionsminderungen im Ausland ermöglichen („negative Allokation"). Um das Klimaziel einer Unterschreitung der Erwärmung der Atmosphäre um 2° zu erreichen und die globalen Treibhausgasemissionen bis 2050 auf 80 % der Emissionen von 1990 abzusenken, müssen allerdings baldmöglichst auch die Schwellenländer zu den Kosten beitragen.

3 Ein alternativer Ansatz: Nachhaltige Sicherung der Menschenrechte

Die Dualismus von Leistungsfähigkeits- und Verursacherprinzip ist nicht das einzige Merkmal, in dem das *Greenhouse Development Rights Framework* den Vorgaben der *Framework Convention of the United Nations on Climate Change* folgt. Charakteristisch für beide ist, dass sie einen engen Zusammenhang zwischen Klimaethik und Entwicklungsethik herstellen und die Ziele eines nachhaltigen Klimaschutzes mit denen einer nachhaltigen Entwicklung in den Entwicklungsländern verbinden. Dieser Zusammenhang hat eine sachliche Basis: Nach allen Hochrechnungen werden die Entwicklungsländer von der Erderwärmung am stärksten betroffen. Da ihre wirtschaftliche Lage wesentlich von der Landwirtschaft abhängt, sind sie durch Klimaveränderungen in weit höherem Maße verwundbar als die Industrieländer. Außerdem ist ihre Ausgangssituation ungünstiger. Mit ähnlichen Schäden, wie sie von den klimatischen Veränderungen zu erwarten sind, haben sie bereits heute zu kämpfen: Wassermangel, Bodendegeneration, Schädlingsbefall und klimatisch bedingte oder mitbedingte Epidemien.

Darüber hinaus ist absehbar, dass die Bevölkerung der ärmsten Länder in den nächsten beiden Generationen über dem heutigen Niveau liegen wird. Während in nahezu allen Ländern der Welt das Bevölkerungswachstum nachgelassen hat, sind es gerade die ärmsten Länder (20 allein in Afrika), in denen das Bevölkerungswachstum weiter zunimmt. Das heißt, dass sich die Wirkungen der Emission von Treibhausgasen genau in denjenigen Generationen bemerkbar machen werden, in denen die Erde die wahrscheinlich größte Bevölkerung aller Zeiten aufweist. Darüber hinaus ist anzunehmen, dass es den am stärksten durch die Klimaveränderungen betroffenen Ländern am schwersten fallen wird, die Schadensfolgen mit den verfügbaren ökonomischen, technologischen und sozialen Ressourcen zu kompensieren oder abzumildern. Während die Industrieländer, aber auch die Schwellenländer in Zukunft über erheblich verbesserte Möglichkeiten verfügen werden, Wirtschaft und Lebensstil den neuen Herausforderungen anzupassen, sind die Chancen der ärmsten und durchweg stark traditionsgebundenen Entwicklungsländer in dieser Hinsicht unsicher.

Der Zusammenhang zwischen Klimaschutz und Entwicklungszielen hat aber nicht nur eine sachliche, sondern auch eine normative Grundlage. Diese liegt in dem Projekt einer langfristigen Sicherung der *Menschenrechte*, zu denen nicht zuletzt das Menschenrecht auf Subsistenz bzw. – wie das *Greenhouse Development Rights Framework* annimmt – auf ein über der Armutsschwelle liegendes Niveau der wirtschaftlichen Lebensqualität gehört. In der Tat scheint mir eine Orientierung an den Menschenrechten, wie sie Roser und Seidel vorschlagen (vgl. Roser/Seidel 2013, S. 55 ff) die geeignetste Grundlage für eine Bemessung der „Gerechtigkeit" klimapolitischer Ziele auf der Ebene der idealen Theorie. Eine solche Orientierung hat vor allem den Vorteil, dass sie sich auf einen international breiten und durch eine Vielzahl von Abkommen bekräftigten Konsens berufen kann und in den Köpfen der Menschen stabiler verankert ist als spezifischere und komplexere Gerechtigkeitsvorstellungen. Ein weiterer Vorteil ist darin zu sehen, dass eine Menschenrechts-Ethik lediglich darauf zielt, ein *Minimum* an Grundgütern wie Subsistenz, Freiheit und Gesundheitsschutz sicherzustellen und sich insofern von normativ anspruchsvolleren, aber in der Praxis kaum verwirklichbaren Gerechtigkeitskonzeptionen wie der utilitaristischen abgrenzt. Statt einer Maximierung des aggregierten Wohlbefindens fordert eine Menschenrechts-Ethik lediglich die Maximierung der Erfüllung der ihrerseits minimalistisch definierten Menschenrechte.

Gleichzeitig ist nicht zu verkennen, dass eine solche Ethik wichtige Züge mit dem Utilitarismus gemeinsam hat (was möglicherweise rechtfertigt, sie mit Nozick (Nozick 1979, S. 39) als „Utilitarismus der Rechte" zu bezeichnen): Erstens die *konsequenzialistische* Orientierung. Auch wenn die Menschenrechte selbst deontologisch strukturiert sind, geht es einer Menschenrechts-Ethik primär um die Verhinderung von Menschenrechtsverletzungen in der Zukunft, d. h. um die Etablierung von internationalen Regimes, die zukünftige klimatisch bedingte Menschenrechtsverletzungen verhindern. Zweitens die *universalistische* Orientierung in zeitlicher und räumlicher Hinsicht. Die Menschenrechte sollen nicht nur hier und jetzt, sondern nachhaltig respektiert werden. Während wir aufgrund der evolutionären Entstehungsbedingungen der Moral dazu neigen, unsere Verantwortung auf den familiären, lokalen oder allenfalls regionalen Umkreis zu beschränken, fordert eine universalistische Ethik eine „Entgrenzung der Verantwortung" über die Grenzen unserer Sympathie- und Empathiefähigkeit hinaus. Für die Klimaverantwortung heißt das, dass die Art und Weise, wie ferne Völker (etwa die von einem Anstieg des Meeresspiegels bedrohten Bewohner der Küstengebiete von Bangladesch) betroffen sind, nicht mehr und nicht weniger ins Gewicht fällt als die Betroffenheit Nahestehender, Mitbürger oder Landsleute. Es sollten keine Entwicklungen zugelassen werden, die dazu führen, dass sich die Lebensbedingungen für einige Menschen so erheblich verschlechtern, dass sie ihr Anpassungspotenzial überfordern oder dass sie Gefährdungen begünstigen, die anderweitige Menschenrechtsverletzungen im Gefolge haben, etwa in Gestalt von territorialen Auseinandersetzungen, Bürgerkriegen, massenhafter Entwurzelung und Flüchtlingselend. Analoges gilt in zeitlicher Hinsicht. Die einzige legitime Einschränkung der Zukunftsverantwortung ist die insbesondere für weit in die Zukunft hineinreichende Entscheidungen geltende zunehmende Folgenunsicherheit. Die positive und negative Betroffenheit der in zeitlicher Hinsicht Fernstehenden sollte, wie es in politischen Planungen häufig geschieht, ebenso wenig „diskontiert" werden wie die Folgen für geografisch oder sozial fernstehende Betroffene (vgl. Birnbacher 2001). Drittens die Bemessung der Eignung von Regeln auf der nicht-idealen Ebene nach ihrer *Effizienz*, d. h. nach dem wahrscheinlichen Ausmaß der Erreichung der auf der idealen Ebene formulierten Ziele. Danach entscheidet nicht die intrinsische Natur der Regeln über ihre moralische Eignung, sondern ihr jeweils empirisch zu prüfender Erfolg oder Misserfolg in der Erreichung der Idealziele. Die „Gerechtigkeit" der Verteilung von Pflichten und Rechten, Verantwortlichkeiten und Zuständigkeiten orientiert sich danach nicht daran, ob diese zu den zu erreichenden Zielen in einem inhaltlich bestimmten Passungsverhältnis stehen, sondern danach, ob sie faktisch zur Zielerreichung beitragen. Auch Regeln, die nicht selbst konsequenzialistisch strukturiert sind, können sich unter konsequenzialistischen Gesichtspunkten als funktional erweisen, insbesondere wenn sie verbreiteten moralischen Denkweisen entsprechen und ein hohes Maß an Konformität erwarten lassen. Das heißt: Ein Utilitarismus der Menschenrechte ist offen für eine große Vielfalt von inhaltlichen Ausrichtungen der normativen Regeln. Die Verwirklichung einer langfristigen Sicherung der Menschenrechte ist nicht nur Sache der Menschenrechte allein.

Das Modell einer derart funktionalen Rechtfertigung von Praxisprinzipien (unter dem Namen „sekundäre Prinzipien") findet sich in John Stuart Mills Kapitel zur Gerechtigkeit in seinem Pamphlet *Utilitarianism* (Mill 2006, S. 124 ff.). Mill rekonstruiert die verschiedenen miteinander unvereinbaren Gerechtigkeitsprinzipien als „Ausführungsbestimmungen" des von ihm zugrunde gelegten primären Prinzips der gesellschaftlichen Nutzenmaximierung. Sie konkurrieren nicht mit dem Nützlichkeitsprinzip, sondern ordnen sich ihm unter, indem sie es für bestimmte Anwendungsbereiche konkretisieren und spezifizieren. Sie gehören zu der Sphäre sozialmoralischer Regeln, die oben auf der zweiten, der Ebene der Praxisnormen angesiedelt worden ist. Gleichzeitig werden Gerechtigkeitsprinzipien aus einem mehr oder weniger funktionalistischen Gesichtswinkel gesehen: als gesellschaftliche Objektivierungen grundlegender menschlicher Interessen und der mit ihnen einhergehenden Emotionen und Motivationen. Gerechtigkeitsprinzipien sind nach dieser Auffassung Operationalisierungen des primären Prinzips nach Maßgabe anthropologischer Gegebenheiten – etwa den Möglichkeiten einer Veränderung von Verhalten durch positive und negative Verstärker, der Existenz von Vergeltungsbedürfnissen, von Neidgefühlen und von Bedürfnissen nach Selbstachtung.

Eine Konsequenz daraus ist, dass in einer konsequenzialistischen Menschenrechts-Ethik auf der nicht-idealen Ebene neben dem traditionell konsequenzialistisch gerechtfertigten Leistungsfähigkeitsprinzip auch ein genuin deontologisches Prinzip wie das Verursacherprinzip seinen legitimen Platz hat. Seine Rechtfertigung liegt dabei primär in funktionalen Erwägungen, insbesondere darin, dass es durch die Heranziehung der Hauptverursacher zu den Anpassungskosten einen Anreiz zur Emissionsminderung schafft. Indem es akut die Anpassung an die eingetretenen klimabedingten Schäden bei den Geschädigten unterstützt und das Risiko weiterer Schäden in der Zukunft präventiv mindert, zahlt es sich aus einer globalen und langfristigen Perspektive doppelt aus.

Dieser Effekt könnte verlorengehen, würde das Verursacherprinzip auf *historische* Schädigungen ausgeweitet. Eine solche Ausweitung wäre mit dem Risiko behaftet, die reichen Nationen umso eher in Verweigerungshaltungen zu treiben, je früher die Industrialisierung bei ihnen einsetzte. Unbestreitbar ist, dass Gesichtspunkte der historischen Gerechtigkeit in den politischen Auseinandersetzungen um Emissionsgrenzwerte eine wichtige Rolle spielen. Dass sich politische Akteure, um ihren Forderungen Nachdruck verleihen, primär auf Gerechtigkeitsprinzipien berufen und Rechte aus historischen Ungerechtigkeiten einklagen, statt an unvollkommene Pflichten wie die Pflicht zu Wohltun und Großzügigkeit zu appellieren, ist verständlich. Appelle haben naturgemäß eine schwächere Motivationskraft als die Einforderung schuldiger Pflichten. Zu bezweifeln ist jedoch, ob der Verweis auf historische Emissionslasten (abgesehen davon, dass diese gegenüber den nach 1990 angefallenen quantitativ wenig ins Gewicht fallen, vgl. Roser/Seidel 2013, S. 106) angesichts seiner geringen Plausibilität nennenswerte Auswirkungen auf die Bereitschaft der „alten" Industrieländer hat, die objektiv erforderten Solidaritätsleistungen zu erbringen. Das Modell historischer Ausgleichsverpflichtungen ist aus mehreren Gründen unplausibel. Erstens dadurch, dass es Vorstellungen von ausgleichender Gerechtigkeit, die in Bezug auf Individuen sinnvoll sind, auf generationenübergreifende Gebilde wie Nationen überträgt. Eine juristische Person ist nicht dasselbe wie eine moralische Person. Verantwortung lässt sich, da sie mit einer Fülle an Begriffen wie Intention, Motiv, Gesinnung usw. verknüpft ist, die nur auf Individuen anwendbar sind, nur Individuen sinnvoll zuschreiben. Korporative oder kollektive Verantwortung kann lediglich als *façon de parler* für ein – wie immer im Einzelnen bestimmtes – Aggregat vieler einzelner individueller Verantwortungen gelten. Auch wenn den Vertretern des historischen Verursacherprinzips zuzugestehen ist, dass sie ihren Vorschlag von Schuldzuweisungen für ein Fehlverhalten, das die gegenwärtig Lebenden schon aus logischen Gründen nicht verhindern konnten, freizuhalten versuchen (vgl. Neumayer 2000, S. 189), ist doch daran festzuhalten, dass die Verantwortung der Angehörigen der gegenwärtigen Industrieländer für die Behebung der Klimaschäden nicht davon abhängen kann, welchen kausalen Beitrag ihre Vorfahren zu diesen Schäden geleistet haben – zumindest solange nicht, wie „Verantwortung" in einem substanziell moralischen Sinn verstanden wird. Sollte wirklich Großbritannien auf dem Hintergrund seiner Industriegeschichte mit einem Mehrfachen der Anpassungskosten belastet werden, die Frankreich und Spanien zu tragen haben? Auch wenn die gegenwärtigen Angehörigen nicht unerheblich von der Industrialisierung (und damit den Treibhausgasemissionen) zu Zeiten ihrer Vorfahren profitieren, wäre eine derartige „Sippenhaftung" problematisch. Unplausibel wäre eine Zuweisung von Haftungspflichten aus historischen Schädigungen aber auch wegen der Unbekanntheit des Zusammenhangs zwischen Industrialisierungsniveau und klimatischer Belastung in der Frühphase der Industrialisierung. Immerhin hat es seit Arrhenius' anfänglicher Vermutung eines solchen Zusammenhangs hundert Jahre gebraucht, bis die Richtigkeit dieser Vermutung vom IPCC bestätigt wurde. Insofern ist das Jahr 1990 (wovon etwa auch das *Greenhouse Development Rights Framework ausgeht)* eine angemessenere Grundlage der Zumessung von Emissionsreduktions-, Kompensations- und Anpassungshilfspflichten als die historisch aggregierten Emissionen.

Insgesamt stehen die Konzeptionen einer Kompensation historischer Belastungen auf schwachen Füßen. Der Verdacht liegt nahe, dass sie weniger einem zukunftsorientierten Klimaschutz dienen als der Selbstentlastung einiger hochemittierender Schwellenländer von der Anerkennung eigener Schutzpflichten. Das unbestrittene Recht auf eine „nachholende Entwicklung" sollte jedoch nicht als Recht verstanden werden, die – bewusst oder unbewusst begangenen – Fehler der Industrieländer zu wiederholen.

Besser begründet als eine „Aufrechnung" historischer Klimasünden erscheint in jedem Fall eine Differenzierung der klimaethischen Verpflichtungen nach dem Leistungsfähigkeits- und dem Verursacherprinzip. Von deren Anerkennung *in abstracto* und ihrer Umsetzung *in concreto* ist allerdings ein weiter Weg. Wenn der Moralist unter den Klimaethikern, Stephen Gardiner, recht hat und die gegenwärtige Generation schlicht moralisch zu „verdorben" ist, um den globalen Gefahren angemessen zu begegnen (vgl. Gardiner 2008, 36 f.), ist die Lage aussichtslos. Um das Ruder noch herumzuwerfen und der wachsenden Klimabelastung Einhalt zu gebieten, ist politisch ein sehr viel grundsätzlicheres Umdenken notwendig, als die gegenwärtige Generation von Politikern erkennen lässt. Die bisherige Klimapolitik ist allenfalls eine „Politik der Gesten" (Giddens 2009, S. 2). Eine entscheidende Bedingung für das erforderliche Umdenken wäre die Einsicht, dass es, wenn die kritische Belastungsgrenze nicht überschritten werden soll, nötig sein wird, die Quellen zu verstopfen und einen Großteil der verfügbaren fossilen Energieträger anders als heute nicht zu verbrennen, sondern zu anderen – hochwertigeren und dauerhafteren – Zwecken zu nutzen.

Literatur

Baer, Paul et al. (2008): *The Greenhouse Development Rights Framework: The Right to Development in a Climate Constrained World.* 2. Auflage. Berlin: Heinrich-Böll-Stiftung.

Birnbacher, Dieter (2001): „Läßt sich die Diskontierung der Zukunft rechtfertigen?" In: Dieter Birnbacher/Gerd Brudermüller (Hrsg.): *Zukunftsverantwortung und Generationensolidarität.* Würzburg: Königshausen & Neumann, S. 117–136.

Elster, Jon (1992): *Local Justice. How Institutions Allocate Resources and Necessary Burdens.* Cambridge: Cambridge University Press.

Gardiner, Stephen (2008): „A Perfect Moral Storm: Climate Change, Intergenerational Ethics, and the Problem of Corruption." In: Steve Vanderheiden (Hrsg.): *Political Theory and Global Climate Change.* Cambridge MA: Massachusetts Institute of Technology Press, S. 25–42.

Gesang, Bernward (2011): *Klimaethik.* Berlin: Suhrkamp.

Giddens, Anthony (2009): *The Politics of Climate Change.* Cambridge: Polity Press.

Mackie, John L. (1985): „Morality and the Retributive Emotions". In: John L. Mackie (Hrsg.): *Persons and Values (Selected Papers 2)*. Oxford: Oxford University Press, S. 206–219.
Mill, John Stuart (2008): *Der Utilitarismus*. Stuttgart: Reclam.
Neumayer, Eric (2000): „In Defence of Historical Accountability for Greenhouse Gas Emissions". In: *Ecological Economics* 33, S. 185–192.
Nozick, Robert (1976): *Anarchie. Staat. Utopie*. München: Moderne Verlagsgesellschaft.
Ott, Konrad (2011): „Domains of Climate Ethics". In: *Jahrbuch für Wissenschaft und Ethik* 16, S. 95–114.
Perelman, Chaim (1967): *Über die Gerechtigkeit*. München: Beck.
Rescher, Nicholas (1966): *Distributive Justice. A Constructive Critique of the Utilitarian Theory of Distribution*. Indianapolis/New York: Bobbs-Merrill.
Roser, Dominic/Seidel, Christian (2013): *Ethik des Klimawandels. Eine Einführung*. Darmstadt: Wissenschaftliche Buchgesellschaft.
Singer, Peter (2004): *One World. The Ethics of Globalization*. 2. Auflage. New Haven/London: Yale University Press.
United Nations (1992): *United Nations Framework Convention on Climate Change*. New York.
Walzer, Michael (1992): *Sphären der Gerechtigkeit. Ein Plädoyer für Pluralität und Gleichheit*. Frankfurt a. Main/New York: Campus.

Margit Ammer

Klimawandel und Migration/Flucht: Welche Rechte für die Betroffenen in Europa?[1]

Umweltveränderungen wie Überflutungen, Wirbelstürme, Desertifikation, Bodenerosion oder Meeresspiegelanstieg können im Zusammenspiel mit anderen, insbesondere sozialen, politischen oder ökonomischen Faktoren zu Migration führen oder aber auch eine geplante Umsiedlung[2] notwendig machen. Abgesehen davon können Umweltveränderungen, die zu einer Schmälerung der vorhandenen Ressourcen führen, bewirken, dass es zu gar keiner Migration kommt und Personen am Herkunftsort zurückbleiben (müssen), obwohl dort die Lebensgrundlage nicht mehr gesichert ist (Foresight 2011). Oft wird Klimawandel für die quantitative und qualitative Zunahme von Umweltrisiken sowie die Verringerung der Adaptionskapazitäten auf unterschiedlichen Ebenen verantwortlich gemacht. Länder des Globalen Südens und innerhalb dieser Länder die vulnerabelsten Bevölkerungsgruppen sind verstärkt von diesen Auswirkungen betroffen. Es wird angenommen, dass ein Großteil der Personen, die ihren Herkunftsort vornehmlich aufgrund von Umweltfaktoren verlassen müssen, in der Herkunftsregion (meist sogar im Herkunftsland) bleibt bzw. bleiben wird (Norwegian Refugee Council 2009, S. 8; UN Human Rights Council 2009, Z 55; EACH-FOR 2009, S. 72). Vor diesem Hintergrund stellt sich die Frage, ob in solchen Fällen die bereits existierenden Schutzmechanismen zur Anwendung kommen. Vor allem im Bereich grenzüberschreitender Migration wird das existierende normative Rahmenwerk zum Schutz der betroffenen Personen als unzureichend angesehen.[3] Eine Ausnahme wird hinsichtlich Personen angenommen, die vor bewaffneten Konflikten fliehen, die auch eine Umweltkomponente aufweisen (solche Personen gelten durch das bestehende normative Rahmenwerk als ausreichend geschützt). Im Bereich von interner Vertreibung wird das normative Rahmenwerk als angemes-

1 Manuskript Stand 1.4.2014.

2 Der Aspekt der geplanten Umsiedlung wirft eigene Fragestellungen auf und wird in diesem Artikel nicht weiter behandelt. Siehe dazu Ferris 2012.

3 Dies wurde zuletzt auch in den Nansen-Prinzipien im Juni 2011 festgestellt. Die ‚Nansen Principles on Climate Change and Displacement' stellen rechtlich nicht verbindliche Empfehlungen dar, die aus der ‚Nansen-Konferenz über Klimawandel und Vertreibung im 21. Jahrhundert' (an der 220 WissenschafterInnen, PolitikerInnen und BehördenvertreterInnen, VertreterInnen der Vereinten Nationen sowie von Nichtregierungsorganisationen teilgenommen haben) resultieren. Der UNHCR hat bereits im Februar 2011 eine Konferenz zum gleichen Thema in Bellagio abgehalten.

sen angesehen, auch wenn es Probleme auf Implementierungs- bzw. operationeller Ebene gibt.

Dieser Beitrag fokussiert auf unfreiwillige[4] grenzüberschreitende Migration und die Frage, inwieweit das auf EU-Mitgliedstaaten anwendbare normative Rahmenwerk betroffenen Personen aus Drittstaaten[5] Schutz und Unterstützung bieten würde (dazu insb Kolmannskog/Myrstad 2009, S. 313–326). Dabei werden vornehmlich rechtliche Verpflichtungen, die sich aus dem internationalen Flüchtlingsrecht, aus internationalen Menschenrechtsstandards, sowie aus EU-Recht für die Mitgliedstaaten ergeben, untersucht. Bei dieser Analyse wird – sehr vereinfacht – zwischen einerseits plötzlich eintretenden Umweltkatastrophen (im Zuge derer insbesondere Infrastruktur und Unterkünfte innerhalb kurzer Zeit zerstört werden) und graduellen Umweltveränderungen, im Zuge derer (in der Regel in Verbindung mit anderen Faktoren) über einen längeren Zeitraum die Lebensgrundlage entzogen wird, differenziert. Eine solche Unterscheidung erscheint hilfreich, da verschiedene Schutzbedürfnisse (z. B. hinsichtlich Umfang oder Dauer) bestehen können.[6] Schließlich wird es bei der Untersuchung eine Rolle spielen, ob das ganze Land oder nur Teile von den Umweltereignissen/-prozessen betroffen sind – je nachdem können interne Schutzmöglichkeiten infrage kommen und internationaler Schutz versagt werden (siehe unten).[7]

4 Der Autorin ist bewusst, dass die Unterscheidung zwischen freiwilliger und unfreiwilliger Migration sehr komplex ist und es etliche ‚Grauzonen' gibt; im Rahmen einer rechtlichen Analyse ist aber eine solche Differenzierung geboten. Vergleiche dazu Kälin: „because of its binary, bipolar nature, law must always draw clear lines, and must therefore necessarily qualify movement as either voluntary or forced". Kälin 2010, S. 95 f. mit Referenz auf Niklas Luhmann u. a., Law as a Social System, Oxford 2004, S. 173–210.

5 Es ist davon auszugehen, dass die Mitgliedstaaten der EU in der Regel über ausreichend Adaptionskapazität verfügen, sodass es zu keinen größeren unfreiwilligen Migrationsbewegungen kommen wird. Vielmehr sieht sich die EU selbst als möglicher Destinationsort für sogenannte ‚Klimaflüchtlinge' (vgl. Hoher Vertreter GASP/Europäische Kommission 2008). Es wird auch argumentiert, dass Personen gerade in Industriestaaten um Schutz ansuchen könnten, weil sie diese als verantwortlich für ihre ‚Umweltflucht' ansehen (z. B. McAdam/Saul 2008, S. 12).

6 So unterscheidet auch Walter Kälin zwischen plötzlich eintretenden Katastrophen sowie langsam voranschreitender Umweltverschlechterung, da diese Situationen verschiedene rechtliche Antworten benötigen. Er differenziert weiter zwischen kleinen niedrig liegenden Inselstaaten, Gebiete, die für menschliche Bewohnung verboten sind sowie Unruhen, welche die öffentliche Ordnung ernsthaft stören, Gewalt oder sogar bewaffneter Konflikt (Kälin/Schrepfer 2012; Kälin 2010; Kälin 2008; Kälin 2009). Diese Typologie wurde von der IASC Working Group on Migration/Displacement and Climate Change (2008) übernommen (IASC 2008).

7 Die Konstellation, dass ein ganzer Inselstaat unbewohnbar wird, wird nicht genauer untersucht, da sie eigene – völkerrechtlich sehr spezielle – Fragestellungen aufwirft.

Im Folgenden wird nach einer Einleitung zur Annäherung der EU an das Thema ‚Umweltmigration' (Kapitel 1) auf die Frage fokussiert, inwieweit EU-Mitgliedstaaten zur Schutzgewährung an Drittstaatsangehörige bei ‚umweltbedingter Migration' verpflichtet sind (Kapitel 2.1). In einem Exkurs wird kurz die potenzielle Relevanz der ‚externen Dimension' der EU-Asylpolitik angesprochen.

1 Die vorsichtige Annäherung der EU an das Thema ‚Umweltmigration'

Obgleich viele der EU-Politikbereiche Bezugspunkte zum Thema ‚Umweltmigration' aufweisen (z. B. Entwicklung und Zusammenarbeit, Klimapolitik, Umwelt, humanitäre Hilfe, Inneres) bzw. bestimmte EU-Policies sogar selbst zu unfreiwilliger Migration führen können (Europafrica 2012), so gibt es derzeit weder eine eigene EU-Immigrationspolitik noch EU-Recht zum Thema ‚Umweltmigration'. Es findet aber eine vorsichtige Annäherung an dieses Thema statt:

EU Institutionen begannen in den späten 1990er Jahren sich des Themas umweltbezogener Migration anzunehmen. Das Europäische Parlament (EP) inkludierte das Thema ‚Klimaflüchtlinge' in eine Resolution aus 1999 über *The Environment, Security and Foreign Policy*, die das Ausmaß der Herausforderung betonte und vor Druck auf EU Immigrationspolitik, Entwicklungszusammenarbeit und Ausgaben im Bereich humanitäre Hilfe sowie zunehmenden Sicherheitsproblemen für die EU in Form von regionaler Instabilität in anderen Erdteilen warnte (EP 1999). Das EP organisierte auch Seminare, Workshops, Hearings und andere Diskussionsveranstaltungen zu diesem Thema.[8] Schließlich hat das EP, der Ausschuss ‚Bürgerliche Freiheiten, Justiz und Inneres', eine Studie zum Thema ‚Climate Refugees' in Auftrag gegeben, die die Angemessenheit bestehenden EU-Rechts untersucht (ICMPD 2011). Kürzlich haben die Grünen/Europäische Freie Allianz im EP das Positionspapier „Climate Change, Refugees and Migration" (2013) veröffentlicht. Es setzt sich mit Terminologiefragen, Adaption und Entwicklung, rechtlichen Optionen auseinander und macht Vorschläge für weitere Policy-Entwicklungen auf diesem Gebiet.

Im Jahr 2008 veröffentlichten der damalige Hohe Vertreter für die Gemeinsame Außen- und Sicherheitspolitik und die Europäische Kommission gemein-

8 Für eine Übersicht solcher Veranstaltungen siehe Europäische Kommission (2013): Staff Working Document ‚Climate Change, environmental degradation, and migration', SWD(2013)138 final, 16.4.2013, im Folgenden: CSWD, S. 6.

sam das Dokument *„Climate Change and International Security"*. Es beschreibt umweltbezogene Migration als eine „Bedrohung", die das Potential für Konflikt in Transit- und Zielländern erhöhen könnte. Europa müsse mit beträchtlich erhöhtem Migrationsdruck rechnen. Es wurde argumentiert, dass Europa die Konsequenzen der Erderwärmung unter anderem in Form von Massenmigration tragen werde, da manche Bevölkerungsteile einiger EU-Nachbarregionen (z. B. Nordafrika, Mittlerer Osten), die bereits von schwierigen Gesundheitsbedingungen, Arbeitslosigkeit und sozialem Ausschluss betroffen seien, noch anfälliger für die Auswirkungen von Klimawandel werden würden. Dadurch könnte interne und internationale Migration ausgelöst oder verstärkt werden (EU Hoher Vertreter GASP/Europäische Kommission 2008).

Der Rat der Europäischen Union hat 2011 ähnliche Schlüsse gezogen und betont, dass Klimawandel eine globale Umwelt- und Entwicklungsherausforderung darstelle und wichtige Sicherheitsimplikationen habe, da er als „threat multiplier" fungiere und Spannungen über Land, Wasser, Nahrung, Energiepreise erhöhe und Migrationsdruck und Desertifikation schaffe (Rat der Europäischen Union 2011). Im Juli 2013 hat der Rat in seinen *Conclusions on the 2013 UN High-Level Dialogue on Migration and Development and on broadening the development-migration nexus* festgestellt, dass Klima- und Umweltveränderungen bereits jetzt einen zunehmenden Einfluss auf Migration und Mobilität ausüben und daher die Verbindungen zwischen Klimawandel, Umweltverschlechterung und Migration weiter erforscht und angesprochen werden sollten, insbesondere im Zusammenhang mit Entwicklungszusammenarbeit, Außenpolitik und humanitärer Hilfe (Rat der Europäischen Union 2013, S. 6). Der Rat ruft die EU und ihre Mitgliedstaaten auf, dringend Schritte zu setzen, um Wissen zu vertiefen und Policies in diesem Gebiet weiter zu entwickeln.

Im Stockholmer Programm des Europäischen Rates, das Prioritäten für den ‚Raum der Freiheit, der Sicherheit und des Rechts' für die Jahre 2010–2014 festlegt, wurde schließlich die Kommission aufgefordert, eine Analyse der Auswirkungen von Klimawandel auf internationale Migration, einschließlich der möglichen Auswirkungen auf Immigration in die EU, zu präsentieren (Europäischer Rat 2009, Kapitel 6.1.2.). Die Kommission hat daraufhin eine Mitteilung für das Jahr 2011 angekündigt, letztendlich aber erst 2013 ein internes Papier veröffentlicht, und zwar das „Commission Staff Working Document: Climate Change, environmental degradation, and migration" (im Folgenden: CSWD), welches die Mitteilung „EU Strategy on Adaptation to Climate Change" begleitet. Während der Vorbereitungen für dieses interne Papier organisierte die Kommission ExpertInnenkonsultationen. Dieses interne Papier soll dabei helfen, eine Diskussion über die Zusammenhänge zwischen Migration, Umweltverschlechterung und Klimawandel auf EU-Ebene und in den Mitgliedstaaten in Gang zu bringen und eine

Übersicht über bestehende Forschung und Daten zu bieten. Abgesehen davon fördert die Kommission auch Forschung zum Thema Umweltmigration.[9]

Im Folgenden wird auf die EU-Asylpolitik unter dem Aspekt ‚Umweltmigration' fokussiert.

2 EU-Asylrecht/-politik unter dem Blickwinkel ‚Umweltmigration'

2.1 Die ‚interne Dimension'

Die EU hat seit dem Vertrag von Amsterdam (1999) sukzessive Schritte in Richtung eines Europäischen Asylsystems gesetzt. So wurden für EU-Mitgliedstaaten rechtlich verbindliche Vorgaben geschaffen,[10] um die Asylverfahren und Voraussetzungen für die Schutzgewährung in allen Mitgliedstaaten zu vereinheitlichen (z. B. EU-Asylverfahrensrichtlinie, Qualifikationsrichtlinie). Der Bereich ‚Umweltmigration' wird nicht explizit geregelt.

Im Folgenden wird der Frage nachgegangen, unter welchen Voraussetzungen ‚UmweltmigrantInnen' in EU-Mitgliedstaaten Schutz erhalten würden. Vorauszuschicken ist, dass sich diese Untersuchung – im Hinblick auf den Geltungsbereich der EU-Qualifikationsrichtlinie – nur auf bereits im Gebiet oder zumindest an der Grenze bzw. nunmehr auch in den Hoheitsgewässern der EU-Mitgliedstaaten anwesende Personen beziehen kann. Ausgeschlossen sind davon also jene Personen, die sich noch in der Herkunfts- oder einer Transitregion aufhalten (dazu siehe unten den Exkurs zur ‚externen Dimension', Kapitel 2.2).

Auch wenn wohl mehr Personen in der Herkunftsregion bleiben bzw. bleiben werden, so müssen sich die EU bzw. deren Mitgliedstaaten dieser Frage stellen, da nicht auszuschließen ist, dass einige Personen, deren Herkunftsländer stark

---

9 So hat sie bereits in der Vergangenheit ein Projekt, das die Verbindung zwischen Klimawandel und Migration untersucht hat, finanziell unterstützt: Das zweijährige Projekt Environmental Change and Forced Migration Scenarios (EACH-FOR) hat die Ursachen von umweltbedingter erzwungener Migration und deren Verbindungen zu anderen sozialen, politischen und wirtschaftlichen Phänomenen in Europa und 23 Hauptherkunftsstaaten untersucht und plausible Zukunftsszenarien entwickelt. Es wurde im Rahmen des 6. Forschungsrahmenprogramms der Europäischen Union als „Specific Targeted Project" finanziert. Laufzeit war vom 1.1.2007 bis 31.12.2008. Der Endbericht wurde 2009 veröffentlicht: EACH-FOR 2009. Projekte zu diesem Thema werden im Bereich Entwicklung und Zusammenarbeit (EuropeAid) gefördert.

10 Es bestehen Opt-In- und Opt-Out-Möglichkeiten.

von Umweltrisiken betroffen sind und deren Adaptionskapazitäten beschränkt sind, Zugang in die EU finden. Abgesehen davon gibt es Drittstaatsangehörige, die sich ohne gesicherten Aufenthaltstitel in der EU-Region befinden (und aus unterschiedlichen Gründen in die EU gekommen sind) und deren Ausweisung in Herkunftsländer, die von Umweltbeeinträchtigungen betroffen sind, bevorsteht.

Grundsätzlich haben Staaten das Recht, über Einreise und Aufenthalt von Personen, die nicht ihre Staatsangehörigkeit besitzen, zu bestimmen.[11] Allerdings wird dieses Recht durch völkerrechtliche Verpflichtungen eingeschränkt – so insbesondere durch die Genfer Flüchtlingskonvention (GFK) oder das sich aus allgemeinen menschenrechtlichen Verträgen ergebende Refoulement-Verbot. Letzteres verbietet Staaten, Personen zwangsweise in ein Land zu überstellen (oder sie nicht einreisen zu lassen), wenn es stichhaltige Gründe gibt, dass sie dort einem realen Risiko ausgesetzt wären, gefoltert oder unmenschlich behandelt zu werden oder andere schwerwiegende Menschenrechtsverletzungen zu erleiden (Grabenwarter/Pabel 2012, S. 176, Rz 40; Tretter 2011, Z 218). Diese flüchtlings- und menschenrechtlichen Verpflichtungen, die auch für EU-Mitgliedstaaten gelten, werden in der Folge im Hinblick auf eine mögliche Anwendbarkeit auf ‚UmweltmigrantInnen' untersucht. Dabei wird auch auf relevante EU-rechtliche Normen im EU-Primärrecht (insbesondere die EU-Grundrechtecharta)[12] sowie im EU-Sekundärrecht (insbesondere in der EU-Qualifikationsrichtlinie)[13] eingegangen.

2.1.1 Flüchtlingsstatus

Im Zusammenhang mit ‚Umweltmigration' ist die GFK[14], das primäre Flüchtlingsschutzinstrument auf globaler Ebene, nur in sehr eingeschränktem Rahmen

11 Nur Staatsangehörige haben das Recht in ihren Staat einzureisen (vgl. Art 12 (4) des Internationalen Paktes über bürgerliche und politische Rechte (IPBPR), Art 3 (2) des Vierten Zusatzprotokolls zur Europäischen Menschenrechtskonvention (EMRK)).

12 Die EU-Grundrechtecharta (EU-Primärrecht) enthält ein Recht auf Asyl (Art 18), das „nach Maßgabe" der GFK (inkl. 1967 Protokoll) sowie „nach Maßgabe des Vertrags über die Europäische Union und des Vertrags über die Arbeitsweise der Europäischen Union" zu gewährleisten ist. Art 18 der EU-Grundrechtecharta (GRC) könnte in Bezug auf EU-Sekundärrecht, das weniger vorteilhafte Standards als die GFK enthält, relevant sein. Vgl. zu Art 18 GRC Gil-Bazo 2008, S. 34–52.

13 EU-Sekundärrecht wie die Qualifikationsrichtlinie muss sich an EU-Primärrecht (wie der EU-Grundrechtecharta oder dem EU-Vertrag oder dem Vertrag über die Arbeitsweise der EU) sowie an der GFK und EMRK messen lassen.

14 Die Genfer Flüchtlingskonvention (GFK) mit ihrem Protokoll 1967 legt fest, unter welchen Voraussetzungen eine Person ‚Flüchtling' ist sowie den Inhalt dieses rechtlichen Status. Alle EU-Mitgliedstaaten haben dieses Instrument und das Protokoll 1967 ratifiziert; die EU lässt sogar die Möglichkeit eines Beitritts überprüfen (siehe Stockholm Programm).

anwendbar.[15] Für EU-Mitgliedstaaten sind auch Verpflichtungen, die aus der EU-Qualifikationsrichtlinie (Neufassung 2011/95/EU, vorher 2004/83/EG), die eine Annäherung der Rechtsordnungen der EU-Mitgliedstaaten in Bezug auf die Auslegung des Flüchtlingsbegriffs herbeiführen sollte, resultieren, zu berücksichtigen. Wie die GFK nimmt auch diese Richtlinie nicht explizit auf Umweltveränderungen Bezug.[16]

Flüchtling nach GFK ist eine Person, die sich außerhalb ihres Herkunftslandes aus „begründeter Furcht vor Verfolgung" wegen eines bestimmten Grundes (Rasse, Religion, Nationalität, politischer Überzeugung oder Zugehörigkeit zu einer bestimmten sozialen Gruppe) befindet und die deswegen den Schutz dieses Landes nicht in Anspruch nehmen kann oder will. Hier sind nicht nur Situationen staatlicher Verfolgung erfasst. Auch wenn eine Person wegen eines der GFK-Gründe *keinen* Schutz vom eigenen Staat erhält oder von nichtstaatlichen AkteurInnen verfolgt wird und der Staat keinen Schutz bietet, kann Verfolgung vorliegen; Schädigungsabsicht des Staates ist somit nicht erforderlich (UNHCR Handbuch 2003, Z 65. Goodwin-Gill/McAdam 2007, S. 100). Übertragen auf die Situation von ‚Umweltmigration' bedeutet dies, dass Verfolgung vorliegen könnte, sofern der Staat z. B. *gezielt bestimmte Gruppen von Hilfsmaßnahmen nach Umweltkatastrophen ausschließt* und dies zu schwerwiegenden Bedrohungen des Lebens, der Freiheit oder anderen schweren oder systematischen Verstößen gegen die Menschenrechte führt. In diesem Sinne kann wohl auch die Verletzung des Rechts auf einen adäquaten Lebensstandard (der insbesondere das Recht auf Nahrung umfasst) Verfolgung darstellen, wenn sie den Grad der Lebensbedrohlichkeit erreicht. Allerdings gibt es in der Lehre und Jurisprudenz nach wie vor Ansätze, die Verfolgung bei Verletzung von wirtschaftlichen, sozialen und kulturellen Rechten ausschließen (Foster 2007, S. 112 ff) und dadurch den Prinzipien der Universalität, Unteilbarkeit und Interdependenz aller Menschenrechte widersprechen (UNGA, VDPA, Teil I, Z 5). Auch die EU-Qualifikationsrichtlinie scheint dem Begriff ‚Verfolgung' ein eher enges Verständnis zugrunde zu legen, da sie vorwiegend auf die Verletzung bürgerlicher und politischer Rechte (insbesondere des Rechts auf Leben und des Folterverbots) abstellt (Art 9 (1)). Ähnlich wie das UNHCR-Handbuch über Verfahren und Kriterien zur Feststellung der Flüchtlingseigenschaft[17] erwähnt die Richtlinie aber auch, dass Verfolgung

---

15 Dies ist auch die Position des Büros des Hochkommissars der Vereinten Nationen für Flüchtlinge (UNHCR), dem Aufsichtspflichten bei der Anwendung der GFK zukommen (z. B. UNHCR 2009).

16 Daran ändert auch die Neufassung der Qualifikationsrichtlinie aus 2011 nichts.

17 Auch einzelne Handlungen oder Drohungen, die für sich allein keiner Verfolgung gleichkom-

aufgrund der „Kumulierung unterschiedlicher Maßnahmen, einschließlich einer Verletzung der Menschenrechte", vorliegen kann, soweit diese „so gravierend ist, dass eine Person davon in ähnlicher [...] Weise betroffen ist" – als Beispiele nennt die Richtlinie unter anderem die Anwendung physischer oder psychischer Gewalt oder diskriminierende „gesetzliche, administrative, polizeiliche und/ oder justizielle Maßnahmen"; nur letztgenanntes Beispiel könnte im Kontext von ‚Umweltmigration' von Relevanz sein (Art 9 (2)). Allerdings kann im Falle von diskriminierenden rechtlichen Bestimmungen unter Umständen auch ‚Verfolgung' vorliegen. Während man wohl argumentieren kann, dass bei einer Überstellung einer Person in ein Land, das zu weiten Teilen überflutet ist, das Recht auf Leben gefährdet ist, kann dies bei graduell voranschreitenden Umweltveränderungen wie Dürren je nach Zeitpunkt schwieriger möglich sein.

Wie bereits erwähnt, reicht es nicht, dass schwerwiegende Verletzungen grundlegender Menschenrechte auf dem Spiel stehen, um sich als ‚Flüchtling' zu qualifizieren. Es bedarf auch eines *Konnexes zu einem der in der GFK abschließend aufgezählten Gründe*. Wo Umweltzerstörung als Waffe gegen eine bestimmte Gruppe aufgrund ihrer Charakteristika bzw. Zuschreibungen (z. B. soziale Gruppe[18], Ethnie, Religion) eingesetzt wird oder diese nach einer Umweltkatastrophe nicht in die staatlichen Rettungsmaßnahmen bzw. bei langsam voranschreitenden Umweltveränderungen nicht in Adaptierungsmaßnahmen einbezogen werden (und dies in massive Menschenrechtsverletzungen mündet), wird die Erfüllung dieses Erfordernisses kein Problem darstellen. Für alle anderen Fälle – von denen es wohl zahlreiche gibt – erscheint die Erfüllung dieser Voraussetzung schwierig bis unmöglich.[19]

---

men, können in Zusammenspiel mit anderen Maßnahmen (z. B. eine allgemeine Atmosphäre der Unsicherheit in dem betreffenden Herkunftsstaat) kumulativ den Tatbestand der Verfolgung erfüllen. Vgl. UNHCR Handbuch 2003, Z 53.

18 Laut UNHCR-Handbuch befinden sich Personen mit ähnlichem Hintergrund, Gewohnheiten oder sozialer Stellung in einer „bestimmten sozialen Gruppe" (UNHCR-Handbuch 2003, Z 77). Abgesehen von grundlegenden bzw. inhärenten Charakteristika wird aber in der Regel auch auf die externe soziale Wahrnehmung abgestellt (Art 10 (1) (d) Qualifikationsrichtlinie). Andere wiederum erwähnen das Faktum der freiwilligen Verbindung. Vgl. zur ‚sozialen Gruppe' allgemein Goodwin-Gill/McAdam, 2007, S. 85. Siehe auch Europarat, Committee of Ministers, Rec(2004)9.

19 Teilweise wird in der Fachliteratur argumentiert, dass besonders schutzbedürftige Bevölkerungsgruppen, die unter Armut leiden, überproportional von den Umweltveränderungen betroffen sind und diese daher eine ‚soziale Gruppe' bilden, da Armut in der Regel ein strukturelles Problem und daher ein unveränderliches Merkmal darstellt (Foster 2007, S. 309). Anderswo wird argumentiert, dass ‚Umweltflüchtlinge' eine „soziale Gruppe bestehend aus Personen, denen die politische Kraft fehlt, ihre eigene Umwelt zu schützen", darstellen: Cooper 1998, S. 483. Fraglich ist jedoch, ob der Besitz politischer Kraft kein unveränderliches Merkmal darstellt. Gegen die

Eine weitere Voraussetzung für die Gewährung von Schutz auf EU-Ebene (die sich aber nicht in der GFK findet) ist, dass sich die Furcht vor Verfolgung auf das *gesamte Staatsgebiet* bezieht: Wenn ein Leben in anderen Landesteilen des Herkunftslandes zumutbar ist, können EU-Mitgliedstaaten von der Schutzgewährung absehen. Bei dieser Zumutbarkeitsprüfung sind allgemeine Gegebenheiten im Herkunftsland sowie persönliche Umstände des Antragstellers zum Zeitpunkt der Entscheidung zu berücksichtigen (Art. 8 EU-Qualifikationsrichtlinie). Da Umweltkatastrophen bzw. langsam voranschreitende Umweltveränderungen oftmals nicht das gesamte Land erfassen oder sich die Situation zwischen Verlassen des Herkunftslandes und Entscheidungszeitpunkt verändert haben kann, kommt eben genannter Einschränkung Relevanz zu.

Zusammengefasst gibt es durchaus Anwendungsfälle der GFK im Bereich ‚Umweltmigration' – dies allerdings nur soweit der Staat gezielt bestimmte Gruppen aufgrund eines GFK-Grundes benachteiligt und diese Benachteiligung einen gewissen Schweregrad erreicht. Auch die Europäische Kommission sieht nur in Ausnahmefällen einen Anwendungsbereich der GFK (Europäische Kommission 2013, S. 17). Derzeit ist kein Fall bekannt, in dem ein EU-Mitgliedstaat unter solchen Umständen Flüchtlingsstatus gewährt hätte. Selbst bei Vorliegen der oben genannten Voraussetzungen könnten Personen bei der Geltendmachung auf Schwierigkeiten stoßen, da es kein Überwachungsorgan der GFK gibt, das Staaten auf verbindliche Art und Weise zur Verantwortung ziehen könnte. Auch außerhalb der EU sind bislang keine Fälle bekannt.[20]

2.1.2 Komplementäre Schutzformen

Kommt Schutz auf Basis der GFK nicht infrage, so könnte ‚subsidiärer Schutz' für Personen, die sich bereits im EU-Gebiet oder zumindest an dessen Grenzen befinden, eine Möglichkeit bieten, ein Aufenthaltsrecht und damit insbesondere

---

Verwendung der sozialen Gruppe bei ‚Umweltmigration' sind McAdam/Saul 2008, S. 8: Sie argumentieren, dass Umweltveränderungen Personen wahllos treffen und daher die Betroffenen nicht durch ein fundamentales, unveränderbares Charakteristikum, das sich von der Gefahr vor Verfolgung unterscheidet, verbunden sind.

20 McAdam erwähnt Fälle von Asylsuchenden, die Klimawandel im Kontext von Verfolgung anführten; diese kamen von Tuvalu, Kiribati und Tonga und suchten Schutz in Australien und Neuseeland. In keinem dieser Fälle ging das Verfahren positiv aus (McAdam 2012a, S. 47). Für einen aktuellen Fall siehe The Telegraph, Kiribati Climate Change Refugee rejected by New Zealand, 26.11.2013, http://www.telegraph.co.uk/news/worldnews/australiaandthepacific/kiribati/10474602/Kiribati-climate-change-refugee-rejected-by-New-Zealand.html, besucht am 01.04.2014.

Zugang zu wirtschaftlichen und sozialen Rechten zu erhalten. Allerdings können EU Mitgliedstaaten den Schutzumfang für ‚subsidiär Schutzberechtigte' im Vergleich zu anerkannten Flüchtlingen nach wie vor einschränken.[21]

Subsidiärer Schutz ist eine EU-Schutzform, die auf allgemeinen menschenrechtlichen Verpflichtungen der EU-Mitgliedstaaten basiert, im Wesentlichen auf dem Non-Refoulement-Prinzip, also dem *Verbot, eine Person in ein Land zu überstellen, in welchem zum Beispiel ihr Recht auf Leben gefährdet wäre* (Art. 2 Europäische Menschenrechtskonvention (EMRK) *oder sie Folter, unmenschlicher oder erniedrigender Behandlung* (Art. 3 EMRK) *ausgesetzt wäre.*[22] Auf EU-primärrechtlicher Ebene enthält Art. 19 (2) der EU-Grundrechtecharta (GRC) ein Refoulement-Verbot, das aber nur auf Art. 3 EMRK und die diesbezügliche Auslegung durch den Europäischen Gerichtshofs für Menschenrechte (EGMR) verweist.[23]

Subsidiärer Schutz ist in der EU-Qualifikationsrichtlinie genauer geregelt. Die Regelung subsidiären Schutzes wurde als notwendig angesehen, da mit dem völkerrechtlichen Verbot der ‚Rücksendung' noch kein rechtlicher Status (insbesondere kein Aufenthaltsrecht und kein Zugang zu Sozialleistungen oder zum Arbeitsmarkt) einhergeht und EU-Mitgliedstaaten stark divergierende nationale Regelungen aufwiesen (Peers 2011, S. 323; vgl. dazu insb. auch Wouters 2009, S. 564–577).

Aus völkerrechtlicher Perspektive ist im Kontext von ‚Umweltmigration' vor allem das Verbot der Überstellung in ein Land, in dem einer Person „*unmenschliche oder erniedrigende Behandlung*" (die ein gewisses Maß an Schwere aufwei-

---

21 Siehe Kapitel VII der EU-Qualifikationsrichtlinie. Dieser Ungleichbehandlung wird in der Neufassung der Richtlinie (2011/95/EU) zu einem gewissen Grad Rechnung getragen.

22 Der Europäische Gerichtshof für Menschenrechte (EGMR) hat dieses Verbot in seiner Rechtsprechung seit Ende der 1980er Jahre insbesondere aus Art 3 EMRK entwickelt. Auch aus dem Recht auf Leben in Art 2 EMRK oder Bestimmungen zur Abschaffung der Todesstrafe (Sechstes und Dreizehntes Zusatzprotokoll zur Europäischen Menschenrechtskonvention (EMRK)) wird ein Refoulement-Verbot abgeleitet. Auf globaler Ebene ist das Refoulement-Verbot (implizit) in Art 7 des UN-Zivilpaktes (IPBPR), explizit in Art 3 UN-Antifolterkonvention (CAT) enthalten. Auch die GFK enthält ein Refoulement-Verbot für Flüchtlinge (wobei dieses im Gegensatz zum Refoulement-Verbot der EMRK nicht absolut garantiert wird).

23 Erläuterungen zur Charta der Grundrechte, 2007/C 303/02, veröffentlicht im Amtsblatt der Europäischen Union, C 303/17 (14.12.2007). Diese Einschränkung auf Art 3 EMRK muss kritisch betrachtet werden, da auch andere Bestimmungen der EMRK Grundlage für ein Refoulement-Verbot sind bzw. sein können (z. B. das Recht auf Leben).

sen muss[24]) drohen würde, relevant.[25] Eine Person muss stichhaltige Gründe vorbringen,[26] dass sie bei Rückkehr einem ‚realen Risiko' (im Unterschied zur bloßen Möglichkeit) ausgesetzt wäre, ‚unmenschlich behandelt' zu werden. In ähnlicher Weise verlangt die EU-Qualifikationsrichtlinie (in der alten wie in der Neufassung), die auf völkerrechtliche Vorgaben Bezug nimmt, das Risiko eines ‚ernsthaften Schadens', der unter anderem in *„unmenschlicher oder erniedrigender Behandlung im Herkunftsland"* bestehen kann.[27]

Fraglich ist nun natürlich, ob eine Rücksendung in ein aufgrund einer Umweltkatastrophe (in weiten Teilen oder nur teilweise) zerstörtes Land bzw. in ein aufgrund von längeren Dürreperioden geprägtes Land eine „unmenschliche oder erniedrigende Behandlung" darstellt. Zu dieser Frage hat weder der EGMR in Straßburg noch der Europäische Gerichtshof (EuGH) in Luxemburg Stellung bezogen. Allerdings wird in der Fachliteratur die Ansicht vertreten, dass Migration im Kontext von umweltbezogenen Auswirkungen das „Potential" hat, als „unmenschliche oder erniedrigende Behandlung" gesehen zu werden (McAdam 2012a, S. 103).

Der EGMR unterscheidet in seiner Rechtsprechung zwischen Risiken, die von staatlichen oder anderen AkteurInnen intentional ausgehen und solchen, die von der allgemeinen Situation im Empfangsland herrühren (wie zum Beispiel Armut

---

24 EGMR *Hilal*, Z 60; EGMR *NA*, Z 110, bei dieser Prüfung ist auf den Einzelfall abzustellen, z. B. bei Krankheitsfällen ist auch die Dauer der Behandlung, körperliche und geistige Auswirkungen, in manchen Fällen Geschlecht, Alter und Gesundheitszustand zu berücksichtigen.

25 Das Folterverbot ist auf Fälle umweltbezogener erzwungener Migration nicht anwendbar, da hier kein gezieltes Zufügen von psychischem oder physischem Leid durch Träger staatlicher Gewalt zu einem bestimmten Zweck vorliegt (vergleiche die Folterdefinition in Art 1 UN-Antifolterkonvention).

26 Die Bewertung, ob stichhaltige Gründe für die Annahme, dass ein reales Risiko besteht, vorliegen, muss auf alle Umstände des Falles eingehen (EGMR *NA*, Z 110). Siehe auch EGMR *Said*. Im Vergleich dazu muss im Zusammenhang mit der GFK nur belegt werden, dass Verfolgung „vernünftigerweise möglich" ist.

27 Die Richtlinie verlangt, dass subsidiärer Schutz nur dann gewährt wird, wenn stichhaltige Gründe vorliegen, dass die Person bei einer Rückkehr tatsächlich Gefahr liefe, einen ‚ernsthaften Schaden' zu erleiden; unter einem ‚ernsthaften Schaden' versteht die Richtlinie die Verhängung oder Vollstreckung der Todesstrafe, eine ernsthafte individuelle Bedrohung des Lebens oder der Unversehrtheit einer Zivilperson infolge willkürlicher Gewalt im Rahmen eines bewaffneten Konflikts, Folter sowie unmenschliche oder erniedrigende Behandlung oder Bestrafung im Herkunftsland (Art 15 EU-Qualifikationsrichtlinie). Hier ist die Auslegung des EGMR zu Art 3 EMRK maßgeblich (Vgl. EuGH Elgafaji, Z28: Art 15b der Richtlinie korrespondiert im Wesentlichen mit Art 3 EMRK).

und schlechte medizinische Versorgung).[28] Im Hinblick auf letztere Konstellation müssen die Umstände „außergewöhnlich" oder sogar „sehr außergewöhnlich" (EGMR, *N*, 2008, Z 42) sein, damit eine „unmenschliche oder erniedrigende Behandlung" vorliegt (EGMR, *N*, Z 43). Selbst eine aufgrund der Überstellung in einen anderen Staat zu erwartende erhebliche Verminderung der Lebenserwartung reicht für sich genommen nicht aus (EGMR, *N*, Z 42). In der jüngeren Rechtsprechung hat der EGMR im Fall der Überstellung einer Person, die einer ‚vulnerablen Gruppe' (im konkreten Fall Asylsuchende) angehörte, aufgrund der *schlechten Versorgungssituation im Zielland* (eines EU Mitgliedstaates), allerdings in Kombination mit der *langen Ungewissheit und dem gänzlichen Mangel an Aussicht auf Verbesserung* (Zusammenbruch des Asylsystems in Griechenland), eine „erniedrigende Behandlung" gesehen (EGMR, *M.S.S.* 2011). Fraglich ist nun, ob sich diese Rechtsprechung auf Personen umlegen lässt, die vor einer Rücksendung in das Herkunftsland stehen, in dem sich die allgemeine Lebenssituation, insbesondere die Versorgungssituation, aufgrund der Auswirkungen von Umweltereignissen oder -prozessen schwierig gestaltet. In der Literatur wurde das Potential dieser Entscheidung für Personen, denen eine Rückkehr in das Herkunftsland mit sehr schwierigen Lebensbedingungen bevorsteht, gesehen (Clayton 2011).[29] Eine endgültige rechtlich verbindliche Antwort kann aber nur der EGMR bzw. hinsichtlich der EU-Qualifikationsrichtlinie der EuGH geben.

Zusammengefasst lässt sich wohl argumentieren, dass eine Rücksendung in ein Land, in dem ‚extremste Armut' (z. B. auch in Zusammenhang mit Umwelter-

28 Bezüglich eines im Endstadium AIDS-Kranken, der im Zielland weder eine Familie noch Zugriff auf materielle Ressourcen, Sozialhilfe, Behandlung bezüglich AIDS u. Ä. gehabt hätte, hat der EGMR festgestellt, dass eine Überstellung im Hinblick auf die ihn in seiner Heimat erwartende Situation eine unmenschliche Behandlung im Sinne des Art 3 EMRK bedeuten würde. Die Abschiebung hätte unweigerlich Tod unter qualvollsten Umständen zur Folge (EGMR *D*, Z 49 ff.).

29 Während es in beiden Fällen um eine schlechte Versorgungssituation im Zielland geht und der Aspekt der mangelnden Aussicht auf Verbesserung auf viele ‚UmweltmigrantInnen' zutreffen wird, so unterscheidet sich die Situation dennoch in einem wesentlichen Punkt: Die EGMR-Entscheidung betraf keine Rücksendung einer Person in ihren Herkunftsstaat (also den Staat, dessen Staatsangehörigkeit oder zumindest dauernde Aufenthaltsberechtigung die Person hat), sondern eine Überstellung einer asylsuchenden Person in einen anderen EU-Mitgliedstaat, in dem anschließend das Asylverfahren stattfinden sollte. Das Besondere an dieser Situation ist, dass Asylsuchende über einen äußerst unsicheren rechtlichen Status verfügen und in der Regel von staatlicher Versorgung abhängig sind (in der Regel ist ihnen verwehrt, für sich selbst zu sorgen). Genau diese Kombination von Vulnerabilität von Asylsuchenden mit ‚extremster Armut' im Aufnahmeland (insbesondere Mangel an Unterkunft und Nahrung) und der fehlenden Perspektive auf Verbesserung veranlasste den EGMR, die Situation als ‚erniedrigende Behandlung' zu qualifizieren (EGMR, *M.S.S.*, Z 251–254, 263–264).

eignissen oder -prozessen) herrscht, dann eine ‚erniedrigende oder unmenschliche Behandlung' darstellen kann, wenn es im gesamten Land keine Lebensgrundlage mehr gibt. Darüber hinaus kann dies auch in weniger extremen Situationen der Fall sein, wenn es sich um vulnerable Gruppen (wie Kleinkinder, alte oder kranke Personen oder Asylsuchende allgemein) handelt und diese im Zielland keine adäquate Versorgung erhalten würden.

Obwohl bereits die Rechtsprechung des EGMR im Hinblick auf Art 3 EMRK als restriktiv zu bezeichnen ist, so ist die Definition des Personenkreises der ‚subsidiär Schutzberechtigten' der Richtlinie noch enger gezogen:

- So hat die ‚unmenschliche Behandlung' *„im Herkunftsland"* stattzufinden. Ausgeschlossen werden sollen dadurch Fälle, in denen eine allgemeine Situation von Armut bzw. schlechter medizinischer Versorgung im Zielland in Kombination mit dem Entzug einer Behandlung einer ‚natürlich auftretenden' Vulnerabilität (wie einer Krankheit) des Sendestaates vom EGMR als ‚unmenschliche Behandlung' betrachtet wurden (wie im EGMR-Urteil *D v. Vereinigtes Königreich*). Diese Konstellation wird in der Fachliteratur aber zum Teil für Personen, die in ein von einer Umweltkatastrophe oder auch von Dürren betroffenes Land ausgewiesen werden sollen, als relevant angesehen (Kälin/Schrepfer 2012, S. 35 f; anderer Ansicht: McAdam 2012a, S. 66).
- Aus der Entwicklungsgeschichte der Richtlinie geht auch hervor, dass die Mitgliedstaaten nur ‚menschgemachte' Handlung oder Behandlung einbeziehen und Natur- bzw. Hungerkatastrophen ausschließen wollten.[30] Zu hinterfragen ist, ob Klimawandel nicht als ‚menschgemacht' bezeichnet werden kann. Außerdem ist das Ausmaß von Umweltkatastrophen in der Regel von menschlichen Faktoren abhängig, da es mit der Vulnerabilität sowie Handlungen bzw. Unterlassungen von unterschiedlichen Akteuren vor, während und nach einer Naturgefahr zusammenhängt (Kolmannskog/Myrstad 2009).

Zusammengefasst könnte subsidiärer Schutz für ‚UmweltmigrantInnen' von Relevanz sein, insbesondere wenn sie einer vulnerablen Gruppe aufgrund von z. B. Alter, Geschlecht, Gesundheitszustand angehören. Die Beweiserfordernisse dafür sind jedoch nicht unerheblich. Dennoch scheint die Ansicht der Kommission im CSWD, wonach die Qualifikationsrichtlinie Umweltverschlechterung oder Kli-

---

30 Council of the European Union, 12148/02, S. 4: „By using the wording ‚acts or treatment' it is ensured that only man-made situations, and not for instance situations arising from natural disasters or situations of famine, will lead to the granting of subsidiary protection. [...] it has to be ensured that an applicant will only qualify for subsidiary protection, if he or she is exposed to such an act or treatment in the country of origin".

mawandel nicht unter den Arten von „ernsthaften Schaden“ (Art. 15) inkludiert sei (Europäische Kommission 2013, S. 18), nicht gänzlich nachvollziehbar, da die relevante Frage diesbezüglich ist, ob die Rückkehr einer Person in das Herkunftsland, das von den Auswirkungen von Umweltveränderungen beeinträchtigt ist, einem Risiko „unmenschlicher oder erniedrigender Behandlung“ ausgesetzt wäre.

Ganz allgemein muss man sich auch bewusst sein, dass Personen, die unter anderem aufgrund von Umweltereignissen/-prozessen ihre Heimat verlassen haben, keinen subsidiären Schutz geltend machen können, wenn sich die Situation im Herkunftsland in der Zwischenzeit wieder entspannt hat: Bei der Frage, ob eine Person als subsidiär Schutzberechtigte/r qualifiziert, ist nämlich eine *in die Zukunft gerichtete Risikoprognose* anzustellen, sodass in der Vergangenheit geschehenen Ereignissen keine Relevanz zukommt (Wouters 2009, S. 25). Weiters können Personen, die antizipativ (also bevor die Lebensumstände lebensbedrohlich werden) ihr Herkunftsland verlassen, diese Schutzform nicht in Anspruch nehmen. Ein zusätzliches Hindernis in der Erlangung subsidiären Schutzes ergibt sich daraus, dass sich die Situation, die zu einer „unmenschlichen oder erniedrigenden Behandlung“ führt, auf das ganze Zielland erstrecken muss oder es zumindest der Person im konkreten Fall unzumutbar sein muss, zum ‚sicheren Gebiet‘ zu gelangen und sich dort niederzulassen.[31]

2.1.3 Vorübergehender Schutz

Vorübergehender Schutz stellt keine Alternative zum Flüchtlingsstatus dar, sondern soll lediglich ein Instrumentarium bieten, um einem dringenden Schutzbedürfnis während eines ‚Massenzustroms‘ nachzukommen bis individuelle Asylanträge bearbeitet werden können. Die EU hat in diesem Zusammenhang eine Richtlinie zum vorübergehenden Schutz[32] verabschiedet, sie allerdings bislang nicht zur Anwendung gebracht. ‚Vertriebene‘ sind in diesem Zusammenhang Drittstaatsangehörige oder Staatenlose, die ihr/e Herkunftsland bzw. -region

31 Die Qualifikationsrichtlinie spricht hier von einer ‚internen Schutzalternative‘ (Art 8 Qualifikationsrichtlinie).

32 Richtlinie 2001/55/EG. Art 2 lit a definiert ‚vorübergehenden Schutz‘ als ein ausnahmehalber durchzuführendes Verfahren, das im Falle eines Massenzustroms oder eines bevorstehenden Massenzustroms von Vertriebenen aus Drittländern, die nicht in ihr Herkunftsland zurückkehren können, diesen Personen sofortigen, vorübergehenden Schutz garantiert, insbesondere wenn auch die Gefahr besteht, dass das Asylsystem diesen Zustrom nicht ohne Beeinträchtigung seiner Funktionsweise und ohne Nachteile für die betroffenen Personen oder andere um Schutz suchende Personen auffangen kann.

verlassen mussten (bzw. nach einem Aufruf internationaler Organisationen evakuiert wurden) und nicht sicher und dauerhaft zurückkehren können. Dies gilt laut der Richtlinie insbesondere für Personen, die aus Gebieten geflohen sind, die *ernsthaft von systematischen oder weitverbreiteten Menschenrechtsverletzungen bedroht* waren oder die Opfer solcher Menschenrechtsverletzungen sind.[33] Diese Definition ist weiter als jene von subsidiär Schutzberechtigten (EU-Qualifikationsrichtlinie) und könnte auch für ‚Umweltmigration' relevant sein, soweit eine größere Gruppe von Personen betroffen ist. Dies ist auch die Ansicht der Europäischen Kommission in ihrem CSWD (Europäische Kommission 2013, S. 19).

Allerdings muss – damit die Richtlinie zur Anwendung kommen kann – eine entsprechende Entscheidung des Rats (mit qualifizierter Mehrheit) auf Vorschlag der Kommission über das Bestehen eines Massenzustroms von Vertriebenen vorliegen.[34] Dies war bislang noch nie der Fall. Nicht einmal die Ereignisse im Zuge des ‚arabischen Frühlings' konnten die Kommission – trotz ursprünglicher Absichten – dazu bewegen, einen Vorschlag an den Rat zu unterbreiten, dass ein ‚Massenzustrom' von Vertriebenen vorliegt (Martin 2011).[35]

2.1.4 Staatenpraxis

Einige wenige Mitgliedstaaten der EU haben nationale rechtliche Rahmenwerke, die – außerhalb der Umsetzung von EU-Recht, also außerhalb der Gewährung von Flüchtlings- und subsidiärem Schutzstatus – explizit Schutz für Personen vorsehen, deren Rückkehr wegen ‚Umweltkatastrophen' unmöglich ist. Fraglich ist hier, ob in diesen rechtlichen Rahmenwerken aufgrund des Verweises auf ‚Umweltkatastrophen' graduell voranschreitende Umweltveränderungen auch erfasst sein sollten.

So kennt z. B. das schwedische Ausländergesetz eine Kategorie von Personen „otherwise in need of protection", die aufgrund einer Umweltkatastrophe („environmental disaster") nicht in ihr Heimatland zurückkehren können.[36] Das finnische Ausländergesetz sah bis zur Änderung 2009 subsidiären Schutz für Personen vor, die aufgrund einer Umweltkatastrophe („environmental disaster") nicht

33 Vgl. Definition in Art 2 lit c der Richtlinie 2001/55/EG.

34 Art 5 Richtlinie 2001/55/EC. Der Kommissionsvorschlag muss unter anderem eine Beschreibung der Personengruppen, denen vorübergehender Schutz gewährt wird, sowie eine Schätzung des Umfangs der Wanderungsbewegungen von Vertriebenen enthalten.

35 In einer Mitteilung vom Juni 2011 hatte die Kommission erklärt, die Lage zu beobachten und soweit notwendig auf die RL 2001/55 zurückzugreifen (Europäische Kommission 2011c, S. 7).

36 Swedish Aliens Act, (SFS 2005:716), as amended by SFS 2009:1542 (veröffentlicht 30.12.2009), in Kraft seit 1.1.2010, Kapitel 4, Sec. 2a.

zurückkehren konnten.[37] Seit 2009 steht in Finnland - abgesehen von humanitärem Schutz - nur noch temporärer Schutz bei Massen-„Displacement" zur Verfügung. Temporärer Schutz kann für insgesamt maximal drei Jahre gewährt werden.[38]

Staaten gewähren außerdem humanitäre Aufenthaltstitel: Finnland gewährt explizit humanitären Schutz für Personen, die – sofern keine andere Schutzform greift – aufgrund einer Umweltkatastrophe („environmental catastrophe") nicht zurückkehren können.[39] In der Regel enthalten aber nationale Bestimmungen zum humanitären Aufenthalt keine explizite Bezugnahme auf Situationen umweltbezogener Migration (z. B. das schwedische[40] oder das dänische Ausländergesetz[41]). So hat Dänemark in der Vergangenheit humanitäre Aufenthaltstitel z. B. an alleinstehende Frauen und Familien mit kleinen Kindern gewährt, die aus Gebieten stammten, in denen die Lebensbedingungen aufgrund etwa einer Hungersnot extrem schwierig waren (‚Überlebenskriterium'). Zwischen 2001 und 2006 ging man davon aus, dass Familien mit kleinen Kindern wegen der Dürre nicht nach Afghanistan zurückgeschickt werden sollten. Diese Praxis wurde adaptiert und schloss letztendlich auch landlose Personen aus Gebieten mit Nahrungsmittelknappheit ein, die nach einer Rückkehr in einer besonders schutzwürdigen Position gewesen wären (Kolmannskog/Myrstad 2009).

Auch wenn kein Schutz explizit für ‚UmweltmigrantInnen' vorgesehen ist, kann Schutz durch Interpretation diverser rechtlicher Bestimmungen entstehen. In Österreich hat beispielsweise der Verfassungsgerichtshof gefordert, dass sich die Asylbehörde im Rahmen der Prüfung subsidiären Schutzes näher mit einer Flutkatastrophe im Herkunftsland und der (Un)zumutbarkeit der Niederlassung in vom Hochwasser verschonten Landesteilen auseinandersetzt.[42] Eine Übersicht über solche Bestimmungen bietet die vom Europäischen Parlament in Auftrag gegebene Studie zum Thema „Climate Refugees" (ICMPD 2011, S. 55 ff).

Seit Oktober 2012 gibt es die *Nansen-Initiative*. Hierbei handelt es sich um einen von Staaten geführten Konsultationsprozess, der vom UNHCR aber auch der Europäischen Kommission unterstützt wird. Er zielt darauf, mögliche Vorge-

---

37 Sec. 88(1) Finnish Aliens Act („Subsidiary Protection") before amendment by 323/2009.

38 Finnish Aliens Act, Section 109(1).

39 Finnish Aliens Act, 301/2004, as amended by 1152/2010, Section 88a (1) (323/2009) *„Humanitarian Protection"*.

40 Swedish Aliens Act (SFS 2005:716), Chapter 5, section 6 „Residence permits on grounds of exceptionally distressing circumstances".

41 Sec. 9b Danish Aliens' Act (Consolidation Act No. 785 of 10 August 2009).

42 VfGH, U84/11 (19.9.2011). Ähnlich VfGH U256/11 (19.9.2011). Er stellte eine Verletzung im Recht auf Gleichbehandlung von Fremden untereinander durch Nichtzuerkennung des Status eines subsidiär Schutzberechtigten fest.

hensweisen bei grenzüberschreitender erzwungener Umweltmigration auf nationaler, regionaler und internationaler Ebene zu diskutieren. Die Initiative geht von Nicht-EU-Mitgliedstaaten aus: der Schweiz und Norwegen. Unter den Mitgliedern der Steuerungsgruppe befindet sich bislang nur ein EU-Mitgliedstaat: Deutschland.[43] Die Europäische Kommission unterstützt die Initiative finanziell.

2.2 Exkurs: Die ‚externe Dimension' der EU-Asylpolitik

Natürlich stellt sich auch die Frage, welche Position die EU und ihre Mitgliedstaaten in Bezug auf jene Personen, die in der Herkunftsregion (entweder im Herkunfts- oder einem Nachbarland) bleiben (müssen), einnimmt bzw. einnehmen könnte. Diese Frage ist von großer Relevanz, da der Großteil der betroffenen Personen dort bleibt bzw. bleiben wird. Sie scheint auch berechtigt, zumal Industriestaaten (wie die EU-Mitgliedstaaten) historisch überwiegend für Treibhausgasemissionen verantwortlich zeichnen, deren Auswirkungen sich aber vor allem in Ländern des Globalen Südens niederschlagen, und die sogenannte ‚externe Dimension' der EU-Asylpolitik (also die Politik betreffend Asylangelegenheiten im Hinblick auf Drittstaaten) eine zunehmend wichtige Position einnimmt (vgl. das Stockholmer Programm). Im Rahmen der ‚externen Dimension' gibt es derzeit (nicht-legislative) Maßnahmen, die auf die Unterstützung von Herkunfts- und Transitregionen bei der Aufnahme von Flüchtlingen sowie Binnenvertriebenen abzielen. Eine Anwendung letztgenannter Maßnahmen auf ‚UmweltmigrantInnen' ist nicht vorgesehen, wäre aber erstrebenswert; zu solchen Maßnahmen zählen ‚Regionale Schutzprogramme', die die Stärkung der Schutzkapazität von Drittländern zum Ziel haben (z. B. Projekte zur Verbesserung der allgemeinen Schutzsituation, des Asylverfahrens, der Aufnahmebedingungen, zugunsten der lokalen Gemeinschaft, Neuansiedlung) (Europäische Kommission, KOM(2005)

---

43 Siehe dazu http://www.nanseninitiative.org/steering-group, besucht am 01.04.2014. Andere Mitgliedsländer in der Steuerungsgruppe sind Australien, Bangladesch, Costa Rica, Kenia, Norwegen, Mexiko, die Philippinen und die Schweiz. Ursprünglich wollte der UNHCR gemeinsam mit anderen Staaten ein „Global Guiding Framework" für grenzüberschreitendes Displacement im Hinblick auf plötzlich eintretende Umweltkatastrophen entwickeln. Beim UNHCR-Ministertreffen im Dezember 2011 wurde klar, dass nur vier von 145 anwesenden Staaten bereit waren, gemeinsam mit UNHCR auf regionaler und sub-regionaler Ebene Schutzlücken zu untersuchen. Das UNHCR Standing Committee hatte bereits Mitte 2011 einen Vorschlag abgelehnt, wonach UNHCR in einem Pilotprogramm die Lead Agency für Schutz von Personen bei Umweltkatastrophen sein sollte (McAdam 2012b, S. 5).

388). Allerdings wurde deren Wirkung in der Vergangenheit als gering bewertet.[44] Auch das Gemeinsame EU-Neuansiedlungsprogramm scheint zur Entlastung der Herkunftsregionen sinnvoll. Es ist aber derzeit nur auf nach der GFK anerkannte Flüchtlinge anwendbar (zur engen Anwendbarkeit der GFK auf Personen bei umweltbezogener Migration/Displacement siehe 2.1). Zudem sind EU-Mitgliedstaaten rechtlich nicht dazu verpflichtet, Personen aufzunehmen. Eine andere Facette der externen Dimension, die hier Erwähnung finden muss, auf die aber hier nicht näher eingegangen werden kann, ist allerdings die Abwehr ‚illegaler' Migration, die letztlich auch Flüchtlinge und ‚UmweltmigrantInnen' davon abhalten kann, in die EU zu reisen (Peers 2011, S. 295).

3 Fazit

Grundsätzlich wäre ein neues rechtliches Rahmenwerk wünschenswert, das Schutz im Zusammenhang mit grenzüberschreitender unfreiwilliger umweltbezogener Migration vorsieht. Allerdings scheint es in absehbarer Zeit, insbesondere auf globaler Ebene, nicht realisierbar (McAdam 2011). In der Zwischenzeit könnten bestehende rechtliche Rahmenwerke genutzt und unter Umständen sogar durch Rechtsfortbildung weiterentwickelt werden. Momentan besteht erhebliche Unsicherheit bezüglich der Anwendbarkeit der zur Verfügung stehenden rechtlichen Instrumente. Während weder Flüchtlingsstatus noch subsidiärer Schutzstatus im Kontext von ‚Umweltmigration' gänzlich auszuschließen sind, so fehlt dazu eine Rechtsprechung der zuständigen Überwachungsorgane (wie zum Beispiel des EGMR oder des EuGH), die den Staaten klare Vorgaben liefern würden. In der Abwesenheit solcher Vorgaben wird zum Beispiel die restriktive

44 Europäische Kommission 2009, S. 8: Eine externe Evaluierung resümierte, dass die Wirkung „wegen eingeschränkter Flexibilität, mangelhafter Finanzausstattung, begrenzter Wahrnehmung in der Öffentlichkeit, unzureichender Koordinierung mit anderen in den Bereichen humanitäre Hilfe und Entwicklung angesiedelten Politiken der Gemeinschaft und geringer Beteiligung von Drittstaaten" eingeschränkt sei. Nunmehr gibt es aber ein Bestreben, regionale Schutzprogramme weiterzuentwickeln und auszubauen: Der Europäische Rat hat im Stockholmer Programm den Rat und die Kommission ersucht, „die Idee der regionalen Schutzprogramme weiterzuentwickeln und auszuweiten" und diese in den Gesamtansatz zur Migrationsfrage einzubeziehen (Europäischer Rat 2009, Stockholmer Programm, Kapitel 6.2.3). Die Programme wurden ausgeweitet, insbesondere im Horn von Afrika und in Nordafrika. Laut Jahresbericht 2010 wurden die regionalen Schutzprogramme in Tansania und Osteuropa fortgesetzt und hat die Umsetzung eines neuen Programms am Horn von Afrika in Zusammenarbeit mit dem UNHCR begonnen; ein weiteres in Nordostafrika wurde weiter entwickelt (Europäische Kommission 2011b, S. 55).

Haltung der Mitgliedstaaten im Entstehungsprozess der EU-Qualifikationsrichtlinie oder die fehlende Erwähnung von Umweltereignissen oder -prozessen in der EU Qualifikationsrichtlinie ins Treffen geführt, um ‚subsidiären Schutz' auszuschließen. Klar ist aber, dass für die Gewährung ‚subsidiären Schutzes' der Grund des Verlassens des Herkunftslandes nicht maßgeblich ist – relevant ist vornehmlich die Frage, ob die Person bei einer zukünftigen Überstellung eine ‚unmenschliche Behandlung' erleiden würde. Unter welchen genauen Umständen eine schlechte wirtschaftliche und soziale Situation im Zusammenhang mit Umweltfaktoren im Herkunftsstaat eine ‚unmenschliche Behandlung' darstellt, ist nicht abschließend geklärt. Im Einzelfall – mit Rücksicht auf in der Person liegende Eigenschaften – kann für die betroffene Person eine Rückkehr unzumutbar sein.

Darüber hinaus würde auch vorübergehender Schutz in Situationen, in denen eine große Anzahl von Personen gleichzeitig den Heimatort verlassen muss, Abhilfe schaffen – allerdings scheint der politische Wille der Mitgliedstaaten zu fehlen, die Richtlinie zur Anwendung zu bringen. Außerdem ist diese Form nicht immer geeignet, da Personen auch einzeln oder in Kleingruppen ihr Zuhause verlassen.

Schließlich gibt es in vielen Mitgliedstaaten (außerhalb der EU-rechtlichen Vorgaben) Bestimmungen, die ein ‚humanitäres Aufenthaltsrecht' unter besonders berücksichtigungswürdigen Umständen vorsehen. Allerdings sehen diese Regelungen in den EU-Mitgliedstaaten sehr unterschiedlich aus und räumen den nationalen Behörden bei der Entscheidung in der Regel Ermessen ein.

Trotz dieser eben genannten Möglichkeiten scheint ein neues rechtliches Rahmenwerk erstrebenswert, da einerseits die Gefahr besteht, dass schutzbedürftige Kategorien in der nationalen Anwendung ‚hinausinterpretiert' werden. Vor allem Personen, die im Zuge gradueller Umweltveränderung (z. B. Dürren) ihr Herkunftsland verlassen, sind gefährdet, keinen internationalen Schutz zu erhalten. Dazu gibt es in der Fachliteratur einen Vorschlag (Betts 2010). Auch ist zu beachten, dass die oben angeführten Schutzformen unterschiedlichen Schutz im Hinblick auf Inhalt, Umfang und Dauer vorsehen und Personen bei ähnlichen Schutzbedürfnissen mit unterschiedlichen (oder keinem) Status enden (könnten).

In diesem Zusammenhang muss nochmals betont werden, dass auch im Hinblick auf jene Personen Handlungsbedarf besteht, die in das Gebiet der EU einreisen wollen. Hier wäre die Ausweitung von Instrumenten der externen Dimension auf ‚UmweltmigrantInnen' (wie EU-Neuansiedlungsprogramm oder Regionale Schutzprogramme) erstrebenswert, um die ‚Last', die auf Ländern des Globalen Südens liegt und die sich durch die Auswirkungen von Klimawandel vergrößert, etwas zu verteilen. Auch im Hinblick darauf, dass insbesondere Arbeitsmigration eine Adaptionsmaßnahme darstellen kann, könnte eine Änderung der EU-

Immigrationspolitik, die freiwillige Migration in die EU erleichtert, hilfreich sein. Die Verabschiedung der EU „Saisonarbeiterrichtlinie" 2014 stellt einen Schritt in die Richtung dar – auch wenn aus menschenrechtlicher Perspektive noch einiger Verbesserungsbedarf besteht (UN Special Rapporteur on the human rights of migrants 2013).

Literatur

Betts, Alexander (2010): „Survival Migration: A New Protection Framework". In: *Global Governance* 16. Nr. 3, S. 361–382.

Clayton, Gina (2011): „Asylum Seekers in Europe: M.S.S. v Belgium and Greece". In: *Human Rights Law Review* 11. Nr. 4, S. 758–773.

Cooper, Jessica (1998): „Environmental Refugees: Meeting the Requirements of the Refugee Definition". In: *N.Y.U. Environmental Law Journal* 6, S. 480–530.

EGMR, *D gegen Vereinigtes Königreich*, Nr. 30240/96, 2.5.1997.

EGMR, *M.S.S. gegen Belgien und Griechenland*, Nr. 30696/09, 21.1.2011.

EGMR, *N gegen Vereinigtes Königreich*, Nr. 26565/05, 27.5.2008.

Environmental Change and Forced Migration Scenarios (EACH-FOR) (2009): Specific Targeted Project Scientific Support to Policies – SSP D.3.4. Synthesis Report, 2009.

Erläuterungen zur Charta der Grundrechte, 2007/C 303/02, veröffentlicht im Amtsblatt der Europäischen Union, C 303/17 (14.12.2007).

EU Hoher Vertreter für die Gemeinsame Außen- und Sicherheitspolitik/Europäische Kommission (2008): Climate Change and International Security, Paper to the European Council, S113/08, Brüssel, 14.3.2008.

EuGH: *Elgafaji* v. *Staatssecretaris van Justitie*, C-465-07, 17.02.2009.

Europafrica (2012): „(Bio)fueling Injustice? Europe's Responsibility to Counter Climate Change without Provoking Land Grabbing and Compounding Food Insecurity in Africa". http://www.europafrica.info/en/publications/biofueling-injustice, besucht am 10.9.2012.

Europäische Kommission (2005): *Mitteilung der Kommission an den Rat und das Europäische Parlament über Regionale Schutzprogramme*, KOM(2005) 388, Brüssel, 1.9.2005.

Europäische Kommission (2008): Mitteilung: Konsolidierung des Gesamtansatzes zur Migrationsfrage: Für mehr Koordinierung, Kohärenz und Synergie, KOM(2008) 611, Brüssel, 8.10.2008.

Europäische Kommission (2010): *Bericht der Kommission an das Europäische Parlament und den Rat*, Erster Jahresbericht über Einwanderung und Asyl (2009), KOM(2010)214, Brüssel, 6.5.2010.

Europäische Kommission (2011a): *Commission Staff Working Paper Accompanying the Communication from the Commission to the European Parliament and the Council, Annual Report on Immigration and Asylum (2010)*, 24.5.2011, SEC(2011) 620.

Europäische Kommission (2011b): *Jahresbericht über Einwanderung und Asyl 2010*, KOM(2011) 291, Brüssel, 24.5.2011.

Europäische Kommission (2011c): *Mitteilung der Kommission an das Europäische Parlament, den Rat, den Europäischen Wirtschafts- und Sozialausschuss und den Ausschuss der Regionen: Mitteilung zur Migration*, KOM(2011) 248 endgültig.

Europäische Kommission (2011d): *Mitteilung: Gesamtansatz für Migration und Mobilität*, KOM (2011) 743, Brüssel, 18.11.2011.
Europäische Kommission (2013): *Commission Staff Working Document: Climate Change, environmental degradation, and migration, Accompanying the Communication „An EU Strategy on adaptation to climate change"*, SWD(2013)138 final, 16.4.2013.
Europäischer Rat (2009): *The Stockholm Programme – An open and secure Europe serving and protecting citizens*. 14449/09, JAI 679, Brussels, 16.10.2009, 42.
Europäisches Parlament (1999): *Resolution on the environment, security and foreign policy*. 28.1.1999, A4-0005/99.
Europarat (2004): Committee of Ministers, Recommendation Rec(2004)9 of the Committee of Ministers to Member States on the Concept of „membership of a particular social group" (MPSG) in the context of the 1951 Convention relating to the status of refugees, 30.6.2004, Strasbourg, 890th meeting of the Ministers' Deputies.
Ferris, Elizabeth (2012): „Protection and Planned Relocations in the Context of Climate Change". http://www.unhcr.org/5024d5169.html.
Foresight (2011): *Migration and Global Environmental Change. Final Project Report*. The Government Office for Science, London.
Foster, Michelle (2007): *International Refugee Law and Socio-Economic Rights*. Cambridge: Cambridge University Press.
Gil-Bazo, María-Teresa (2008): „The Charter of Fundamental Rights of the European Union and the Right to be granted Asylum in the Union's Law". In: *Refugee Survey Quarterly* 27. Nr. 3, S. 33–52.
Goodwin-Gill, Guy/McAdam, Jane (2007): *The Refugee in International Law*. Oxford: Oxford University Press.
Grabenwarter, Christoph/Pabel, Katharina (2012): *Europäische Menschenrechtskonvention*. München/Basel: Beck.
IASC Working Group on Migration/Displacement and Climate Change (2008): *Displacement and Climate Change: Towards Defining Categories of Affected Persons*. First Draft of a Working Paper, 20.9.2008.
ICMPD (2011): ‚Climate Refugees": legal and policy responses to environmentally induced migration. Study requested by the European Parliament's Committee on Civil Liberties, Justice and Home Affairs, Brüssel.
Kälin, Walter (2008): The Climate Change – Displacement Nexus, Panel on Disaster Risk Reduction and Preparedness: Addressing the Humanitarian Consequences of Natural Disasters, ECOSOC Humanitarian Affairs Segment, New York, 16.7.2008.
Kälin, Walter (2009): Climate Change, Migration Patterns and the Law, Keynote Address by Dr. Walter Kälin, Representative of the UN Secretary General on the Human Rights of Internally Displaced Persons, IARLJ 8th World Conference, Kapstadt, 28.1.2009.
Kälin, Walter (2010): „Conceptualising Climate-Induced Displacement". In: Jane McAdam (Hrsg.): *Climate Change and Displacement: Multidisciplinary Perspectives*. Oxford: Hart Publishing.
Kälin, Walter/Schrepfer, Nina (2012): *Protecting People Crossing Borders in the Context of Climate Change. Normative Gaps and Possible Approaches*. University of Bern.
Kolmannskog, Vikram/Myrstad, Finn (2009): „Environmental Displacement in European Asylum Law". In: *European Journal of Migration and Law* 11. Nr. 4, S. 313–326.
Martin, Marie (2011): Statewatch Analysis: „A radically changing political landscape in the Southern Mediterranean"? The Dialogue for Migration, Mobility and Security with the Southern Mediterranean countries, Statewatch News Online.

McAdam, Jane (2011): „Swimming against the Tide: Why a Climate Change Displacement Treaty is Not *the* Answer". In: *International Journal of Refugee Law* 23. Nr. 1, S. 2–27.
McAdam, Jane (2012a): *Climate Change, Forced Migration, and International Law.* Oxford: Oxford University Press.
McAdam, Jane (2012b): The Normative Framework of Climate Change-Related Displacement, The Brookings Institution, 3 April 2012, For Event: ‚Addressing the Legal Gaps in Climate Change Migration, Displacement and Resettlement: From Sinking Islands to Flooded Deltas'; http://www.brookings.edu/~/media/Research/Files/Papers/2012/4/03%20cc%20migration%20mcadam/04032012_cc_paper_mcadamj.PDF, besucht am 01.04.2014.
McAdam, Jane/Saul, Ben (2008): *An Insecure Climate for Human Security? Climate-Induced Displacement and International Law.* Sydney Law School, Legal Studies Research Paper No. 08/131, Sydney.
Mole, Nuala/Meredith, Catherine (2010): Asylum and the European Convention on Human Rights, Human Rights Files No. 9, Strasbourg.
Norwegian Refugee Council (2009): *Climate Changed: People Displaced.* Oslo.
Peers, Steve (2011): *EU Justice and Home Affairs Law.* Oxford: Oxford University Press.
Rat der Europäischen Union (2002): Presidency Note to Strategic Committee on Immigration, Frontiers and Asylum on 25 September 2002, 12148/02, 20.9.2002.
Rat der Europäischen Union (2011): Council conclusions on EU Climate Diplomacy, 3106th FOREIGN AFFAIRS Council meeting, Brüssel, 18.7.2011.
Rat der Europäischen Union (2013): Conclusions of the Council and of the Representatives of Governments of the Member States meeting within the Council on the 2013 UN High-Level Dialogue on Migration and Development and on broadening the development-migration nexus. 12415/13, Brussels, 19 July 2013.
Richtlinie 2001/55/EG des Rates vom 20.7.2001 über Mindestnormen für die Gewährung vorübergehenden Schutzes im Falle eines Massenzustroms von Vertriebenen und Maßnahmen zur Förderung einer ausgewogenen Verteilung der Belastungen, die mit der Aufnahme dieser Personen und den Folgen dieser Aufnahme verbunden sind, auf die Mitgliedstaaten, Amtsblatt der EG OJ L212 vom 7.8.2001, S. 12–23.
Richtlinie 2004/83/EG des Rates vom 29.4.2004 über Mindestnormen für die Anerkennung und den Status von Drittstaatsangehörigen oder Staatenlosen als Flüchtlinge oder als Personen, die anderweitig internationalen Schutz benötigen, und über den Inhalt des zu gewährenden Schutzes, Amtsblatt der EG L 304 vom 30.9.2004, S. 12–23.
Richtlinie 2011/95/EU des Europäischen Parlaments und des Rates vom 13. Dezember 2011 über Normen für die Anerkennung von Drittstaatsangehörigen oder Staatenlosen als Personen mit Anspruch auf internationalen Schutz, für einen einheitlichen Status für Flüchtlinge oder für Personen mit Anrecht auf subsidiären Schutz und für den Inhalt des zu gewährenden Schutzes (Neufassung), Amtsblatt der EU, L 337 vom 20.12.2011, S. 9–26.
The Greens/EFA in the European Parliament (2013): *Position Paper Climate Change, Refugees and Migration*, adopted in May 2013, drafted by Hélène Flautre, Jean Lambert, Ska Keller and Barbara Lochbihler.
Tretter, Hannes (2011): „Kommentar zu Artikel 3 EMRK". In: Karl Korinek/Michael Holoubek (Hrsg.): *Österreichisches Bundesverfassungsrecht. Loseblattsammlung.* 10. Lieferung, Wien.
UN General Assembly (1993): Vienna Declaration and Programme of Action, A/CONF.157/23, 12.7.1993, Teil I, Z 5.

UN Human Rights Council (2009): Annual Report of the United Nations High Commissioner for Human Rights and Reports of the OHCHR and the UNSG, Report of the OHCHR on the Relationship between Climate Change and Human Rights, UN Doc A/HRC/10/61, Genf, 15.1.2009.

UN Special Rapporteur on the human rights of migrants (2013): Regional study: management of the external borders of the European Union and its impact on the human rights of migrants, A/HRC/23/46, 24.4.2013.

UNHCR (2003): Handbuch über Verfahren und Kriterien zur Feststellung der Flüchtlingseigenschaft, Genf, Neuauflage UNHCR Österreich Dezember 2003.

UNHCR (2009): Climate Change, Natural Disasters and Human Displacement: A UNHCR Perspective, Genf.

UNHCR (2009): Climate change, natural disasters and human displacement: a UNHCR perspective, Geneva.

UNHCR (2013): Global Trends 2012, Geneva.

Verfassungsgerichtshof (VfGH), U256/11 (19.9.2011).

Verfassungsgerichtshof (VfGH), U84/11 (19.9.2011).

Wouters, Kees (2009): *International Legal Standards for the Protection from Refoulement.* Leiden: C. W. Wouters.

II. Kollektives Handeln

Anton Leist

Schadenverursachen und Kooperation beim Klimawandel

Zwei Weisen, auf das Ende zu sehen

Habe ich eine Handlung vollzogen, die anderen gegenüber gute oder schlechte Folgen verursacht, bin ich für diese Folgen verantwortlich. Im Fall eines Schadens entsteht eine Wiedergutmachungspflicht, habe ich absichtlich gehandelt, sogar Strafe. Diesen Prinzipien individueller Verantwortung entspricht das wichtigste moralische Gebot: anderen keinen Schaden zuzufügen. Im Selbstbewusstsein der Handelnden führt das Gebot zum Wissen von der eigenen Verantwortung beim Handeln. Eine Moral ohne diese Kombination von Nichtschadensgebot und Selbstverantwortung ist kaum denkbar.

Allerdings: dieser elementare Bestandteil unserer Moral hat eine empfindliche Grenze. Häufig bestimmen andere darin mit, welche guten oder schlechten Folgen unsere Handlungen haben. Und nicht selten ist es unmöglich, gute oder schlechte Folgen alleine herbeizuführen. Die Grenze liegt darin, dass die moralisch folgenreichsten unserer Handlungen – und das nicht nur, aber besonders außerhalb des unmittelbar privaten Bereichs – solche sind, in denen wir die Folgen unseres Handelns nicht völlig autonom kontrollieren können. Vielmehr sind wir auf die Kooperation mit anderen angewiesen. Ohne Rücksichtnahme auf die Rolle anderer im eigenen, und für das eigene, Handeln, ist eine effektive Moral ebenfalls kaum denkbar.

Die erste Weise, auf das Handlungsende zu sehen, kann über den Einzelakteur hinaus auch auf Kollektive und das Verhältnis des einzelnen in ihnen erweitert werden. Insofern ist sie nicht zwingend ‚individualistisch'. So lange allerdings der Blick auf die Folgen rein quantitativ bleibt, bleibt auch die soziale Erweiterung beschränkt. Das Kollektiv ist dann nur eine Menge von Einzelakteuren. Demgegenüber leuchtet der Blick der Kooperation eine tiefere wechselseitige Abhängigkeit aus. Kooperation bedeutet nicht nur erweiterte Folgen, sondern ein kreatives System mit dem Ziel, diese Folgen im Takt wechselseitiger Bedingungen hervorzubringen.

Die menschlichen Handlungsanlässe sind verschiedenartig genug, um zu beiden Sichtweisen einzuladen. Weil Philosophen zu Extremen neigen, haben sich dennoch Theorien gebildet, die jeweils ausschließlich von einer geprägt sind. Den Blick auf die Folgen kultiviert der ‚*Konsequentialismus*', den auf die Kooperation der ‚*Kontraktualismus*'. Mit beiden Theorien sind unterschiedliche Wahlen dessen verbunden, was ‚im Handeln wichtig' ist. Daraus folgt, dass die beiden

Theorien in ihren moralischen Diagnosen und Vorschriften zu unterschiedlichen Ergebnissen gelangen und sich nicht mehr einfach – wie man anfänglich denken könnte – verbinden lassen. Sie führen zu einander widersprechenden Moralen.

Für beide Theorien bedeutet das *individuelle* Verhalten im Klimawandel eine Herausforderung, die sie unterschiedlich aufnehmen. Abstrakt wie sie sind, haben beide Theorien zunächst Vorschläge inspiriert, die in der Realität weltweite Reformen nötig machten. So etwa die Idee der ‚historischen Emissionen' und entsprechender Emissionsschulden auf westlicher Seite (konsequentialistisch naheliegend), oder auf Umverteilungen zielende Regeln in einem System der Klimagerechtigkeit (kontraktualistisch geprägt). Während solche auf Institutionen zielende Ideen bereits reichlich Aufmerksamkeit gefunden haben,[1] steht eine andere Diskussion erst am Beginn. Was fordert die Moral – eher nicht die dazu unklare Alltagsmoral, sondern eine Moral entwickelt mit philosophischen Theorien – von uns *als einzelnen* angesichts des globalen Geschehens ‚Klimawandel'? Im Gegensatz zum grassierenden Moralismus des Alltags ist eine wohlbegründete Antwort auf diese Frage im Augenblick nicht bekannt.

Der Grund für diese Lücke liegt nun gerade darin, dass das individuelle klimarelevante Handeln eines im *Kontext des Handelns vieler* ist. Und das ist insofern sträflich vereinfacht, als ‚vieler' dabei ‚aller Menschen überhaupt' heißt. Die Standardmoral hat für diesen Umstand keine Antwort, denn sie ist in kleinen Gruppen entstanden und für ein individuelles Handeln mit Folgen für ‚alle' gab es historisch bis vor Kurzem keinen Anlass.[2] Beide Theorien der Moral sind insbesondere dadurch herausgefordert, dass das Handeln des einzelnen im Kollektiv ‚aller' bedeutungslos wird, und dass eine Kooperation zwischen ‚allen' realistisch kaum möglich scheint. Gibt es also keine Klimapflichten? Die Klimaethik *nur* als eine der Institutionen zu sehen, wäre ausgesprochen unbefriedigend, denn *wer* soll diese Institutionen realisieren, wenn sie, wie in der Gegenwart, (noch) nicht existieren?[3]

---

1 S. beispielsweise Caney 2005; Miller 2009; Tremmel 2011; Meyer 2012 für historische Emissionen, Page 2008; Posner/Weisbach 2010; Leist 2011; Tremmel/Robinson 2014 für gerechte Verteilung in einem System.

2 Wie die Untauglichkeit des Generalisierungsprinzips oder des Pro-Kopf-Vorschlags von Emissionsrechten zeigt, erweist sich der Universalitäts-Nimbus der modernen Moral in einem solchen Fall als leere Rhetorik. Das Problem beider Vorschläge liegt in der Unklarheit ihrer Anwendung. Für kritische Diskussion s. Hayward 2007; Miller 2009; Caney 2012.

3 Moralische Fragen, soweit sie Kollektive betreffen, als einzig solche der Institutionen anzusehen, ist bekanntlich die Doktrin von Rawls' Theorie der Gerechtigkeit. Soweit die entsprechenden Institutionen ansatzweise bereits bestehen, ist das weniger unrealistisch, hat aber auch gegenüber Rawls zu starker Kritik geführt (s. Cohen 2000).

Wie vorgehen? *Abschnitt 1* soll genauer zu fassen versuchen, in welchem Sinn die Moral individualistisch sein muss. Gegenüber einem einfachen normativen Individualismus verteidige ich einen ‚sozialen Individualismus'. In *Abschnitt 2* erinnere ich an den bekannten Unterschied zweier verschiedener Arten von Kollektiven, ‚zufälligen' (‚aggregierten') und ‚strukturierten' (‚organisierten') Kollektiven. In diesem Zusammenhang wird klar, dass Konsequentialismus und Kontraktualismus mit unterschiedlichen Modellen von Kollektiven verbunden sind. *Abschnitt 3* greift die konsequentialistischen Schwierigkeiten auf, die Pflichten einzelner im Rahmen kollektiven Handelns anhand der marginalen Folgen ihres Handelns zu ermitteln. *Abschnitt 4* argumentiert zugunsten der Kooperationsperspektive, verweist aber ebenfalls auf deren Grenzen bei einem einigermaßen realistischen Verständnis von Kooperation.

Abschnitt 5 gibt einen skizzenhaften Überblick zu den konkreten Alternativen in der aktuellen Klimapolitik und verdeutlich anhand des ‚grünen Paradoxons' die Schwierigkeit, eine solche Politik zu realisieren. *Abschnitt 6* zieht ein Résumé in Hinblick auf individuelle Klimapflichten. Zu bedenken ist, dass ein Teil dieser Pflichten von den Staaten, deren Bürger wir sind, bereits übernommen wird – wenn auch, wie Abschnitt 5 zeigt, ohne effektive Folgen. Der restliche Teil individueller Klimapflicht besteht in der Selbst- und Fremdaufklärung über die kollektive Malaise der Klimapolitik. Die individuelle Moral vermag im Augenblick gegenüber dem Klimawandels wenig auszurichten.

1 Sozialer Individualismus

Die Alltagsmoral betrifft uns als einzelne. Diese Ausdrucksweise, dass sie uns ‚als einzelne' betrifft, ist präzisierungsbedürftig. Ohne soziale Gemeinschaften gäbe es doch allererst keinen Anlass für die Moral. Gemeint ist genauer, dass uns die Moral *normativ* gesehen, also in ihren Forderungen, als einzelne betrifft. Das schließt nicht aus, dass viele oder alle in einer Gemeinschaft angesprochen sind und die Moral insofern auch eine kollektive Wirkung hat (präzisierungsbedürftig eben, wie angedeutet, in Hinblick auf das Attribut ‚kollektiv'). Ein zentrales Dogma der uns im Westen bekannten Standardmoral lässt sich dann etwa so formulieren:

> (NI) Jeder *einzelne* ist Adressat moralischer Pflichten und damit verpflichtet, den Pflichtinhalt soweit als möglich zu realisieren, ungeachtet des Handelns *anderer*.

Dieser normative Individualismus kommt in Verboten zum Ausdruck derart, dass andere nicht im gleichen Ausmaß geschädigt werden dürfen, in dem sie ihrerseits schädigen (‚Auge um Auge ...'), sondern nur soweit nötig, um ihr Schädigen abzuwenden. Und natürlich ist *NI* Ausdruck der Auffassung, dass uns das amoralische Handeln anderer nicht darin entlastet, selbst den moralischen Geboten zu folgen. Wenn in einer Notsituation mit ertrinkenden Kindern niemand aus einer Menge bereit ist, zu helfen, wird dadurch nicht ungültig, dass wir selbst helfen sollen. *NI* ist Ausdruck ‚moralischer Autonomie' und damit konform mit der starken Bedeutung, die wir in unserer Kultur generell der Autonomie zurechnen.

NI stößt allerdings in zweierlei Hinsicht auf Bedenken. Beide Bedenken richten sich auf die Unabhängigkeitsklausel in *NI*, ‚ungeachtet des Handelns anderer'. Erstens in *Begründungshinsicht*. Ein klassischer Vertreter von *NI* wie Kant rechnet mit einer transzendentalen Begründung von *NI*: weil er andernfalls seiner eigenen ‚Vernunft' schadet, ist jeder einzelne moralisch verpflichtet. Teilen wir diese Art der Begründung nicht, so können es nur die *je anderen* sein, in Verbindung mit denen wir die moralischen Pflichten ermitteln. Damit aber gerät die Unabhängigkeitsklausel in Konflikt.[4]

Ein zweites Bedenken zeigt sich dann, wenn wir die Alltagsmoral nicht auf die – in Rawlsscher Terminologie – ‚natürlichen Pflichten' beschränkt sehen, sondern *Gerechtigkeit* einbeziehen.[5] Auch wenn wir Gerechtigkeit nicht, wie Rawls, als auf Institutionen, sondern auf Individuen gerichtet verstehen, ist die Unabhängigkeitsklausel in *NI* bei Gerechtigkeit ein Hindernis. Sicher ist es im Prinzip möglich, jemandem ‚Gerechtigkeit widerfahren' zu lassen, der sich in jeder Hinsicht (etwa als Straftäter) der Kooperation verweigert – aber der *allgemeine* Sinn sozialer und politischer Gerechtigkeit setzt ein bestimmtes Ausmaß an Kooperation voraus. Rawls hat deshalb, anschließend an Hume, Kooperation als Bedingung für Gerechtigkeit explizit gefordert.[6]

Diese Bedenken lassen sich so zusammenfassen, dass anstelle von *NI* ein Prinzip des *sozialen Individualismus* angemessen ist:

> (SI) Jeder *einzelne* ist Adressat moralischer Pflichten innerhalb sozialer Gemeinschaften und damit verpflichtet, den Pflichtinhalt soweit möglich mit den *anderen Mitgliedern* der

---

4 Sie gerät nicht unmittelbar in Konflikt, wenn man zwischen Motiven und Handlungen unterscheidet. Da zwischen den Motiven und den Handlungen aber gesehen ein regelhafer Zusammenhang besteht, kann *NI* die Motive unter den Handlungen nicht völlig ausklammern. Dann werden die verbreiteten Motive auf den Inhalt der Gebote zurückwirken.

5 Rawls hat diesen Unterschied in Rawls 1971 eingeführt und das Verhältnis dieser beiden Teile der Moral diskutiert. S. Rawls 1971, §§ 18–19, S. 51–53, zu natürlichen Pflichten.

6 „The most fundamental idea in this conception of justice is the idea of society as a fair system of social cooperation over time from one generation to the next. [...] Fair terms of cooperation specify an idea of reciprocity or mutuality: all who do their part as the recognized rules require are to benefit as specified by a public and agreed-upon standard." (Rawls 2001, S. 5 f.)

Gemeinschaft zu realisieren, unter Bedingung einer Übereinkunft und Kooperation mit ihnen.

SI wird dem Bedenken gerecht, dass es keine transzendente Normquelle für die Moral geben kann, sondern die Moralsubjekte selbst die Bedeutung und die Rolle der Moral fixieren müssen. Natürlich werden das nicht die konkreten Menschen in einer Gesellschaft im vollen Bewusstsein bewerkstelligen können. Aber für sie wird diejenige Moral gelten, die eine ideal-rekonstruierende Theorie der Moral als ihren effektiven Verhaltensmöglichkeiten weitgehend angemessen beschreibt. *SI* kommt auch der Anforderung entgegen, wonach Gerechtigkeit eine unterstützende Funktion innerhalb der Kooperation eines Kollektivs spielen sollte. Eine wie weitgehende Funktion sie, insbesondere in Form verteilender Gerechtigkeit, spielen soll, ist nur über die Interessen und (impliziten und expliziten) Verhandlungen der Mitglieder des Kollektivs präzisierbar.

Diese Bemerkungen geben nicht unbedingt ‚die' Standardmoral, sondern eine bestimmte Sicht auf diese Moral wieder, die in der Tradition von Humes Theorie der ‚künstlichen' Tugenden steht. Anders als bei Hume und Rawls, und aufnehmend eine Bemerkung von Mackie (Mackie 1980, S. 123), wird damit vorgeschlagen, auch die ‚natürlichen' Tugenden und Pflichten unter eine Kooperationsbedingung zu stellen. Deshalb ist *NI* durch *SI* zu ersetzten. Nur innerhalb sozialer Gemeinschaften und nach Maßgabe der Struktur dieser Gemeinschaften kann es moralische Pflichten geben, Einzelpflichten ebenso wie solche der Gerechtigkeit.

Diese Forderung scheint auf den ersten Blick mit dem absoluten Verständnis der Einzelpflichten (‚natürlichen' Pflichten) in unserer Alltagsmoral schwer vereinbar. Diese Pflichten gelten nach üblichem Verständnis *ohne* ‚Bedingung einer Übereinkunft'. Sie gelten insbesondere, wie häufig betont wird, gegenüber ‚allen Menschen als Menschen', ungeachtet einer Übereinkunft. Lehnt man eine transzendente oder immanente Normquelle (‚Menschsein', ‚Würde', ‚Vernunft') jedoch ab, so kann es sich nur um eine allgemeinste Übereinkunft handeln, die eingegangen zu sein der größte Teil aller Menschen durch sein konkretes Verhalten tendenziell belegt und eben dadurch zur Norm erhebt.

Im Folgenden wird es nun darum gehen, inwieweit *SI* in kollektiven Zusammenhängen des Handelns eher zu einer Kooperationsethik als zu einer Folgenethik beim Klimawandel führt.

2. Zwei Kollektivbegriffe: deskriptiv und normativ

Eine in der deskriptiven Diskussion über Kollektive bekannte Unterscheidung ist die zwischen *zufälligen* und *strukturierten* Kollektiven.[7] Zufällige Kollektive können eine Anzahl von Personen sein, die sich als pure Ansammlung *ohne* weitere Absichten wahrnimmt (Gewühl), oder als eine Menge mit *gleichen* Absichten (die Beatles sehen) oder sogar als Menge mit einer *geteilten* Absicht (eine Barrikade errichten). Die Zufälligkeit der Ansammlung einzelner nimmt in dieser Reihenfolge graduell ab. Zu unterscheiden sind zufällige Kollektive von soziologischen *Klassen* oder *Kohorten*, etwa solchen, die nach externen Kriterien im Rahmen einer Statistik gebildet werden. Steuerklassen beispielsweise sind keine Kollektive, sondern Klassen von Steuerzahlern. Für den Begriff des Kollektivs fehlt die Wissensbedingung: die Angehörigen der Steuerkohorte haben keine Kenntnis voneinander.

Strukturierte Kollektive unterscheiden sich von zufälligen durch (nicht nur gleiche oder geteilte, sondern) *gemeinsame* Absichten und darüber hinaus eine interne (deskriptiv-) normative Struktur.[8] Mit letzterer werden die Rollenverteilung innerhalb der Organisation, die Zugehörigkeit und das Ziel geregelt. Die normative Struktur kann mehr oder weniger ‚dicht' sein, so dass sich strukturierte von zufälligen Kollektiven mehr oder weniger unterscheiden und sich mehr oder weniger dem Modell eines Einzelakteurs annähern. Während strukturierte Kollektive aufgrund der internen normativen Struktur ‚handeln' können und die Verantwortung für ihr Handeln über ihre interne Struktur auf ihre Mitglieder verteilen, sind zufällige Kollektive keine Akteure. Die Zuhörer der Beatles sind eine Menge von Menschen mit vorrangig gleichen Absichten, aber kein Akteur.

Angewandt auf Kollektive im Klimawandel sind die historischen Verursacher des Klimawandels vor 1990 eine Kohorte, ab diesem Zeitpunkt aufgrund des verbreiteten Wissens über das kollektive Verursachen ein zufälliges Kollektiv.[9] Nach Beginn einer internationalen und nationalen Klimapolitik durch das Kyoto-Pro-

7 Held 1970; Kutz 2000, S. 5–6, passim. ‚Deskriptiv' soll dabei die Bezugnahme auf Kollektive, wie sie tatsächlich sind, ausdrücken. Empirische Analysen unterstellen und belegen diese Begriffe.

8 Gemeinsame Absichten werden durch wechselseitige Kenntnisnahmen festgelegt. s. Tuomela 2013.

9 1990 erschien der erste IPCC Bericht über die anthropogenen Ursachen des Klimawandels, so dass sich, wenn auch nicht zwingend, frühestens ab diesem Zeitpunkt von einem zunehmenden Konsens in der Wissenschaft sprechen lässt. Verfestigt hat sich dieser Konsens in den Bevölkerungen erst nach der Jahrtausendwende.

tokoll von 1997 ist es möglich, von Ansätzen eines strukturierten Kollektivs zu reden. Allerdings war und ist dieses Kollektiv auf etwa ein Drittel der relevanten Staaten begrenzt, die heute wichtigsten Emitter USA, Indien und China, sind in ihm keine aktiven Mitglieder. Zudem, ganz ungeachtet der aktuellen Aussichten für internationale Politik, bedeutet Kyoto eine Organisation unter *Staaten* und damit bestenfalls indirekt ein Kollektiv von Individuen. Kurzum, aufgrund einer wenig repräsentativen Klimapolitik im internationalen Maßstab sind Menschen weltweit nach wie vor eher eine Ansammlung, eher ein zufälliges als ein strukturiertes Kollektiv.

Konsequentialismus und Vertragstheorie sind keine deskriptiven, sondern *normative* Theorien. Sicher, ohne zu unterstellen, dass es kollektives Verursachen von Schaden und mindestens die *Möglichkeit* eines Kooperierens *gibt*, würde die normative Sicht auf Schaden und Kooperation wenig Sinn machen. Die realen kollektiven Weisen des Verursachens und Kooperierens *zwingen* jedoch nicht dazu, die eine oder andere *normative* Perspektive einzunehmen. Verschiedene Moraltheorien gewichten die sozialen Beziehungen unterschiedlich. Der Konsequentialismus heftet den Blick einzig auf die *Folgen* individuellen und kollektiven Handelns, und leitet daraus ein normatives Urteil ab. Der Kontraktualismus hingegen setzt zwar voraus, dass aufgrund wünschenswerter Folgen Handlungsbedarf besteht, aber fokussiert statt auf die Folgen auf die *Motive und Handlungsbereitschaften* innerhalb eines Kollektivs. Während im einen Fall das Ausmaß des Schadens und der Verursachensbeziehung das moralische Urteil determiniert, spielen im anderen Fall die auf ein gemeinsames Ziel gerichteten Handlungsinteressen die entscheidende Rolle.

Ohne nähere Kenntnis dieser beiden Theorien wird man sich vermutlich an der offensichtlichen Einseitigkeit beider stoßen. Man bedenke aber, dass sich die Möglichkeiten der Kooperation im Konsequentialismus durchaus einbeziehen lassen, eben in Form der Folgen einer Kooperation, wird sie als real möglich unterstellt.[10] Der Konsequentialismus ist deshalb den sozialen Umständen gegenüber, auf die sich die Kontraktualisten beziehen, nicht völlig blind; er ordnet sie nur anders ein. Im Gegenzug sind sich die Kontraktualisten der Folgen ebenso bewusst, sie sehen die Folgen allerdings nicht als eine normativ signifikante Gesamtmenge von werthaften Vor- oder Nachteilen, sondern als ein in den individuellen Interessen aller Beteiligten eines Kollektivs bereits berücksichtigtes Faktum. Indem man von ‚Interessen' spricht, hat man implizit bereits mögliche positive oder negative Folgen angesprochen und berücksichtigt. Damit wird klar, dass die Konkurrenz zwischen den beiden normativen Theorien nicht empirisch

10 Regan 1980; Myers 2011.

entschieden werden kann, sondern dass dabei zwei Ideale moralischen Handelns anhand ihrer internen Voraussetzungen und moralischen Folgen beurteilt werden müssen.[11]

Da es sich um die beiden wichtigsten nicht-metaphysischen normativen Theorien der Standardmoral handelt, ist es unmöglich, ihre Konkurrenz im Zusammenhang unseres Themas zu einem Ende zu führen. Worauf es hier ankommt, ist vor allem, die ganz unterschiedliche Problemlage des jeweiligen Versuchs offen zu legen, das Verhalten gegenüber dem Klimawandel moralisch zu bewerten.

3 Warum ein Klima-Konsequentialismus unbrauchbar ist

Ich habe eingangs die Verbindung von Nichtschadensprinzip und individueller Verantwortung hervorgehoben. In Form des ‚polluter-pays'-Prinzips bestimmt diese Kombination ebenfalls große Teile der alltäglichen und akademischen Umweltethik. Dass es sich dabei um eine nur sehr grob erfasste Allianz handelt, wird deutlich, wenn man relevante Randbedingungen für das Zuschreiben von Verantwortung ins Spiel bringt. Zu bedenken ist nämlich, dass dieser Allianz von Begriffen zunächst eine rein empirisch-kausale Sachlage zugrunde liegt: *jemand* hat einen *Schaden* verursacht (oder wird ihn verursachen). Um ein moralisches Urteil zu fällen, ist das allein nicht hinreichend. Geklärt werden muss zusätzlich: Wusste er oder konnte er es wissen, dass er diesen Schaden verursacht (i)? Selbst wenn er es wusste, hätte er anders handeln können (ii)? Hätten die alternativen Handlungen möglicherweise größeren Schaden verursacht bzw. überwiegt vielleicht der Vorteil den Schaden (iii)? Ist der Schaden aufgrund seiner Marginalität nicht moralisch unerheblich (iv)? Ist der Schaden einer, der dem Akteur kausal zugeschrieben werden kann (v)? Ist es einer, der nur über einen Kollektivschaden beurteilt werden kann (vi)?

Während die ersten dieser Fragen (i–iii) in unserem Zusammenhang wieder besonders auf die Situation des historischen Verursachens des Klimawandels verweisen, beziehen sich die letzteren (iv–vi) auf *individuelles* Handeln im Kontext des *kollektiven* (aggregierten) Verursachens des Klimawandels. Sicher spielt auch

---

11 Der Konsequentialismus ist bekannt für seine Schwierigkeit, ‚moralische Autonomie', also den normativen Vorrang des Handelns einzelner zu begründen. Dabei gerät er insbesondere in Konflikt mit den Rechten einzelner. Inwieweit sich konsequentialistisch für oder gegen *NI* bzw. *SI* argumentieren ließe, ist deshalb eine interessante Frage, die hier allerdings offen bleiben muss.

die zeitlich in die Zukunft verschobene sowie räumlich verlagerte Eigenart des Schadens eine Rolle. Diese Aspekte wurden in der Literatur bereits ausführlich diskutiert und sollen hier ausgeklammert werden.[12] Hier soll einzig das Verhältnis individuellen und kollektiven Handelns im Mittelpunkt stehen. Dabei ergibt sich für den Konsequentialismus ein Problem, das sich eben daraus speist, dass das effektive Verursachen eines Schadens in Verbindung mit dem Unwert des Schadens den *einzigen* Maßstab für das moralische Urteil abgeben soll.

> (Kq) Eine Handlung H (eine Menge von Handlungen Hi) ist *moralisch* danach zu bewerten, welchen Nutzen und/oder Schaden H (Hi) für *andere* zur Folge hat.

Anders als beim Einleiten von Gift in das Trinkwasser einer Gemeinde durch ein Individuum, ist nicht klar, zu welchem Ergebnis *Kq* beim individuellen Anteil am Klimawandel als einem (aggregat-) kollektiven Geschehen führt. Zwei gegensätzliche Positionen, die eingenommen wurden, sind die folgenden. Sinnott-Armstrong (2005) hat die Position vertreten, dass die ‚Luxusemissionen' – also solche, die am schnellsten in der Kritik stehen – einzelner keinen Einfluss auf den Klimawandel haben. Dasselbe gelte sogar noch dann, wenn jemand durch sein Verhalten alle seine Bekannten zum erhöhten Emittieren anstifte. Obwohl von Sinnott-Armstrong nicht erwähnt, lässt sich sein Votum auch auf die Schäden aus den individuellen Emissionen über eine ganze Lebensspanne ausdehnen.[13]

Nolt (2011) hingegen versucht die Schadensfolgen des typischen individuellen US-amerikanischen Lebensstils über ein ganzes Jahrtausend zu bilanzieren, und aus dem Gesamtschaden die für eine individuelle Lebensspanne geltende moralische Verantwortung einzelner zu destillieren. Das Ergebnis dieser Berechnung ist, dass jeder heutige Amerikaner die Verantwortung für einen bis zwei Tote in der Zukunft tragen müsse. Broome (2012, S. 75) folgert ähnlich aus dem Stern-Bericht, dass heutige Emitter individuell täglich zwischen 65 Cent und 2 Dollar Schaden verursachen, bzw. aus WHO-Schätzungen, dass unsere je lebenslangen Emissionen in der Zukunft sechs Monate Lebenszeit vernichten werden.

---

12 In seiner ‚stärksten', weil einfachen Form hat der Konsequentialismus aufgrund einer zeitlich und räumlich neutralen Wertannahme eine klare Antwort auf beide Probleme. Allerdings hat er mit dem Nichtidentitäts-Problem zu kämpfen. – ‚Konsequentialismus' wird hier in Anschluss an Autoren wie Scheffler und Kagan als bedeutungsgleich mit ‚Utilitarismus' verstanden, also unter Einschluss des Maximierungsprinzips.

13 Neben dem konsequentialistischen Argumnet erörtert Sinnott-Armstrong 2005 mit negativem Ergebnis ebenfalls die meisten anderen gängigen ethischen Argumente zum Begrenzen individueller Emissionen. Ähnlich: Sandberg 2011.

Es ist hier unmöglich, alle Probleme zu diskutieren, die dieser Konflikt aufwirft.[14] Ich werde mich darauf beschränken, die wichtigsten anzusprechen und die Diskussionslage in etwa zu charakterisieren. Hilfreich scheint, die Probleme nach zwei Schwerpunkten zu sortieren: auf der einen Seite den Schwierigkeiten, die bei unmittelbarem Anwenden von *Kq* auf das individuelle Verhalten entstehen (iv, v), auf der anderen Seite den Schwierigkeiten, die sich durch die Einbettung des individuellen Handelns in ein kollektives Gesamtgeschehen (vi) ergeben. Am Ende scheint mir dieser zweite Punkt – gerade beim Klimawandel – zugunsten der Kooperationsperspektive zu sprechen. *Kq* damit generell zu widerlegen, ist nicht meine Absicht.

Präzisierungsbedürftig ist, um damit zu beginnen, dass mein Verhalten ‚keinen Einfluss auf den Klimawandel hat' (Sinnott-Armstrong). Das kann mindestens dreierlei heißen. Erstens, dass es keinen *wahrnehmbaren* Einfluss hat, zweitens, dass es einen *moralisch irrelevanten* Einfluss hat, und drittens, dass es keinen *kausalen* Einfluss hat. Wenn (im dritten Fall) Kausalität wegfiele, lösten sich auch Wahrnehmbarkeit und moralische Relevanz auf. Mit Sinnott-Armstrong können wir aber ersteres verwerfen und uns auf die beiden weiteren Möglichkeiten konzentrieren. Er selbst tendiert zur dritten.[15]

Warum ist der Unterschied zwischen moralischer Irrelevanz (v) und fehlender Kausalität (vi) wichtig? Zunächst deshalb, weil die Annahme nicht bestehender Kausalität ungewöhnlich schwierige, und damit riskante, Fragen des Erkennens und der Beschaffenheit kausaler Beziehungen umfasst. Diese Fragen ließen sich umgehen, wenn Kausalität zugestanden werden kann, das Handeln aber dennoch moralisch irrelevant bleibt. Eine solche Möglichkeit eröffnet sich bei *Kq* deshalb, weil nach diesem Prinzip ein Handeln nicht einfach moralisch gut oder schlecht, sondern qualitativ *mehr oder weniger* gut/schlecht ist, entsprechend den mehr oder weniger guten/schädlichen Folgen. Sind die Folgen, wie wohl beim individuellen Emittieren, marginal schädlich, dann ist auch das Emittieren marginal moralisch schlecht. Stehen den marginalen negativen Folgen außer-

14 S. zu deren Vielfalt auch Hiller et al (Hrsg.) 2014.

15 „... the point is not that the harm I cause is imperceptible. I admit that some harms can be imperceptible because they are too small or for other reasons. Instead, the point is simply that my individual joyride does not cause global warming, climate change, or any of their resulting harms, at least directly." (Sinnott-Armstrong 2005, S. 299) „This [pouring cyanide into a river] is very different from the causal chain in global warming in the direct way that particular molecules of the poison do cause the drinker's death. Global warming is more like a river that is going to flood downstream because of torrential rains. I pour a quart of water into the river upstream (maybe just because I do not want to carry it). My act of pouring the quart into the river is not a cause of global warming." (2005, S. 298 f.)

dem positive gegenüber (z. B. Freude der Besucher von Autorennen), dann ist das Ergebnis sogar moralisch geboten.

Problematisch ist eine solche Argumentation allerdings gerade dadurch, dass die Einbettung des individuellen Handelns in ein kollektives ausgeblendet bleibt.[16] Die anthropogene Ursache des Klimawandels unterstellt, ist der Klimawandel nicht nur durch kollektives Emittieren hervorgebracht, sondern durch reduziertes Emittieren auch beeinflussbar. Ein kollektives Reduzieren unterstellt, dass viele marginale Emissionen zu unterlassen, aggregiert eine Wirkung zeigt. *Wenn* kollektiv reduziert wird, verhält sich der einzelne im Unterlassensfall *unfair*, ungeachtet der Marginalität seines Beitrags an Emissionen. Angesichts dieses Einwands bleiben dem Vertreter von *Kq* drei Reaktionen: entweder, dass Fairness von *Kq* nicht gefordert ist, zweitens, dass keine kollektive Bereitschaft zum Reduzieren besteht, drittens, dass individuelles Emittieren nicht nur marginal sei, sondern überhaupt keine Wirkung habe. Fällt die erste Antwort als unplausibel weg und besteht eine kollektive Bereitschaft, wird die dritte Antwort wichtig.[17]

Hat eine Handlung von uns *keinerlei* Wirkung bezüglich anderer, bleibt sie moralisch gesehen neutral. Dafür ist nicht unbedingt *Kq* zu unterstellen, sondern eine nicht-transzendente Definition der Moral, wonach die Interessen anderer *Thema* der Moral sind. Haben unsere individuellen Emissionen *keinerlei* Wirkung auf andere, so können sie auch nicht moralisch falsch sein. Die Prämisse in dieser Folgerung lässt sich auf zwei Weisen behaupten. Indem man die Wirkungslosigkeit unserer Handlungsmöglichkeiten unter konkreten Bedingungen diagnostiziert; oder indem man individuelle Kausalität bei einem globalen Prozess wie dem Klimawandel generell bestreitet. In die zweite Richtung gehen die knappen Bemerkungen von Sinnott-Armstrong, aber auch eine ausführlichere Kausalitätsdebatte zu kollektivem Handeln. Ich kann auf die prinzipielle Kausalitätsfrage hier nicht eingehen, sondern beschränke mich auf die konkrete.[18] Für sie unterstelle ich, dass für ein moralisches Urteil an Kausalität *festgehalten* werden muss.

Kq verleitet nicht nur dazu, etwa das Fairnessprinzip zu vernachlässigen, sondern auch dazu, die real relevante Rolle von anderen Mitakteuren zu über-

---

16 Wie wir gleich sehen werden, führt uns das aber nicht zwingend zur Rechenmethode von Nolt-Broome.

17 Wie in Abschnitt 5 gezeigt wird, ist allerdings jede moralische Reaktion gegenüber dem Klimawandel mit dem Umstand konfrontiert, dass tatsächlich aktuell *keine* kollektive Bereitschaft zum Reduzieren besteht – ‚kollektiv' in einem wirksamen Sinn.

18 Zur Debatte über Kausalität bei kollektivem Handeln s. Kutz 2000, Kapitel 5 (Problem der Überdetermination) sowie Moore 2009 (Aufgabe von Kausalität als Voraussetzung) und Petersson 2013 (Verteidigung von Kausalität). Zur Rolle von Kausalität bei öffentlichen Gütern allgemein s. Leist 2014, Abschnitt 2.

sehen. Im Fall des Klimawandels betrifft das weniger die bisherigen Ursachen, als die aktuellen und künftigen Möglichkeiten, durch Reduzieren die erwünschte Wirkung zu erreichen. Broome (2012, S. 81–84) spricht diesen Punkt beispielhaft an, wenn er auf den Umstand verweist, dass das aktuelle Zertifikats- und ‚cap-and-trade' System der EU den europäischen Bürgern die Möglichkeit einer Wirkung ihres Handelns versagt: denn ihr verringertes Emittieren wird an anderer Stelle nachgeholt. Darüber hinaus legt der später diskutierte Einwand des ‚grünen Paradoxes' nahe, dass mangels Kontrolle über die Anbieterseite von Kohlenstoffen ein individuelles Reduzieren auch ungeachtet der EU Politik wirkungslos, wenn nicht schädlich ist. Konkret sind wir also weitgehend unfähig, den Klimaprozess individuell zu beeinflussen.

Soweit die Schwierigkeiten, konsequentialistisch im Fall einzelnen Klimahandelns zu urteilen. Wie steht es, zweiter Schwerpunkt, mit einer kollektiv erweiterten Anwendung von *Kq* (vi)? Nolt und Broome ermitteln die individuelle Schadenszuschreibung aus dem vermuteten *Gesamtschaden*, indem sie einen individuellen Schadensanteil herausrechnen. Ein solcher Versuch muss zwei Annahmen unterstellen, die hier nicht verfolgt werden sollen, aber doch der Rechtfertigung bedürften. Erstens wiederum die Annahme individueller Kausalität. Ohne sie hätte ich keinen Anteil an dem vermuteten Gesamtschaden. Zweitens die moralische Prämisse, dass der Gesamtschaden eines zufälligen Kollektivs auf die Einzelindividuen rückübertragen werden kann. Während das bei einem strukturierten Kollektiv (einem Team, einem Verein, einer Firma etc.) einleuchtet, ist es bei Ansammlungen alles andere als klar. Die entsprechenden Einwände sind in der Diskussion über historische Emissionen auch geläufig.[19] Da Ansammlungen nichts anderes als viele Individuen sind, gilt nur individuelle Verantwortung und nicht deren pauschale Kollektivierung.

Zufällige Kollektive sind freilich der dem Konsequentialismus *entsprechende* Begriff von Kollektiven. Gerade weil er – jedenfalls handlungs- und regelkonsequentialistisch – keine interne Struktur von Kollektiven vorsieht, ist er gezwungen, zu unangemessenen Vereinfachungen zu greifen. Anders als bei den traditionellen Formen des Nichtschadens – Unterlassen zu verletzen, stehlen, lügen, töten – ist das Unterlassen zu emittieren durchaus anspruchsvoll und greift massiv in unseren Wohlstand ein. Auch ist es nicht möglich, wiederum im Unterschied zum üblichen Unterlassen zu schaden, *nicht* zu emittieren. Der

19 Unwissen Früherer über die Folgen; sehr ungleiche Verteilung; Frage der Begrenzung des Kollektivs, Übernahme der Verantwortung für andere, usw. Broome etwa setzt den Gesamtschaden anhand des Stern-Reports an: aber die gegenwärtigen Emitter sind nicht die Verursacher des Gesamtschadens!

elementarste menschliche Stoffwechsel, Atmung, Ernährung, Kleidung, Arbeit, geht unweigerlich mit Emissionen einher.[20] Um das rechte Maß für eine gebotene Reduktion zu finden, ist es deshalb nicht ausreichend, „not [to] live wastefully" (Broome 2012, S. 80), sondern ist es nötig, eine soziale Übereinkunft über das Maß zu gewinnen.

Damit wird neben den (vielleicht behebbaren) Schwierigkeiten, mittels *Kq* das individuelle Klimaverhalten zu beurteilen, ein zweites, durch den einseitigen Kollektivbegriff verschuldetes Defizit sichtbar. Auf der Basis von kollektivem Schaden allein ist nicht zu ermitteln, was jeder einzelne von uns tun sollte. Unser Einzelhandeln steht unter dem (vielleicht selbstverständlichen) Vorbehalt, dass hinreichend andere analog handeln, damit eine kollektive Wirkung entsteht. Aber darüber hinaus ist, mangels Herleitbarkeit aus dem kollektiven Schaden, eine Übereinkunft über die Reduktionsziele nötig. Offenkundig muss sich diese Übereinkunft auch darauf erstrecken, die Lasten gerecht zu verteilen. Damit ist nötig, nicht allein mit den Folgen, sondern mittels Bereitschaften und Interessen zu bestimmen, welche Lasten von einzelnen zu tragen gerecht wäre.

4 Die Kooperationsperspektive beim Klima

4.1 Kooperation und Gerechtigkeit

Ebenso wie ‚Schaden' ist ‚Kooperation' selbst kein klar moralischer oder auch nur normativer Begriff. Deshalb ist die Kooperationsperspektive als solche noch keine ethische. Ähnlich allerdings, wie das Schaden mittels Werturteilen und einem Prinzip wie *Kq* zum Konsequentialismus verschmolzen werden kann, ist es möglich, Kooperation und Gerechtigkeit zu verbinden, genauer, Kooperation als Grundlage für Gerechtigkeit anzusehen. Gerechtigkeit wird dann nicht einfach auf Kooperationen angewandt, sondern ‚erwächst' auf der Grundlage von Kooperation.

Weil es zweierlei ist, ‚Kooperation' empirisch und gerechtigkeitskonstitutiv zu verstehen, sind auch zweierlei Gründe für die Kooperationsperspektive zu unterscheiden. Die *empirischen* Gründe könnten (und sollten) Ethiker aller Art

---

20 Das geht im Eifer der moralischen Rhetorik manchmal verloren. „Your carbon footprint ought to be zero, unless you make restitution." (Broome 2012, S. 79) Kurioserweise ist Broome zugleich der Meinung (S. 80), dass Entschädigung (restitution) des offenen Betrags wegen nicht möglich sei, der kompensiert werden müsste. Andererseits scheint er aber das Schädigen durch Emissionen durchaus beurteilen zu können.

beachten, während sich bei den *normativen* die unter Ethikern typischen theoretischen Konflikte ergeben. Deshalb zunächst zu den empirischen Gründen. Warum sollte man, empirisch gesehen, Kooperation oder Nichtkooperation beim Klimawandel beachten?

Zwei Gründe liegen nahe beieinander, ohne identisch zu sein. Erstens, der Klimawandel verbraucht ein globales öffentliches Gut, und im individuellen Handeln gegenüber diesem Gut herrschen Verhaltensgesetze, die zu kennen nötig ist, um das *je individuelle* Handeln zu beurteilen. Im Sinn von *SI* ist das der empirische *Abhängigkeitsgrund* für moralisches Handeln. Zweitens, aufgrund der Folgen und Abhängigkeiten des Handelns von Individuen untereinander bei einem öffentlichen Gut, kann nur Kooperation den Verbrauch des Guts begrenzen. Dieser *Erfolgsgrund* setzt den Abhängigkeitsgrund voraus, ist mit ihm aber nicht identisch. Es ist durchaus möglich, dass sich Kooperation nicht als real möglich erweist – die Folgen und Abhängigkeiten aber dennoch – vor allem negativ – weiter bestehen. Das ist beim Klima gegenwärtig der Fall.

Während die Standardmoral individuelles Handeln in der Regel bei Fällen beurteilt, in denen wir anderen unmittelbar Schaden zufügen, hat der einzelne Akteur bei einem globalen öffentlichen Gut nicht die alleinige Kontrolle darüber, ob und welchen Schaden sein Handeln verursacht.[21] Etwas allgemeiner ausgedrückt hängt die Wirkung des Einzelhandelns davon ab, ob sich die restlichen Nutzer eines öffentlichen Guts kooperativ oder nicht-kooperativ verhalten. Handeln sie nicht-kooperativ, so regt ein verringertes Nutzen seitens Akteur A die Restnutzer dazu an, seinen Nutzen und damit potentiellen Schaden gegenüber dem öffentlichen Gut zu übernehmen. Handeln sie kooperativ, bleiben diese Folgen aus. Die restlichen Nutzer gegenüber einem öffentlichen Gut bestimmen deshalb ebenso wie der einzelne Akteur – und aufgrund ihrer höheren Zahl ungleich stärker –, welche Folgen sein Verhalten hat. Darin unterscheidet sich eine solche öffentliche-Guts-Situation wesentlich vom Standardfall, auf den die Alltagsmoral individueller Gebote üblicherweise zielt.[22]

Dass sich die Alltagsmoral aufgrund ihrer Herkunft aus Großfamilien nicht für solche Situationen entwickelt hat, lässt sich spekulativ auch ihrem üblichen deontologischen Verständnis entnehmen. Unter ‚deontologischer' Moral kann Verschiedenes verstanden werden; minimal aber entsteht ein Gegensatz zum

21 Derselbe Mechanismus gilt auch bereits beim historischen Modellfall eines öffentlichen Guts, der mittelalterlichen Allmende. Und natürlich gilt die Abhängigkeit auch in anderen Bereichen sozialen Handelns, wie vorrangig auf dem Markt. Der Erfolg meiner Handlungen hängt stark von den Handlungen anderer ab, sowohl von Anbietern wie von Käufern.

22 S. auch die ausführlichere Darstellung der Tragödie der Allmende bei Johnson 2003 und 2011.

konsequentialistischen Prinzip *Kq*, dem zufolge die positiven oder negativen *Folgen* die moralische Qualität determinieren. Deontologisch verstandene Gebote *entkoppeln* diesen unmittelbaren Zusammenhang, ohne auf die Annahme guter Folgen im Gebots-, und schlechter Folgen im Verbotsfall völlig zu verzichten. Deontologische Gebote sollten besser nicht, wie in Kants berühmtem Mörderbeispiel, unter *völligem* Absehen der Folgen definiert werden. Das heißt aber, dass ein in seinen Folgen entweder wirkungsloses oder sogar schädliches Handeln auch deontologisch gesehen nicht geboten sein kann. Und damit ist der Abhängigkeitsgrund: die Folgen eigener Handlungen beeinflusst durch die Handlungen anderer, auch in einer deontologischen Moral und Ethik relevant.

Soweit waren das Bemerkungen zur Bedeutung von Kooperation im *empirischen* Sinn des Begriffs. Sie legen immerhin offen, dass es auch in ethischer Sicht ein Fehler wäre, sich im Fall öffentlicher Gutskontexte nur auf die guten Absichten der Akteure zu beziehen. Wer die Folgen seines Handelns nicht überblickt, handelt zwar wohlmeinend, aber insgesamt moralisch falsch (unüberlegt, leichtsinnig, etc.). Um nun darüber hinaus sichtbar werden zu lassen, dass Kooperation zugunsten von Gerechtigkeit mehr als ein empirischer Begriff sein muss, will ich die Mängel eines üblichen Modells der Gerechtigkeit aufzeigen. Dieses Modell ist das bekannte Modell der ‚Kuchenteilung'.

Ein beliebter Vorschlag im Rahmen der Klimaethik sagt, dass die Lasten einer Emissionsreduktion nach Maßgabe einer Obergrenze unter allen Individuen weltweit gerecht verteilt werden sollten. Übliche Gerechtigkeitskriterien sind die wirtschaftlichen Fähigkeiten und historische Emissionen (etwa in Form heutiger Vorteile aus solchen Emissionen).[23] Zentral ist darunter die Vorstellung, dass alle lebenden Individuen *gleiche Rechte* an einem herrenlosen Gut haben und dieses Gut deshalb gleich verteilt werden sollte. Dieses Kuchenteilungsmodell der Gerechtigkeit leuchtet offensichtlich vielen Ethikern so sehr ein, dass sie es nicht für begründungsbedürftig halten.

Zu bedenken ist aber, dass sich, wie wir gesehen haben, mit dem Schadensprinzip allein Gerechtigkeit nicht herstellen lässt. Außerdem ist die Annahme eines Naturrechts auf gleichen Besitz der Atmosphäre entweder problematisch ad hoc oder problematisch metaphysisch. Rechte können sich nur Mitglieder von Gesellschaften wechselseitig zuteilen, wofür sie im realistischen Verständnis *auch* Gründe haben werden, die sich aus den Vorteilen dieses Zuteilens ergeben. Mit diesem Verständnis von Rechten ist die Kooperationsgerechtigkeit bereits angebahnt. Ohne eine Kooperation zum Mildern des Klimawandels lassen sich dessen Folgen nicht abwenden. Wenn nun einmal eine Kooperation nötig ist,

---

23 S. etwa Meyer 2012; Baatz 2014.

wäre es aber ungerecht, bei ihr nur von Bedürfnissen und *nicht auch von Beiträgen* zu reden. Ohne Beiträge und die Anerkennung dieser Beiträge, wird eine Kooperation nicht zustande kommen.

Damit ergibt sich als Gegenprinzip zum Konsequentialismus:

> (Kp) Das moralische Urteil über die Beteiligung einzelner an einem öffentlichen Gut in einer Kooperationsgemeinschaft ergibt sich *erstens* daraus, ob sich hinreichend andere zum Erhalt des Guts bereitfinden (Effektivität), und bemisst sich *zweitens* daran, welches Verhältnis von Nutzen und Lasten die Mehrheit angemessen findet (Gradualität).

Bei einem öffentlichen Gut wie dem Klima, das in seinen Folgen Einbußen an Besitz, Gesundheit und Leben nach sich ziehen wird, kann anstößig wirken, dass die Klimapflichten als *graduelle* bestimmt werden sollen. Die Alltagsmoral postuliert die moralischen Pflichten als kategorische, und dabei insbesondere die Nichtschadenspflicht. Besteht also ein Widerspruch zwischen dieser Pflicht und *Kp*?

Das ist deshalb nicht der Fall, weil die Nichtschadenspflicht nur bei *direkten* Handlungsabsichten gilt, der Absicht, jemandem bewusst zu schaden. Bei vielen Praktiken in einer kooperativen Gesellschaft entsteht unausweichlich *indirekt* Schaden an Leib und Leben, als Nebenfolge nützlicher technologischer Praktiken. Das trifft beispielsweise auf die Praxis des Autoverkehrs zu. Der kollektive Autoverkehr zieht unausweichlich Tote nach sich, darunter auch den Tod von solchen, die freiwillig auf einen Besitz des Autos verzichten und sich deshalb nicht bewusst unter das Risiko des Autofahrens begeben. Dennoch ist diese Nebenfolge kein Grund, auf die indirekten Vorteile für alle des Autoverkehrs zu verzichten. Die Rechtfertigung auch den am Autoverkehr Nichtbeteiligten gegenüber besteht eben darin, dass auch für sie die Vorteile dieser Praxis das Risiko überwiegen. Das aber sind graduelle Anteile von Nutzen und Lasten.

Dieser Vergleich mit den Vor- und Nachteilen des Autoverkehrs dürfte bei vielen in der gegenwärtigen Klimadiskussion spontan auf Widerspruch stoßen. Macht es nicht einen Unterschied, dass das Todesrisiko beim Autofahren unter weitgehend Gleichen sehr gering ist, die zukünftigen Toten durch heutige Emissionen im ungleichen Nord-/Süd-Gefälle sehr viele sein werden? Wieweit relevante Unterschiede in diesem Vergleich bestehen, lässt sich aber diskutieren. Auch die ‚nördlichen' Nichtbesitzer von Autos sind nicht selten solche mit geringem Einkommen, und auch sie können den Risiken des Verkehrs nicht völlig entgehen. Wie sie haben auch die Bewohner südlicher Länder vom Klimawandel nicht nur Nachteile – die technischen und ökonomischen Vorteile der nördlichen Emissionen gelangen teilweise auch zu ihnen. Und überdies ist ja offen, welches Verhältnis von Vor- und Nachteilen gerecht ist. *Kp* führt nicht zwingend zu dem Ergebnis, dass die südlichen Länder mehr Tote hinzunehmen haben als die nördlichen.

Wenn wir annehmen, dass nach wie vor Steuerungsmöglichkeit besteht, hängt vom Verhältnis von Beitrag und Schaden innerhalb der Kooperation ab, wie die Opfer zu verteilen sein werden.

4.2 Kooperation und Klima

Kp umfasst für das Urteil gegenüber dem individuellen Handeln zwei Bedingungen, diejenige der *Effektivität* und die der *Gradualität*. Eine Diskussion der ersten Bedingung sei auf den nächsten Abschnitt verschoben. Inwieweit führt Gradualität zu Gerechtigkeit?

Die einfachste Anwendung der Gradualitätsbedingung lautet so:

> (G1) Mitglieder Ni nutzen das öffentliche Gut G und haben, aufgrund und zugunsten weiterer Kooperation, deshalb die Pflicht, zum Erhalt von G beizutragen. Es ist *rational* angemessen, dass sie im Verhältnis doppelter Gleichheit beitragen: gleich in Bezug auf ihren jeweiligen Nutzen und gleich in Bezug auf die Lasten.

G1 umfasst einen Aspekt moralischer Gleichheit und einen der Rationalität in der Nutzen/Lasten Bilanz. Von niemandem ist gefordert, dass er höhere Lasten zum Erhalt des Guts beiträgt als er von ihm Nutzen hat. *G1* bedeutet nicht, dass alle Mitglieder gleiche Lasten tragen. Vielmehr sollen Nutzen und Lasten proportional sein: wer vom Gut höheren Nutzen (Emissionen) hat, sollte auch höhere Lasten (Mitigation, Adaptation) zu seinem Erhalt tragen.[24]

Man kann *G1* vor allem in zweierlei Hinsicht ungerecht empfinden. Erstens wird es eine Zahl von Mitgliedern geben, die das öffentliche Gut gerne stärker nutzen würden, aufgrund ihrer unverschuldeten Lage aber dazu nicht fähig sind. Dass sie entsprechend weniger Lasten tragen, hebt diese Einschränkung nicht unbedingt auf. Zweitens wird es eine Zahl von Mitgliedern geben, die fähiger sind als andere, Lasten zum Erhalt des Guts zu tragen, also unproportional zum Gut beizutragen. Die Proportionalitätsforderung rechnet mit gleich Fähigen, in der realen Gesellschaft sind nicht alle gleich fähig.

Beide Einwände sind bedenkenswert. Allerdings zielt der erste, Chancengleichheit fordernde Einwand auf die Hintergrundbedingungen des Nutzens eines öffentlichen Guts, und nicht im engeren Sinn auf dessen Lasten. Mit *G1* soll

---

24 *G1* entspricht einer verbreiteten Verhaltenseinstellung, die von Ökonomen auch als ‚starke Reziprozität' genannt wird: Fehr/Fischbacher 2003. Ihrer Offenheit gegenüber divergenten Tendenzen steht sie zwischen Selbstinteresse und Moral.

nicht soziale Gerechtigkeit im Allgemeinen gefordert werden, sondern nur der gerechte Umgang mit öffentlichen Gütern. Hingegen sollte man das reziproke Verhältnis von Lasten und Nutzen durch ein moralisches ersetzen.

> (G2) Mitglieder Ni nutzen das öffentliche Gut G und haben, aufgrund und zugunsten weiterer Kooperation, deshalb die Pflicht, zum Erhalt von G beizutragen. *Gerechtigkeit* fordert, dass sie im Verhältnis ihres jeweiligen Nutzens und nach Maßgabe ihrer Fähigkeiten zum Gut beitragen.

Ich denke, dass *G2* ein hoch plausibles Prinzip ist, von dem allerdings unklar ist, wie es auf die Klimathematik angewandt werden sollte. Übersetzt in Steuerlasten würde *G2* fordern, dass das Fahren eines Autos nicht nur nach voraussichtlicher Emissionsmenge besteuert wird, sondern auch nach dem Einkommen des Autobesitzers. Oder dass ein Autobesitzer mit hohem Einkommen trotz eines Autos mit niedrigerer Emissionsmenge möglicherweise eine höhere Steuer zahlen muss als ein Besitzer mit niedrigem Einkommen, aber höher emittierendem Auto. Allerdings sind zwei weiter nötige Randbedingungen für einen gerechten Austausch nicht erfüllt.

Erstens müssten die Träger der Lasten in Form der Steuer identisch sein mit denjenigen, die unter den Emissionen Nachteile haben. Das ist, wie wir wissen, nicht der Fall. Die Vorteile (Autofahren) und Nachteile (Steuer) sind von nationaler Art, die Folgen der Emissionen sind globale. Heutige europäische Autofahrer werden in ihrem durchschnittlichen Leben kaum Einbußen durch ihre heutigen Emissionen erfahren. Zweitens müssten die Lasten zum Erhalt des Guts beitragen, und auch das ist nicht klar der Fall. Dazu müssten die Steuern dazu führen, die Menge der Emissionen effektiv zu verringern, sowie dazu verwendet werden, Adaptationsleistungen in südlichen Ländern zu finanzieren. Zwar ist im Prinzip denkbar, Emissionssteuern so hoch anzusetzen, dass sie die Emissionen effektiv verringern. Aber damit allein ist kein gerechter Austausch erzielt, weil dann nach wie vor Lasten aus den verbleibenden Emissionen externalisiert werden. Ohne eine *Umverteilung* im internationalen Maßstab kann ein gerechtes Verhältnis von Vor- und Nachteilen nicht erzielt werden.

Das prinzipielle Problem bei einer Anwendung von *Kp* auf die Lasten des Klimawandels ergibt sich aus der *Deckungsungleichheit* von Kooperationsgemeinschaften und der Nutzen/Lasten-Verteilung. Die Lasten werden nicht vorwiegend innerhalb der Gesellschaften anfallen, die hohen Anteil am Nutzen von Technologien mit Emissionen haben, und die Gesellschaften mit hohen Lasten haben keinen entsprechenden Nutzen. Diese Ungleichheit ist nicht unüberwindbar, aber sie setzt eine Kooperation mit diesem Ziel voraus. Die Kooperationsgemeinschaft der Klimapolitik kann nur diejenigen umfassen, die sich an ihr beteiligen. Wenn sich etwa Staaten an ihr beteiligen, die für die Hälfte der weltweiten Emissionen verantwortlich sind, scheint die Möglichkeit einer gemeinsamen Politik noch nicht ausgeschlossen. Diese Staaten übernehmen dann die Aufgabe, Lasten und Nutzen der Emissionen unter sich gerecht zu verteilen. Ohne diese Kooperation ist von Gerechtigkeit aber nicht zu sprechen – und das auch nicht in einem idealen Sinn.[25]

4.3 Individuelle Klimapflichten?

Fragen wir jetzt, welche Pflichten wir individuell in Bezug auf das Klima haben, dann ergibt sich aus dem Kooperationsprinzip *Kp* in Verbindung mit *G2* unmittelbar eine Antwort. Alle Emittierenden haben die Pflicht, sich an Reduktionen zu beteiligen, erstens nach Maßgabe der Effektivität des kollektiv erzielten Verhaltens, und zweitens entsprechend Nutzen und Fähigkeit. Die Effektivitätsbedingung ist so zu verstehen, dass unterhalb einer kritischen Schwelle des Kooperierens die Einzelpflichten wegfallen, weil sie zu befolgen keine Wirkung haben wird. Diese Auskunft über Klimapflichten ist allerdings abstrakt, weil gegenwärtig die kritische Schwelle mangels effektiver internationaler Verträge nicht gegeben ist, und weil ebensowenig ein effektiver Konsens zu Gerechtigkeit unter den Emittierenden herrscht.

Die Abstraktheit von Klimapflichten lässt sich etwas abschwächen, indem man sich in den Besitz einer Übersicht zu den Möglichkeiten einer realen *Klimapolitik* bringt. In der philosophischen Literatur findet teilweise eine Diskussion darüber statt, ob die Pflichten in Bezug auf den Klimawandel solche allein für und unter Individuen, oder solche vermittelt über Institutionen sind.[26] Dass hierfür überhaupt eine Diskussion nötig ist, ist schwer nachvollziehbar. Sicher, idealerweise würde Klimapolitik durch individuelles Verhalten allein aufgrund gegenseitiger Information ersetzt. ‚Politik', die mehr ist als wechselseitige Information,

---

25 Paradox scheint allerdings die Folgerung, dass diejenigen Staaten, die sich an einer Politik nicht beteiligen, auch nicht ungerecht handelten. Wirft man dem in der Philosophie beliebten ‚Amoralisten' nicht gerade vor, amoralisch zu sein, anstatt ihn aufgrund von Nichtbeteiligung zu entlasten? Moral und Gerechtigkeit sollten allerdings nicht verwechselt werden: Die sich an der Klimapolitik nicht beteiligenden Staaten können nicht als ungerecht, aber als unmoralisch kritisiert werden. Gerechtigkeit setzt stärkere soziale Bedingungen voraus als die Moral der kategorischen Gebote. Die Bürger der sich verweigernden Staaten, etwa der USA, akzeptieren diese Gebote unter sich und können nicht rechtfertigen, sie auf die Klimapolitik nicht anzuwenden. Weil Emissionen anderen schaden, ist es für alle Staaten geboten, in Klimapolitik einzutreten bzw. Gerechtigkeit zu suchen.

26 S. Neuteleers 2010; 2014; Baatz 2014.

ist aber dann nötig, wenn sich Menschen für öffentliche Güter *nicht* bereits nach Maßgabe eines Konsenses und gegenseitiger Information einsetzen. Sie ist *nötig* aufgrund zweier realer Umstände, die eine ideale Lösung völlig unpraktikabel erscheinen lassen.

Erstens sind die meisten Menschen nicht hinreichend moralisch motiviert, um ihren Interessen die entsprechenden Grenzen aufzuerlegen. Die realen Motivationsanteile in einem großen Kollektiv sind unterschiedlich gemischt. Neben den entschiedenen Egoisten enthält ein solches Kollektiv meist viele, die aufgrund von Orientierungslosigkeit zu einer moralischen Selbstkontrolle ohne eine kontrollierende Außeninstanz nicht in der Lage sind.[27] Zweitens wirft ein globales öffentliches Gut zusätzlich Motivationsschwierigkeiten durch das ungewöhnliche Ausmaß eines solchen Guts auf, das die üblichen Emotionen aushebelt und unser rationales Denken herausfordert.[28]

Doch auch diese Bedingungen liegen immer noch stark auf der abstrakt-idealen Seite. Denn in der realen Welt ist offen, wie eine effektive Klimapolitik aussähe.

5 Klimapflichten treffen auf Klimapolitik

Unter Ökonomen ist seit einiger Zeit eine Debatte im Gang, die sich mit dem Gegensatz von ‚orthodox-grüner Politik‘ und ‚paradox-grüner Politik‘ wiedergeben lässt. Die orthodoxe Politik folgt der naheliegenden Forderung, Emissionen zu reduzieren. Das Kyoto-Abkommen und alle davon betroffenen nationalen Maßnahmen, sowie Ratschläge des Stern-Reports oder der IPCC Berichte, verkörpern diese Politik. So gut wie alle uns heute im politischen Alltag geläufigen Instrumente dienen, allerdings in sehr unterschiedlichem Maß, ebenfalls einer Reduktionspolitik: Pigou-Klima-Steuer, Zertifikat-Handel, Subventionen (erneuerbare Energie), rechtliche Standards für Gebäudeisolation, rechtliche Standards für Kraftfahrzeuge.[29] In ihrer Stoßrichtung zielen diese Instrumente darauf, die Effizienz von Kohlenstoff-Technologien zu erhöhen und den Verbrauch von fossilen Brennstoffen zu reduzieren.

---

27 Die bei ‚öffentlichen-Gut-Spielen‘ nötige Rolle von strafenden Altruisten muss deshalb von einer externen Kontrollinstanz wie der Politik übernommen werden. S. dazu Fehr/Gächter 2000; 2002.

28 S. Markowitz/Shariff 2012; Markowitz 2012.

29 Für eine Darstellung der wichtigsten dieser Instrumente in Deutschland, s. Sinn 2008, Kapitel 2–3. Der neuerdings in Deutschland unter ‚Energiewende‘ angesprochene Ausstieg aus der Kernenergie gehört allerdings nicht zu den klimapolitischen Instrumenten. Wird die Kernenergie nicht vollständig durch erneuerbare Energie ersetzt, erhöht sie die Emissionen.

Die am ‚grünen Paradox' orientierte Politik sähe, wenn es sie gäbe, insofern anders aus, als sie nicht an der Verbraucher-, sondern an der Anbieterseite ansetzt. Unter grünem Paradox wird in kritischer Absetzung von der orthodoxen Politik darauf verwiesen, dass der reduzierte Verbrauch fossiler Brennstoffe *allein* nicht erfolgreich sein kann, weil die verringerte Nachfrage die Anbieter dieser Stoffe dazu bringt, ihre Preise zu senken, so dass Länder ohne nationale Klimapolitik vermehrt emittieren werden. Sinn (2008a, Kapitel 6; 2008b), der Entdecker dieses Paradoxons, unterstreicht die unerwünschten Folgen des reduzierten Verbrauchs nicht nur mit der vermuteten Angebotspolitik der fossilen Brennstoffbesitzer, sondern auch mit dem bereits erwähnten Zertifikatsystem der EU. Im Rahmen dieses seit 2005 eingeführten Systems hat ein verringertes Emittieren in der EU die Folge, dass die Zertifikate von anderen Emittern innerhalb oder außerhalb der EU gekauft werden, ohne dass sich die Gesamtmenge der Emissionen verringerte. Während die EU frei wäre, ihr System zu ändern, ist der Hinweis auf die internationale Angebotsseite der Kohlenstoffvorräte von ungleich größerem Gewicht.

Dazu ist zu beachten, dass sich weltweit (grob) 12.000 Gigatonnen von Kohlenstoff im Boden befinden (vorrangig in Form von Kohlevorräten), das Einhalten der 2 Grad Grenze aber nur den weiteren Verbrauch von 230 Gigatonnen gestattet. Daraus lässt sich zweierlei ersehen. Erstens, dass der politische Widerstand gegen Klimapolitik nicht nur von den um Reduktionskosten bangenden westlichen und fernöstlichen Emittern zu erwarten ist, sondern mindestens ebenso von den Besitzern dieser von Wertverlust bedrohten Kohlenstoffe. Zweitens wird eine normative Schwierigkeit des Enteignens dieser Besitzer zugunsten eines globalen Gemeinguts sichtbar. Die normative Schwierigkeit liegt, unterstellen wir eine Kooperationsperspektive, in der Annahme eines globalen als ‚gemeinsamen' Guts. Woher soll der normative Sinn dieser Gemeinschaft entspringen, wenn ihr keine Kooperation zugrunde liegt? Wie immer eine internationale Klimapolitik zwischen Staaten aussehen wird, die auch unter dem Anspruch auftreten kann, gerecht zu sein, so ist jedenfalls klar, dass sie eine umfassendere wirtschaftliche Kooperation in Verbindung mit den Klimazielen (Technologieaustausch, Zertifikatmarkt etc.) enthalten muss, wahrscheinlich auch eine darüber hinausgehende Kooperation mit wirtschaftlichen und politischen Zielen.[30]

30 Für Hinweise s. Edenhofer et al 2011. Politik zwischen Staaten wird sicher nicht gerecht sein, aber ebenso sicher mit strategisch verwendeten Gerechtigkeitsansprüchen verbunden. Ein ins Auge fallendes Beispiel sind die Pro-Kopf-Emissionen.

Die Aspekte des grünen Paradoxes sind seit dessen Einführung durch Sinn unter Ökonomen vielfältig diskutiert worden.[31] Da Klimapolitik auf der einen Seite so unterschiedliche Instrumente wie Steuern und Zertifikate umfasst, auf der anderen Seite unterschiedliche Energiesorten mit ungleichen Umwelt- und Produktionskosten (Öl, Gas, Kohle, Ölsand), und die möglichen Reaktionen der Kohlenstoffbesitzer fast nur theoretisch vorhersehbar sind, lässt sich über den Realitätsgehalt des grünen Paradoxes gegenwärtig kein klares Urteil bilden. Unterschieden wird auch ein ‚*schwaches*' und ein ‚*starkes*' grünes Paradox (Gerlagh 2009). Während bei einem schwachen Paradox eine kurzfristige, aber nicht längerfristige, gesamtrechnerische Erhöhung der Emissionen verursacht wird, bedeutet ein starkes grünes Paradox eine sich langfristig durchsetzende Erhöhung der Emissionen, im Vergleich zum unterlassenen einseitigen Reduzieren. Bei einem starken Paradox verursachen die einseitigen Reduzierer also gerade das *Gegenteil* ihrer Absichten, während bei einem schwachen Paradox die kurzfristige Zunahme längerfristig neutralisiert wird. Ob die eine oder andere Variante vorliegt, hängt von verschiedenen Umständen ab, die der einseitige Reduktionsakteur nicht eigenständig kontrollieren kann.

Die eben gegebene Darstellung könnte den Eindruck nahelegen, dass man vor Einführung des Schlagworts die ökonomischen Effekte von einseitigen Klimaschutzmaßnahmen nicht studiert hätte. Tatsächlich werden diese Effekte unter dem Titel der ‚Kohlenstoff-Verlagerung' (‚carbon leakage') spätestens seit der Verhandlungen zum Kyoto-Protokoll (1997) in einer umfangreichen Literatur beobachtet. Kohlenstoff-Verlagerung umfasst dem Inhalt nach alle indirekten Einflüsse auf Emissionsmengen, die durch politische und ökonomische Aktivitäten in einem Land (oder einer Länderkoalition) bei einem anderen Land (oder einer anderen Nationenmenge) verursacht werden.[32] In einer Variante betrifft das die Produktionsverlagerung von A nach B, wenn A ein die Produktion verteuerndes Zertifikatsystem einführt. Produziert B mit vergleichsweise höheren Emissionen als A, dann erhöht die Einführung des Systems in A die globale Menge

---

31 S. van der Werf/Di Maria 2011; 2012; Di Maria/Lange/van der Werf 2013; Castelluci 2014.

32 Kohlenstoffverlagerung ist nicht identisch mit dem grünen Paradox. Erst wenn die Verlagerung mehr als 100 % der Einsparung im Inland ausmachte, träfe das grüne Paradox zu. In der Literatur gibt es Berechnung zur weltweiten Gesamtverlagerung, die sich immerhin zwischen 10 % und 130 % bewegen. Im letzteren Fall würden nationale Einsparungen die Gesamtsituation verschlechtern. Wie diese Differenzen zeigen, herrscht kein wissenschaftlicher Konsens. Eine ‚negative Verlagerung' – also Gesamtreduktion – durch einseitige Einsparungen könnte in anderen Ländern eintreten, wenn sie durch eine substitutive Technologie zustande käme, die auch anderen Ländern verfügbar wird. Mit dieser Erwartung wird häufig grüne Politik betrieben. Sie ist aber, jedenfalls in der Gegenwart, hoch unwahrscheinlich.

an Emissionen. Ähnliches tritt auch dann ein, wenn A Güter importiert, die in B mit vergleichsweise höheren Emissionen produziert wurden als das in A geschehen wäre. In einer globalen Wirtschaft bei gleichzeitig einseitigen Klimapolitiken treten solche Kohlenstoff-Verlagerungen unweigerlich ein, wenn ihnen nicht durch entsprechende Einfuhrsteuern entgegen gewirkt wird. Solche Steuern sind politisch jedoch höchst unbeliebt.

Diese Bemerkungen stützen sich vorrangig auf theoretische ökonomische Überlegungen, die nicht mit den realen Phänomenen zu verwechseln sind. Insofern sie der Standardökonomie entspringen, sind sie plausibel und indirekt gut belegt. Vor allem ist die Erfahrung der Klimaverhandlungen der letzten Jahrzehnte darin aussagekräftig, dass sich nationale Akteure egoistisch und nicht moralisch verhalten. Aus diesem Grund trifft die psychologische Erfahrung mit altruistischem Umweltverhalten bei Individuen auf nationale Verhaltensweisen nicht zu. Auf der anderen Seite liegt im Augenblick offensichtlich nur eine einzige empirische Überprüfung des grünen Paradoxes vor, in dem es nicht bestätigt, allerdings auch nicht widerlegt wird.[33]

Trotz aller Unklarheiten im Detail lässt sich diese Skizze über einen Teil der gegenwärtigen Klimaökonomik so *zusammenfassen*, dass die orthodoxe Klimapolitik zu einfach und vermutlich ineffektiv ist. Die orthodoxe Klimapolitik verfolgt das Ziel, die Emissionen zu reduzieren. Ideell gesehen ist das natürlich das richtige Ziel. Doch ähnlich wie das ‚polluter-pays'-Prinzip nicht mit einem generell anzuwendenden ethischen Prinzip verwechselt werden darf, ist das Gebot, Emissionen zu reduzieren, bei interdependenten Akteuren nicht generell sinnvoll. Es ist dann problematisch, wenn es bei einseitigem Befolgen die sozialen Konsequenzen aufseiten derer missachtet, die nicht vorhaben weniger zu emittieren – teils aus egoistischen, teils auch aus vermeintlichen Fairnessgründen.[34] Ist die Koalition derer, die das Reduktionsziel verfolgen zu gering (die Kyoto-Länder umfassen 30 % der Emittenten), dann kann nicht einfach ausgeblendet werden, welche ökonomischen Folgen einseitiges Handeln auf das Handeln anderer hat.

---

33 Di Maria/Lange/van der Werf 2013 diskutieren die Schwierigkeiten, die einer empirischen Überprüfung generell entgegenstehen. Der studierte Beispielfall betrifft ein Verbot von Schwefelemissionen bei US-Kohlekraftwerken, das 1990 angekündigt und 2000 in Kraft gesetzt wurde. Erwartungsgemäß fielen die Kohlepreise, *entgegen* der Erwartung wurde nicht mehr Kohle gekauft. Eine Erklärung ergibt sich u. a. über die langfristigen Verträge bei Kohlekraftwerken.

34 „Selbst wenn die klimapolitischen Anstrengungen von den Europäern vorläufig allein unternommen werden, werden sich Mitleid und Anerkennung der chinesischen Verhandlungsführer in Grenzen halten. Jeder will fair sein, auch die Chinesen, nur versteht jeder unter Fairness etwas ganz anderes." (Sinn 2008 a, S. 424)

Noch einmal bestätigt sich – jetzt bedauerlicherweise – die vordringliche Bedeutung des Kooperierens. Ohne eine umfassende Kooperation ist eine Klimapolitik nicht effizient, und ohne effizient zu sein, ist sie auch nicht moralisch geboten.

6 Was folgt?

Der Blick auf die nicht-idealen Bedingungen einer gegenwärtigen Klimapolitik im letzten Abschnitt hat zwei bemerkenswerte Umstände sichtbar werden lassen. Erstens, wirkungsvolle Klimapolitik kann nur von Nationen betrieben werden – die aber verhalten sich international in der Regel als egoistische Akteure. Da eine effiziente Klimapolitik nur international sein kann, hängt ihr Erfolg von einer Übereinkunft unter einem großen Teil dieser Nationen ab. Zweitens, in der ökonomischen Debatte über Klimapolitik ist die schlichte Reduktionsforderung starkem Zweifel ausgesetzt. Beide Beobachtungen lassen sich zu offenen Fragen klimaethischer Natur verlängern. Erstens, wie kann es denn so etwas wie *individuelle* Klimapflichten geben, wenn sich alle Individuen, vermittelt über ihre egoistisch agierenden Staaten, als Egoisten gegenüberstehen? Und zweitens, bleibt *überhaupt* ein Inhalt klimafreundlichen Verhaltens angesichts dieser nationalen und internationalen Determinanten des Erfolgs?

Das Bedenken, alle Bürger würden durch die egoistische Repräsentation in Staaten eingeschränkt, wird zumindest als allgemeingültig durch die Bereitschaft der EU zu klimapolitischen Vorleistungen und unproportional hohen Reduktionszielen widerlegt. Gerechtigkeitsintuitionen können sich durchaus als gesamtpolitische Haltung manifestieren. Der Filter nationaler Repräsentanz reduziert unsere individuellen internationalen Beziehungen also nicht zwingend auf egoistische. Auf der anderen Seite stellt die nationale Repräsentanz bei einem solchen Gut doch einen Effizienzfilter für das individuell moralisch Gebotene dar, denn was sich international nicht als effizient und gerecht erweist, das kann auch individuell nicht moralisch geboten sein. Nur innerhalb einer entsprechenden Klimapolitik können wir uns selbst als moralisch gebunden ansehen.

Leider bedeutet das aber, unter verschiedenen Politikangeboten wählen zu müssen. Genauer bedeutet es, dass die verschiedenen Politikvorschläge den verschiedenen Analysen zufolge als unterschiedlich effizient und damit relevant einzustufen sind. Einem durchschnittlichen Bürger ist nicht zuzumuten, zu diesen Analysen eine abschließende Meinung zu haben. Als deutscher Bürger ist er in das System der Ökosteuer und als EU Bürger in das Zertifikatsystem eingebunden. Auf dem Hintergrund des Konflikts zwischen orthodoxer und paradoxer Analyse dieser Instrumente, lässt sich vermuten, dass diese Instrumente wahrscheinlich keine Wirkung auf die Verringerung des Klimawandels haben, ihn aber vermutlich auch nicht fördern. Möglicherweise trägt die EU Politik als Vorleistung in der Zukunft zu einer effektiven Koalitionsbildung bei. Ähnliche Hoffnungen sind in den technologischen Wandel zu setzen, der Teil dieser Politik ist.

Folgt man den Vorschlägen von Sinn (2008a, Kapitel 7), dann wäre nur eine internationale Enteignung der großen Ressourcenbesitzer oder eine Quellensteuer der aus den Kohlenstoffvorräten entspringenden Vermögen eine effektive Politik. Beide Projekte stoßen voraussichtlich auf so große Widerstände, dass sie ohne einen radikalen Mentalitätswandel nicht zu realisieren sind. Ein solcher Wandel ist gegenwärtig nicht in Sicht – wohl auch mindestens teilweise aufgrund verbreiteter Illusionen über die Wirksamkeit der bereits bestehenden Klimapolitik. Die beste Form, wie sich unsere individuelle Klimapflicht deshalb realisieren lässt, ist wohl die, sich selbst und andere über das Kommende aufzuklären.

Literatur

Baatz, Christian (2014): „Climate Change and Individual Duties to Reduce GHG Emissions". In: *Ethics, Politics and Environment* 17. Nr. 1, S. 1–19.

Broome, John (2012): *Climate Matters: Ethics in a Warming World*. New York: W. W. Norton.

Caney, Simon (2005): „Cosmopolitan Justice, Responsibility, and Global Climate Change". In: *Leiden Journal of International Law* 18. Nr. 4, S. 747–775.

Caney, Simon (2012): „Just Emissions". In: *Philosophy and Public Affairs* 40. Nr. 4, S. 255–300.

Castelluci, Laura (2014): „Environmental Protection and the Green Paradox. State of the Art and Open Issues". In: Laura Castelluci (Hrsg.): *Government and the Environment. The Role of the Modern State in the Face of Global Challenges*. Abingdon, New York: Routledge, S. 79–95.

Cohen, Gerald A. (2000): *If You're an Egalitarian, How Come You're so Rich?* Cambridge MA: Harvard University Press.

Di Maria, Corrado/Lange, Ian/van der Werf, Edwin (2013): „Going Full Circle. Demand-side Constraints to the Green Paradox". In: *CESifo Working Paper. Energy and Climate Economics* 4152.

Edenhofer, Ottmar/Flachsland, Christian/Brunner, Steffen (2011): „Wer besitzt die Atmosphäre? Zur politischen Ökonomie des Klimawandels". In: *Leviathan* 39. Nr. 2, S. 201–221.

Fehr, Ernst/Gächter, Simon (2000): „Cooperation and Punishment in Public Goods Experiments". In: *American Economic Review* 90. Nr. 4, S. 980–994.

Fehr, Ernst/Gächter, Simon (2002): „Altruistic Punishment in Humans". In: *Nature* 415, S. 137–140.

Fehr, Ernst/Fischbacher, Urs (2003): „The Nature of Human Altruism". In: *Nature* 425, S. 785–791.

Gerlagh, Reyer (2009): „Too Much Oil". In: *CESifo Economic Studies* 57. Nr 1, S. 79–102.

Hayward, Tim (2007): „Human Rights versus Emission Rights. Climate Justice and the Equitable Distribution of Ecological Space". In: *Ethics and International Affairs* 21. Nr. 4, S. 431–450.

Held, Virginia (1970): „Can a Random Collection of Individuals be Morally Responsible?" In: *Journal of Philosophy* 67. Nr. 14, S. 471–481.

Hiller, Avram/Ilea, Ramona/Kahn, Leonard (Hrsg.) (2014): *Consequentialism and Environmental Ethics*. New York: Routledge.
Johnson, Baylor (2003): „Ethical Obligations in a Tragedy of the Commons". In: *Environmental Values* 12. Nr. 3, S. 271–287.
Johnson, Baylor (2011): „The Possibility of a Joint Communiqué: My Response to Hourdequin". In: *Environmental Values* 20. Nr. 2, S. 147–156.
Kutz, Christopher (2000): *Complicity. Law and Ethics for a Collective Age*. Cambridge: Cambridge University Press.
Leist, Anton (2011): „Klima auf Gegenseitigkeit". In: *Jahrbuch für Wissenschaft und Ethik* 16, S. 159–178.
Leist, Anton (2014): „Why Participate in Pro-environmental Action? Individual Responsibility in Unstructured Collectives". In: *Analyse & Kritik* 36. Nr. 2, S. 397–416.
Mackie, John (1980): *Hume's Moral Theory*. Oxford: Oxford University Press.
Markowitz, Ezra/Shariff, Azim (2012a): „Climate Change and Moral Judgement". In: *Nature Climate Change* 2, S. 243–247.
Markowitz, Ezra/Shariff, Azim (2012b): „Is Climate Change an Ethical Issue? Examining Young Adults' Beliefs about Climate and Morality". In: *Climate Change* 114, S. 479–495.
Meyer, Lukas (2012): „Why Historical Emissions Should Count". In: *Chicago Journal of International Law* 13. Nr. 2, S. 597–614.
Miller, David (2009): „Global Justice and Climate Change. How should Responsibilities be Distributed?" In: *Tanner Lectures on Human Values* 28, S. 117–157.
Moore, Michael S. (2009): *Causation and Responsibility. An Essay in Law, Morals, and Metaphysics*. Oxford: Oxford University Press.
Myers, Robert H. (2011): „Cooperating to Promote the Good". In: *Analyse & Kritik* 33. Nr. 1, S. 123–139.
Neuteleers, Stijn (2010): „Institutions versus Lifestyle: Do Citizens have Environmental Duties in their Private Sphere?" In: *Environmental Politics* 19. Nr. 4, S. 501–517.
Neuteleers, Stijn (2014): „Individual Environmental Duties: Questions from an Institution-oriented Perspective". In: *Ethics, Policy and Environment* 17. Nr. 1, S. 20–23.
Nolt, John (2011): „How Harmful are the Average American's Greenhouse Gase Emissions?" In: *Ethics, Policy and Environment* 14. Nr. 1, S. 3–10.
Page, Edward (2008): „Distributing the Burdens of Climate Change". In: *Environmental Politics* 17. Nr. 4, S. 556–575.
Petersson, Björn (2013): „Co-Responsibility and Causal Involvement". In: *Philosophia* 41. Nr. 3, S. 847–866.
Posner, Eric/Weisbach, David (2010): *Climate Change Justice*. Princeton: Princeton University Press.
Rawls, John (1971): *A Theory of Justice*. Cambridge MA: Harvard University Press.
Rawls, John (2001): *Justice as Fairness. A Restatement*. Cambridge MA: Harvard University Press.
Regan, Donald (1980): *Utilitarianism and Cooperation*. Oxford: Oxford Clarendon Press.
Sandberg, Joakim (2011): „‚My Emissions Make No Difference': Climate Change and the Argument from Inconsequentialism". In: *Environmental Ethics* 33, S. 229–248.
Sinn, Hans-Werner (2008a): *Das grüne Paradoxon. Plädoyer für eine illusionsfreie Klimapolitik*. Berlin: Econ Verlag.
Sinn, Hans-Werner (2008b): „Public Policies against Global Warming". In: *International Tax and Public Finance* 15. Nr. 4, S. 360–394.

Sinnott-Armstrong, Walter (2005): „It's not My Fault. Global Warming and Individual Moral Obligation". In: *Perspectives on Climate Change: Science, Economics, Politics, Ethics. Advances in the Economics of Environmental Research* 5, S. 293–315.

Tuomela, Raimo (2013): *Social Ontology: Collective Intentionality and Group Agents*. Oxford: Oxford University Press.

Tremmel, Jörg (2011): „Klimawandel und Gerechtigkeit". In: *Jahrbuch für Wissenschaft und Ethik* 16, S. 115–139.

Tremmel, Jörg/Robinson, Katherine (2014): *Climate Ethics. Environmental Justice and Climate Change*. New York: Routledge.

van der Werf, Edwin/Di Maria, Corrado (2011): „Unintended Detrimental Effects of Environmental Policy. The Green Paradox and Beyond". In: *CESifo working paper. Energy and Climate Economics* 3466.

van der Werf, Edwin/Di Maria, Corrado (2012): „Imperfect Environmental Policy and Polluting Emissions: The Green Paradox and Beyond". In: *International Review of Environmental and Resource Economics* 6, S. 153–194.

Bernward Gesang

Gibt es politische Pflichten zum individuellen Klimaschutz?

1 Das Ausgangsproblem

Haben Individuen Pflichten, sich für die Unterstützung des Klimaschutzes einzusetzen, auch wenn ihre Emissionen hier kaum ins Gewicht fallen? Diese Frage möchte ich im Rahmen des Handlungsutilitarismus stellen. Wie J. Nefsky betont, betrifft das Problem jedoch nicht nur Utilitaristen:

> The problem for non-consequentialists is that, even though they do not think that *all* that matters morally is the difference you make in outcome, it's not clear how there could be any reason to *X*, which connects appropriately to outcome *Y*, if *X*-ing cannot make any difference with respect to *Y*. (Nefsky 2012b)[1]

Unter Handlungsutilitarismus (HU) verstehe ich:

> HU: Eine Handlung ist genau dann und nur dann erlaubt, wenn keine andere Handlung, die dem Akteur offen steht, größeren (aktuellen oder erwarteten) Nutzen hat (cf. Hooker 2000, S. 5).[2]

Ist es gemessen an HU nicht falsch, wenn ich mir eine Autofahrt von 100 Kilometer Länge zugunsten des Klimaschutzes untersage, da meine Emissionen vielleicht gar keinen Unterschied machen? Vielleicht wäre der entstehende Schaden für mich und für andere Menschen, die von meinem Auto profitieren, bedeutsam, wenn ich das Auto stehenlasse. Der Nutzen des Abstellens bleibt hingegen unklar, denn was bedeuten z. B. 13 Kilogramm CO_2 für den Klimawandel? Im Zentrum der Debatte steht der Versuch, die Leitfrage LF zu beantworten:

> LF: Haben Individuen gemäß HU die Pflicht, ihr Verhalten darauf auszurichten, den Klimaschutz zu fördern?

Man findet in der Literatur sowohl ein „Ja" wie ein „Nein" als Antwort auf LF, wenn die Frage auf das jeweils eigene Emissionsverhalten bezogen wird. So

1 M. Hourdequin widerspricht und will einen nicht konsequentialistischen Ausweg zeigen: Hourdequin 2010.

2 Ich wähle die Erwartungsnutzen-Variante. Dazu, warum ich diese Wahl treffe und überhaupt diesen Rahmen zugrunde lege, vgl. Gesang 2003.

bekennt sich W. Sinnott-Armstrong zum „Nein", da gelte: 1. Individuelle Autofahrten seien keine Ursache des Klimawandels oder des durch diesen verursachten Schadens (Sinnott-Armstrong 2005, S. 290). 2. „Global warming and climate change occur on such a massive scale, that my individual driving makes no difference to the welfare of anyone." (Sinnott-Armstrong 2005, S. 293) Ähnlich schreibt M. Budolfson: „So too you aren't required to reduce your emissions by a significant amount, partly because you know that billions of people in China, India, and the rest of the world don't care about climate change and won't care until it is too late." (Budolfson)

A. Hiller widerspricht und bekennt sich zur bejahenden Antwort auf LF: „I argue that individual causal inefficacy is false not just for its claim about whole human lives but even for its far weaker claim of the inefficacy of single individual actions, such as a Sunday drive." (Hiller 2011, S. 349) Auf diese Seite schlägt sich auch S. Vanderheiden, der meint, D. Parfit habe das Problem längst gelöst (Vanderheiden 2007). Ganz anders wiederum D. Jamieson, der das Problem für unlösbar im Rahmen des HU hält und daher auf einen tugendethischen Utilitarismus ausweichen möchte (Jamieson 2007).

In diesem Aufsatz möchte ich diese Debatte nicht direkt führen,[3] sondern eine mögliche Konsequenz weiter vertiefen. Was ist, wenn Sinnott-Armstrongs Partei Recht hat? Wenn unser individueller Beitrag zu den Klimagasemissionen einfach zu klein ist, um ins Gewicht zu fallen, bedeutet das, dass wir nichts gegen den Klimawandel tun können und sollen?

Dazu muss man sich kurz klar machen, wie es überhaupt sein könnte, dass Sinnott-Armstrong Recht hat, und z. B. S. Kagans und D. Parfits Argumente scheitern, die zeigen sollen, dass auch noch so kleine individuelle Beiträge zu einem kollektiven Schaden mittels einer Erwartungsnutzenanalyse verurteilt werden können (Kagan 2011; Parfit 1987,§ 27). Eine mögliche Verteidigung für Sinnott-Armstrong stammt aus einer Debatte um das Sorites-Paradoxon und wird von J. Nefsky (Nefsky 2012 a, S. 375) und C. Wright (Wright 1975) vorbereitet: Ebenso wie das Sandkorn die Trennschärfe unseres Begriffs „Haufen" beim Sorites-Paradoxon überfordere, könne auch ein Molekül CO_2 einfach eine Menge sein, durch die keine leidvolle Veränderung des Klimas hervorgerufen werden könne. Ein Molekül, 13 Kilogramm oder auch Tonnen unterhalb der Millionengrenze seien eventuell wie ein Sandkorn die falsche Einheit bezogen auf wahrnehmbare oder gar leidvolle Veränderungen beim Klima. Wo genau der einen Schaden auslösende Unterschied beginne, sei vage, aber er könne nicht bei einem Molekül liegen. Mit einem Molekül an Klimagasemission erhöhe sich auch nicht die Wahr-

3 Vgl. dazu: Gesang i. E.

scheinlichkeit, dass die Schwelle zum Schadenseintritt erreicht werde (Shrader-Frechette 1987, S. 222), denn die Schwelle reagiere gar nicht auf so kleine Mengen. Ob sie vorlägen oder nicht, sei unerheblich.

Nun ist die Sorites-Argumentation natürlich eine semantische und die Thesen zum Klimaproblem sind *kausaler* Natur. Das heißt, man muss hier einen Transfer machen. Allerdings ist es auch nicht wichtig, diese Problematik unter der Überschrift „Sorites" zu behandeln. Man könnte auch einfach in Anlehnung an die Quanten- und die Chaostheorie (vgl. Schrödinger 1987, S. 111 und 117) behaupten, dass es in der Natur einen Mechanismus gibt, der verhindert, dass sich kleinste Unterschiede linear zu großen Unterschieden akkumulieren. Diesen Mechanismus könnte man „kausale Elastizität" nennen.

Für diese auf den ersten Blick befremdlich anmutende These gibt es beim Klimasystem empirische Evidenzen. Die Frage, ob das Klima gegenüber einer Emission von 10 Tonnen sensibel ist, so dass sich daraus Leid ergeben kann, wurde von Dr. J. Behnd vom CSIRO „Marine and Atmospheric Research" in Aspendale, Australien in einem persönlichen Gespräch so beantwortet:

> Der Zusammenhang zwischen CO_2-Emissionen und globaler Mitteltemperatur ist gut verstanden (zumindest was die Größenordnung betrifft): Eine Erwärmung um 2 Grad benötigt rund 4 Billionen Tonnen CO_2-Emissionen. D. h., Emissionen um 10 Tonnen haben eine Erwärmung um 0.000000000005 Grad zur Folge, wogegen die globale Mitteltemperatur von Jahr zu Jahr um einige Zehntelgrad schwankt. Regional mögen sich Unterschiede ergeben, aber falls Lebewesen existierten, die auf so kleine Schwankungen reagieren, wären sie schon längst ausgestorben, da die natürlichen Schwankungen von Jahr zu Jahr viel grösser sind. Die CO_2-Emissionen, die nötig sind, um das Klimasystem zu ‚kippen', müssen im Allgemeinen eine Veränderung auslösen, die die natürliche Variabilität des Klimasystems übersteigt, damit man das ‚kippen' auf die Emissionen zurückführen kann. Mit obigem Beispiel („lägen wir da", B. G.) also in der Größenordnung von 100 Milliarden Tonnen, und auch dies nur, wenn wir uns schon gefährlich nahe am Tipping Point befinden. Die kurze Antwort ist: Ja man weiß, dass das Klimasystem nicht so sensibel ist.

Wenn wir dieses Ergebnis oder eine andere Verteidigung der Position von W. Sinnott-Armstrong oder B. Johnson akzeptieren, was folgt daraus? Sinnott-Armstrong selbst gibt eine Teilantwort, die auf „politische Pflichten" abhebt und die ich nun weiter verfolgen will.

2 Politische Pflichten

Folgt man Sinnott-Armstrong, so ist der Einzelne beim Klimaschutz lediglich *in politischer Hinsicht* gefordert: „It is better to enjoy your Sunday driving (in a SUV car, B. G.) while working to change the law as to make it illegal for you to enjoy your Sunday driving." (Sinnott-Armstrong 2005, S. 304; ähnlich Johnson 2011, S. 47) Solange kein adäquater gesetzlicher Rahmen existiert, der Kooperation erzwingt, ist das Individuum demnach nicht beim aktiven Klimaschutz *direkt*, sondern als Wähler beziehungsweise öffentlich aktiver Bürger gefordert, der anderen ein Vorbild gibt. Es gibt Kritiker, die betonen, eine Wahl zu entscheiden sei genauso unwahrscheinlich wie das Klima direkt zu beeinflussen. Das mag sein, aber zu wählen verursacht kaum Kosten, nur die Zeit, einen Briefwahlbogen auszufüllen (Maltais 2013, S. 602 f.). Da ist direkter Klimaschutz eine Einschränkung ganz anderer Dimension und ich plädiere dafür, sich beim Wählen und bei so kleinen Kosten für „in dubio pro" zu entscheiden und das Kalkulieren nicht auf die Spitze zu treiben, da dadurch hier nur wenig zu gewinnen ist, und weil übermäßiges Kalkulieren Ressourcen verbraucht.[4] Es sei aber zugestanden, dass es unter den verschiedenen Möglichkeiten politischen Engagements auch „kostspielige" geben kann, die ein Utilitarist nicht ergreifen sollte. Unter den politischen Handlungen sind jedoch viele, die einen *Doppeleffekt* aufweisen, da sie neben Nutzen für die Allgemeinheit den Akteuren persönlich *Anerkennung* einbringen und den Gestaltungswillen der Akteure befriedigen können. Zudem ist es möglich, durch eine politische oder sonstige öffentliche Karriere den Einfluss der eigenen Handlungen bedeutsam zu steigern. So denke ich, dass es Pflichten gibt, das Individualverhalten insgesamt zu verändern. Gibt es aber auch Pflichten, das individuelle Emissionsverhalten zu ändern?

Über Sinnott-Armstrong hinausgehend lässt sich das folgende Argument von der öffentlichen Agitation (ÖA) formulieren, bei dem das öffentliche Verhalten mit dem individuellen Klimaschutzverhalten verknüpft wird:

> 1. Jeder muss sich mit seinem klimabezogenen Handeln bemühen, auf öffentlicher Ebene zu agieren, d. h. a) das Verhalten politischer Institutionen beim Klimaschutz verbessern und b) zu diesem Zweck auch andere Individuen zum öffentlichen Handeln motivieren.
> 2. Wenn man andere Individuen zum öffentlichen Handeln für den Klimaschutz motivieren will, muss man mit psychologischer Notwendigkeit ein vorbildlicher und direkter Klimaschützer sein.
> K: Jeder muss ein vorbildlicher und direkter Klimaschützer sein.

Die öffentliche Agitation gelingt eventuell am besten, wenn man auf der Ebene der eigenen Handlungen ein direkter Klimaschützer ist. Wer Wasser predigt und Wein trinkt, ist schließlich nicht glaubwürdig (Maltais 2013, S. 601 f.; Cripps 2013, S. 150–155). Das kann also eine „indirekte" Pflicht, Emissionen zu vermeiden,

4 Ganz in diesem Sinne etwa Railtons „sophisticated consequentialism" in Railton 2003, S. 165, oder Jamieson 2007.

und damit einen direkten Klimaschutz begründen. Das Problem der eventuell geringen Wirksamkeit des eigenen Handelns lässt sich also prinzipiell überwinden, indem man sich selbst in eine *Vorbildfunktion* für andere bringt.[5] Um dies zu erreichen, kann allerdings individuelles, direkt klimaschützendes Verhalten aus psychologischen Gründen bzgl. der Motivation anderer notwendig sein. Diese öffentliche Wahrnehmung *politischer Verpflichtungen* ist ein vernünftiger Grund für die *individuelle Verhaltensausrichtung*. Damit kann LF einmal mit Verweis auf öffentliche politische Handlungen und einmal mit Verweis auf individuelle Emissionshandlungen positiv beantwortet werden. Diese indirekte Rückwendung auf das direkte individuelle Verhalten kommt bei Sinnott-Armstrong allerdings nicht vor.

Die richtige Begründung für Änderungen des Emissionsverhaltens lautet demnach, dass man durch individuellen direkten Klimaschutz seine Mitmenschen überzeugen kann, politisch für den Klimaschutz aktiv zu werden (vgl. Johnson 2003, Abschnitt VI). Die falsche Begründung sagt, dass man durch direkten individuellen Klimaschutz direkt die Erderwärmung stoppt. Aber so lange ich keine nennenswerte[6] Vorbildfunktion habe und auch – trotz Anstrengungen meinerseits – nicht erwarten kann, eine solche zu erhalten,[7] ist es zweifelhaft, ob direkter Klimaschutz oder politische Agitation wirklich für mich geboten sind.

Allerdings kann man diese These angreifen, indem man behauptet, dass es im Zeitalter des Internets jedem möglich sei, als Vorbild wirksam zu werden. Folglich habe jeder eine Pflicht, sich in eine Vorbildstellung zu begeben und dann zu kooperieren. Aber zumindest erfordert die Erfüllung dieser Pflicht ein Level an Bildung, Information, Einsicht, Willenskraft, Kreativität und technischen Fähigkeiten, das viele nicht zur Verfügung haben. Allerdings könnten die allermeisten Individuen auf solchen und anderen Wegen irgendeine Vorbildstellung erreichen. Nur wenige können schlüssig begründen, warum sie gerade nicht am Projekt der politischen Umgestaltung mitwirken.

---

5 Einen Beleg dafür, dass diese Funktion empirisch Wirkung zeigt, liefert Marsden 1998. Eine Beschreibung, wie individuelle Handlungen eine solche Werbewirksamkeit entfalten, gibt Hourdequin 2011.

6 Ab wann eine solche Funktion „nennenswert" ist, ist schwer zu sagen. Wie viele Personen kann das Vorbild einer normalen Person von einem anderen Lebensstil überzeugen? Als Politiker oder anderweitig exponierte öffentliche Persönlichkeit habe ich hingegen häufig eine eindeutig nennenswerte Vorbildfunktion. Da man die Grenzen hier nicht klar bestimmen kann, ist es vertretbar, im Zweifelsfall von einer Vorbildfunktion auszugehen.

7 Man denke etwa an einen einsam lebenden Rentner in Städten, wo niemand mehr seinen Nachbarn kennt. Er wird leider kaum ein Vorbild für viele sein. Vgl. Johnson 2011, S. 48; Maltais 2013, S. 602.

Fazit: Wenn ich weder eine Vorbildfunktion habe noch mir eine solche erarbeiten kann, kann das Auto immer noch gefahren werden; aber sofern es mir möglich ist, eine Vorbildstellung einzunehmen, sollte ich dies tun und das *könnte* bedeuten, das Auto stehen zu lassen. Wenn politische Pflichten zudem keine nennenswerten Kosten verursachen, bin ich sowieso auf sie festgelegt. In diesem Sinne fordert Maltais, eine Pflicht, „grün zu wählen" (Maltais 2013, S. 602 ff.).

3 Soll der Einzelne sein Verhalten ändern?

Zuerst einmal müssen wir die obige Leitfrage differenzieren. Es geht nun um das Emissionsverhalten (ELF) und um das individuelle Verhalten insgesamt (LF). Eine theoretisch befriedigende Antwort auf die Fragen LF und ELF lässt sich nur sehr schwer formulieren. Sie hängt von empirischen Bedingungen ab, fällt aber m.E. eher negativ aus, was eine positive direkte Antwort auf ELF betrifft (vgl. Gesang i. E).

Allerdings haben viele Menschen Pflichten, ihr Verhalten zu ändern und sich öffentlich zu engagieren. Und wie gesagt: Eine solche Antwort auf LF kann aus Gründen der Glaubwürdigkeit auch eine „indirekte" positive Antwort auf ELF bedingen, wie uns das Argument ÖA vorführt.

Soll der Utilitarist die von der Alltagspsychologie ausgehenden Gründe akzeptieren, die dem Argument ÖA zugrunde liegenden und die ihn zu oft eventuell uneffektiven Handlungen wie der, das Auto stehen zu lassen, zwingen wollen? Der Utilitarist kann oft durch ganz andere Handlungen viel mehr Effekt erzielen als damit, selbst weniger Spurengase zu emittieren: Er kann auf *Doppeleffekte* setzen. Jeder nicht am Subsistenzlevel lebende Utilitarist unterliegt einer Pflicht, Armut aktiv zu bekämpfen (Singer 2011, Kap. 8). Nun kann man Armut so bekämpfen, dass man *gleichzeitig* Beiträge zum Klimaschutz leistet. Man kann etwa Entwurmung von Kindern fördern, weil das extrem effektiv ist und man weiß, dass so die Bildung steigt, wodurch das Wachstum der Bevölkerung zukünftiger Schwellenländer gebremst wird, was das Klima entlastet (Gesang 2011, 214–221). Man kann durch effektives Spenden viel mehr Leben retten als durch teure Umstellungen des eigenen und, im Falle der Spurengasemissionen, wahrscheinlich nicht einmal (direkt) schädlichen Verhaltens.[8] Das heißt, man kann die Verpflichtungen des Utilitaristen durch geschickte Wahl von kostenneu-

8 Zum Beispiel lässt sich ein Kinderleben durch die einmalige Gabe von 1500 Euro retten, womit man ein Antimalariamoskitonetz finanzieren kann: http://www.givewell.org/international/technical/criteria/cost-effectiveness, besucht am 22.01.2013. Vgl. dazu Lumer 2002, S. 102.

tralen Doppeleffekten erfüllen, und man kann für eine Ausweitung dieser Art des wegen der Hilfe für Arme auch direkt betrachtet sehr effektiven Klimaschutzes Vorbild werden. Man könnte einwenden, dass die auf den Klimaschutz bezogene Seite des Doppeleffekts wirkungslos sei und daher auch entfallen könne. Aber dieser Doppeleffekt verursacht kaum Kosten und es ist zwar unwahrscheinlich, aber nicht auszuschließen, dass er dem Klima nutzt. Zudem wirbt jeder Akteur für solche Handlungsstrategien und setzt darauf, dass sein Doppeleffekt sich durch Wirkung auf andere Menschen multipliziert. Hier können zwar geringfügige Kosten anfallen. Erneut würde ich hier jedoch vertreten, das Kalkulieren nicht zu übertreiben.

Auf kostenneutrale Doppeleffekte zu setzen, gilt natürlich insbesondere dann, wenn man annimmt, dass die Verpflichtungen des Utilitaristen nicht beliebig hoch ausfallen dürfen, und er daher nicht die effizienten *und* weniger effizienten Lösungen gemeinsam realisieren muss. So vermeidet man die üblichen Überforderungseinwände (vgl. Gesang 2003, Kap. 3). Das Problem bei der Doppeleffekt-Strategie ist allerdings folgendes: Selbst weiter zu emittieren und gleichzeitig für mehr Spenden mit Wirkung gegen den Klimawandel zu werben, kann unglaubwürdig sein. Hier kommt es insbesondere darauf an, welche Persönlichkeit hinter dieser Strategie steht, wie überzeugend diese wirkt und in welchem Umfeld sie agiert.

Auf den Punkt gebracht heißt das, dass es zwei Wege gibt, auf LF und ELF zu antworten, die abhängig von der eigenen Überzeugungskraft und dem jeweiligen Umfeld sind: Der beste Weg wäre es, sein Auto nicht stehen zu lassen, aber gleichwohl sein Verhalten zu ändern, indem man für Projekte mit Doppeleffekten spendet und dafür Werbung betreibt. Der zweitbeste Weg wäre es, die eigenen Emissionen zu senken und dafür als Vorbild zu stehen, losgelöst vom eigenen Spendenverhalten.

Literatur

Budolfson, Mark Bryant (ohne Jahr): *Collective Action, Climate Change, and the Ethical Significance of Futility*, Research Paperhttp://www.budolfson.com/papers (Stand: 23.01.2013).

Cripps, Elizabeth (2013): *Climate Change & the Moral Agent.* Oxford: Oxford University Press.

Gesang, Bernward (2003): *Eine Verteidigung des Utilitarismus.* Stuttgart: Reclam.

Gesang, Bernward (2011): *Klimaethik.* Berlin: Suhrkamp.

Gesang, Bernward (i. E.): „Do I have a Moral Duty to Protect the Climate?"

Hiller, Avram (2011): „Climate Change and Individual Responsibility". In: *The Monist* 94. Nr. 3, S. 349–368.

Hooker, Brad (2000): *Ideal Code, Real World.* Oxford: Oxford University Press.

Hourdequin, Marion (2010): „Climate, Collective Action and Individual Ethical Obligations". In: *Environmental Values* 19. Nr. 4, S. 443–464.
Hourdequin, Marion (2011): „Climate Change and Individual Responsibility: A Reply to Johnson". In: *Environmental Values* 20. Nr. 2, S. 157–162.
Jamieson, Dale (2007): „When Utilitarians Should Be Virtue-Theorists". In: *Utilitas* 19. Nr. 2, S. 160–183.
Johnson, Baylor (2003): „Ethical Obligations in a Tragedy of the Commons". In: *Environmental Values* 12. Nr. 3, S. 271–287.
Johnson, Baylor (2011): „The Possibility of a Joint Communique: My Response to Hourdequin". In: *Environmental Values* 20. Nr. 2, S.147–156.
Kagan, Shelly (2011): „Do I Make a Difference?". In: *Philosophy and Public Affairs* 39. Nr. 2, S. 105–141.
Lumer, Christoph (2002): *The Greenhouse. A Welfare Assessment and Some Morals*. Lanham/ New York: University Press of America.
Maltais, Aaron (2013): „Radically Non-Ideal Climate Politics". In: *Environmental Values* 22. Nr. 5, S. 589–608.
Marsden, Paul (1998): „Memetics and Social Contagion: Two Sides of the Same Coin?" In: *Journal of Memetics: Evolutionary Models of Information Transmission* 2, S. 2.
Nefsky, Julia (2012a): „Consequentialism and the Problem of Collective Harm. A Reply to Kagan". In: *Philosophy and Public Affairs* 39. Nr. 4, S. 364–395.
Nefsky, Julia (2012b): „The Morality of Collective Harm", http://www.escholarship.org/uc/item/9s49q22t#page-1, besucht am 27.01.2014.
Parfit, Derek (1987): *Reasons and Persons*. Oxford: Oxford University Press.
Railton, Peter (2003): *Facts, Values, And Norms*, Cambridge: Cambridge University Press.
Schrödinger, Erwin (1987): „Die gegenwärtige Situation in der Quantenmechanik". In: Kurt Baumann/Roman Sexl (Hrsg.): *Die Deutungen der Quantentheorie*. Braunschweig/ Wiesbaden: Vieweg, S. 98–129.
Shrader-Frechette, Kristin (1987): „Parfit and Mistakes in Moral Mathematics". In: *Ethics* 98. Nr. 1, S. 50–60.
Singer, Peter (2011): *Practical Ethics*. 3.Auflage. Cambridge: Cambridge University Press.
Sinnott-Armstrong, Walter (2005): „It's Not My Fault: Global Warming and Individual Moral Obligations". In: Walter Sinnott-Armstrong/Richard Howarth (Hrsg.): *Perspectives on Climate Change: Science, Economics, Politics and Ethics, Advances in the Economics of Environmental Research Vol. 5*. Amsterdam: Elsevier, S. 285–307.
Vanderheiden, Steve (2007): „Climate Change and the Challenge of Moral Responsibility". In: *Journal of Philosophical Research. Special Issue on Ethics in the Life Sciences* (Hrsg. Fred Adams), S. 85–92.
Wright, Crispin (1975): „On the Coherence of Vague Predicates". In: *Synthese* 30, S. 325–365.

Angela Kallhoff

Klimakooperation: Kollektives Handeln für ein öffentliches Gut

Veränderungen des Klimas und die Folgen der Erderwärmung stellen die Erdbevölkerung vor große Herausforderungen. Aus Perspektive der politischen Philosophie werden in erster Linie Gerechtigkeitsforderungen diskutiert. Neben Bündeln von noch verträglich zu emittierenden Klimagasen stehen auch Bürden, die aus dem Klimawandel resultieren, zur Diskussion. Mit Bürden sind einerseits Anpassungsleistungen an die Folgen des Klimawandels gemeint. Wo Meeresspiegel ansteigen, Überflutungen zunehmen oder Wüstenbildung stattfindet, müssen Menschen versuchen, durch bauliche Maßnahmen Schutz zu finden. Andererseits sind es Lasten, die daraus resultieren, dass eine Reduktion von Emissionen eine oft kostspielige technologische Umstellung bedeutet, oder gar eine Reduktion der wirtschaftlichen Leistung erfordern würde (Gesang 2011; Leist 2011; Ott 2012). Es gilt, jene Bürden gerecht zu verteilen. Klimagerechtigkeit meint an erster Stelle *distributive Gerechtigkeit.*

Jedoch ist der Diskurs um Gerechtigkeit längst umlagert von weiteren ethischen Fragestellungen. Es wird gefordert, dass Klimaverträge so ausgerichtet sein sollen, dass sie an erster Stelle den Ärmsten zugutekommen (Shue 1993). Im Zuge einer Auseinandersetzung um das Verursacherprinzip wird nach Argumenten für die Zuschreibung von Verantwortlichkeiten gesucht. Und es wird debattiert, ob und inwiefern ein vergangenes schuldhaftes Versagen der reichen Nationen Wiedergutmachungsforderungen begründet (Meyer 2011). Vor allem wird über die ethische Dimension der Schadensverursachung und Schadensfolgen diskutiert. In der Neuauflage der *Praktischen Ethik* geht Singer soweit zu konstatieren: „Was wir also den am meisten von der Erderwärmung bedrohten Menschen antun, gleicht in seiner massiven Wirkung einem Angriffskrieg gegen diese Menschen." (Singer 2013, S. 406) Singer beziffert nicht nur eine Schuld der reichen Nationen, sondern verlangt auch, dass diese für den Schaden aufkommen müssen.

Parallel zu diesen Diskursen entwickeln sich eine alternative Deutung des Klimawandels und seiner Folgen sowie eine alternative philosophische Grundlegung möglicher Antworten. Die Übernutzung der Atmosphäre wird in den Kontext der Debatte um öffentliche Güter gestellt. Insbesondere werden Dilemmata kollektiven Handelns analysiert, die daraus resultieren, dass die Atmosphäre ein natürliches Kollektivgut ist. Diesem Gut fehlen klar konturierte und wirksame Eintrittsbarrieren. Vorrangig in diesen Diskursen ist nicht die Schuldfrage. Vielmehr geht es um das tragische Verspielen eines globalen natürlichen Kollektivgutes, das eigentlich allem Lebendigen auf diesem Globus dienen könnte. So ist die gegenwärtige Situation als eine „Tragödie des Gemeingutes" (G. Hardin 1968) zu beschreiben: Durch unkoordinierte Nutzungsformen und durch Übernutzung droht der Untergang des Gutes „Atmosphäre". Besonders dramatisch ist die Situation, da lange Zeit eine Rivalität zwischen den Nutzern nicht sichtbar war.[1] Erst jetzt, da deutlich wird, dass die Atmosphäre sowohl übernutzt als auch falsch genutzt wurde – nämlich als Abraum für Klimagase in großem Maßstab – wird der Schaden deutlich. Die veränderte Zusammensetzung der Beschaffenheit der Atmosphäre bedingt, dass sich die klimatischen Verhältnisse massiv verändern.

Diese Diagnose birgt noch keine Lösung. Ganz im Gegenteil: Wenn die Situation tatsächlich als ein Drama eines natürlichen Kollektivgutes richtig bestimmt ist, gibt dies nicht Anlass zu allzu viel Optimismus. Umso wichtiger ist es, sowohl über normative Deutungen erneut nachzudenken, als auch Lösungsmodelle zu entwerfen, die dem Kenntnisstand über Möglichkeiten kollektiven Handelns entsprechen.

Ich möchte in diesem Beitrag die zuletzt skizzierte Interpretation aufnehmen und in spezifischer Weise weiterdenken. Die Atmosphäre ist ein natürliches Kollektivgut. Wenn es um die Auswirkungen von Zivilisationen auf ein natürliches und zugleich globales Kollektivgut geht, steht die Frage im Raum, wie kollektives Handeln auf dieses Gut bezogen sein sollte. Wird den Empfehlungen des IPCC gefolgt, müssen die gesamten Emissionen in einem quantitativen Rahmen bleiben, der einen kritischen Wert nicht übersteigt. Dieser wird gemessen an jenen Mengen, die korreliert sind mit einer Steigerung der atmosphärischen Erhitzung unter 2°C Temperaturanstieg (IPCC 2007). In den Debatten um Verteilungsgerechtigkeit wird mit Rücksicht auf dieses Szenario argumentiert, der verbleibende Raum in der Atmosphäre müsse in Form von Verschmutzungsrechten fair verteilt werden. Jedoch bestehen an der Vorstellung, mit Rücksicht auf verbleibende Emissionsräume Verteilungsprinzipien zu argumentieren, also distributive Gerechtigkeit als ethisches Paradigma zu wählen, berechtigte Zweifel.

Angesichts der fortgeschrittenen Folgen des Klimawandels und der Mengen jetzt schon in der Atmosphäre befindlicher Treibhausgase, ist fraglich, ob es noch um Verteilung von Verschmutzungsrechten gehen kann. Eigentlich, so muss heute argumentiert werden, kann entweder nur noch über Maßnahmen der Anpassung an die Folgen der Klimaveränderungen und deren Finanzierung nachgedacht werden, oder es müssen Hebel gefunden werden, die eine Schubumkehr der Nutzungsformen insgesamt bewirken können. Aktuell steigen die

1 Zur Theorie des öffentlichen Gutes in seiner von der ökonomischen Theoriebildung geprägten Bedeutung und zu alternativen Deutungsmöglichkeiten in der politischen Philosophie, vgl. Kallhoff 2011.

Emissionen ungebremst. Für die Debatten der Philosophie bedeutet diese Diagnose, dass Fragen der Verteilungsgerechtigkeit in den Hintergrund treten gegenüber anderen ethischen Forderungen. Vordringlich ist vor allem die Suche nach Modellen, die jene Schubumkehr theoretisch vordenken können.

Mein Vorschlag, den ich in diesem Beitrag skizzieren möchte, setzt bei der Interpretation und der Modulierung kollektiven Handelns an. In Theorien der Sozialphilosophie wird seit geraumer Zeit über Modelle kollektiven Handelns nachgedacht. Insbesondere werden Entwürfe diskutiert, die meines Erachtens sehr gut widerspiegeln, was seit Rio gefordert wird: Ein Handeln nach Maßgaben der gemeinsamen, jedoch geteilten Verantwortung (United Nations 1992). Mit theoretischen Ansätzen zum gemeinsamen Handeln („joint agency") soll untersucht werden, unter welchen Voraussetzungen die Dramen des Kollektivgutes vermieden werden und stattdessen zukunftsgewandte Gestaltungsmöglichkeiten genutzt werden können. Neben der Analyse von Dramen kollektiven Handelns und Gegenmodellen des gemeinsamen Handelns ist ein weiterer methodischer Schritt die Nutzung von Erkenntnissen der Wasserethik. In grundlegenden Hinsichten sind Probleme mit der Nutzung von Wasser-Reservoirs und der problematischen Nutzung der Atmosphäre vergleichbar: Beide Male geht es um natürliche Kollektivgüter mit offenen Grenzen, deren Qualität diejenige eines flüchtigen Materials ist. Zudem ist es aus ethischer Perspektive wichtig, dass beide Güter natürliche Lebensgrundlagen für Menschen und andere Organismen sind. Meines Erachtens kann gerade mit Rücksicht auf Ansätze gemeinsamen Handelns von den Debatten der Wasserethik profitiert werden.[2]

Der Beitrag besteht aus fünf Abschnitten. Im *ersten Abschnitt* wird ein Vergleich mit der Nutzung eines Sees als eines natürlichen Kollektivguts dafür verwendet, der Problematik „Klimawandel" eine Beschreibung zu geben, die im Folgenden für die Diskussion von Kooperationsmöglichkeiten grundlegend ist. Im Nachgang zu Singers Vorschlägen in „One Atmosphere" (2002) werde ich das Kollektivgut Atmosphäre mit einem See vergleichen, der aufgrund von Übernutzung und schädigender Nutzung nicht mehr intakt ist. Im *zweiten Abschnitt* werde ich die resultierenden Probleme der Übernutzung als ein Beispiel der „Tragödie des Gemeingutes" skizzieren. Im *dritten Abschnitt* wird begonnen, eine konstruktive Alternative zur Nutzung eines natürlichen Kollektivgutes mit den Eigenschaften eines öffentlichen Gutes zu entwickeln. Dazu wird zunächst erklärt, dass die Nutzung eines natürlichen Kollektivgutes als eine Sondersituation im Kontext kooperativen Handelns bestimmt werden muss. Diese Sondersituation wird als

2 Vgl. Auch meine Beiträge zur Wasserethik, in denen ich diesen Aspekt zu verdeutlichen suche: Kallhoff 2014b und 2014c.

„ökologische Kooperation“ analysiert und von alternativen Kooperationskonzepten abgegrenzt. Im *vierten Abschnitt* wird mit Bezug auf Theorien des Gruppenhandelns eine Option beschrieben, den Schutz eines natürlichen Kollektivgutes zu priorisieren, ohne jedoch von allen Beteiligten eine exklusive Bezugnahme auf dieses Ziel in allen möglichen Handlungskontexten zu erwarten. Im *fünften Abschnitt* wird versucht, zentrale Einwände gegen dieses Modell zu erläutern und – wo möglich – zu entkräften.

1 Eine Diagnostik des Problems

Beginnen wir mit einer Analogie, die das Drama eines natürlichen Kollektivgutes beleuchten soll: Die Übernutzung eines Sees durch seine Anrainer.

Alle Anrainer haben Zugang zu einem See und können ihn für ihre Zwecke nutzen. Eines Tages wird festgestellt, dass sich der See verändert hat durch die verschiedenartigen Einflüsse, denen er ausgesetzt ist. Einige Folgen werden deutlich: Die Fischschwärme werden kleiner und einige Fischarten verschwinden; auch die Flussmündung verändert sich; die Qualität des Wassers wird schlechter. Noch weiß keiner genau, was eigentlich passiert. Aber man hat eine Ahnung davon, dass die Veränderungen außer Kontrolle geraten. Die Angst wächst: Die Situation könnte den Anrainern entgleiten, vielleicht sogar einen für die Dorfbewohner katastrophalen Verlauf nehmen. Möglicherweise wird der See in Zukunft wichtige Funktionen für die Dorfbewohner nicht mehr erfüllen können. Er wird nicht mehr als Nahrungsquelle dienen; er wird kein Trinkwasser mehr liefern; und auch die Schifffahrt wird nur noch in bestimmten Zeiten möglich sein. Was wäre in einer solchen Situation den Dorfbewohnern zu empfehlen?

Die Situation ist nicht dadurch bereinigt, dass Akteure benannt werden, welche die Situation verschuldet haben und zur Wiedergutmachung aufgefordert werden. Statt einen Schuldigen zu suchen, wäre es naheliegender, ein anderes Versäumnis zu erkennen: Mit einem verletzlichen Gut ist auf eine Weise gewirtschaftet worden, welche dem Gut und auch seinen Nutzern nachhaltig schadet. Vor allem resultiert die Situation nicht aus einem punktuellen Ereignis, das – außer in sehr dramatischen Fällen – in einer weiteren Zeitperspektive behoben werden könnte. Angemessen ist dagegen folgende Erklärung: Die Situation ist Resultat wechselseitig unverträglicher Effekte auf den See; die Nutzung des Sees ist chaotisch, so dass sich die Nutzungsformen gegenseitig konterkarieren.[3] Mög-

3 In einer Analyse der Umweltprobleme aus einer Perspektive der Probleme kollektiven Handelns stellt Jamieson treffend fest: „Some of the most serious environmental problems occur when the

licherweise ist das Gut nicht nur falsch genutzt worden, sondern leidet auch an einer Übernutzung, die unbemerkt blieb, solange die Qualität des Gutes nicht ernsthaft gefährdet war.

Im Kontext dieser Überlegungen wird auch die Frage auftauchen, ob die Situation des drohenden Verlusts der Qualitäten des Sees als eine Verknappung der verfügbaren Menge – entweder als Ressource oder als Abraum für schädigende Stoffe – adäquat beschrieben ist. Offensichtlich geht es nicht allein um die Frage, wieviel Seewasser verfügbar ist. Dies ist nur insofern relevant, als davon auszugehen ist, dass unter Umständen ein größeres Volumen des Sees auch möglicherweise ein erhöhtes Maß an Resilienz – also die Fähigkeit des Sees, Störungen zu überwinden, ohne dabei Schaden zu nehmen – mit sich bringt. An erster Stelle steht nicht die Menge an Wasser zur Diskussion. Vielmehr geht es um jene Qualitäten des Sees, die als „Öko-Funktionen" charakterisiert werden (de Groot et al. 2002). Dies sind Services, die ein natürliches Gut sowohl für menschliche Nutzer als auch für andere Lebewesen und für die ökologische Integrität größerer Systeme leistet.[4] Zur Beurteilung der Einflüsse auf die Muster an Öko-Funktionen zählt nicht allein der einzelne, möglicherweise schädliche Eintrag. Vielmehr kommt es auf die Qualitäten der Einträge und ihre Wechselwirkungen an; dies schließt auch sich wechselseitig verstärkende oder gegenseitig abschwächende Effekte ein. Zur Beurteilung des Grades an Schädigung ist auch die Frage zentral, ob ein Schaden reversibel ist oder irreversibel und welcher weitere Schadensverlauf zu erwarten ist.

Ich stelle diese Überlegungen an, um zu zeigen, dass die philosophische Debatte um mögliche Antworten auf den Klimawandel in zwei Hinsichten meines Erachtens in die falsche Richtung oder mindestens verengt geführt wurde. *Erstens* wurde, wie bereits eingangs erläutert, die Debatte in erster Linie als Erörterung von Fragen der Verteilungsgerechtigkeit geführt. In einer gerechtigkeitstheoretischen Perspektive ist es notwendig, sowohl diejenigen Akteure zu bestimmten, die in einer Bringschuld sind, als auch diejenigen, denen etwas zukommen sollte. Shue nennt dies die Fragen des „from whom" und des „to whom" (Shue 1993). In

---

same resource is used both as a source and as a sink: for example, when the same stretch of river is used both as a water supply and as a sewer; or when the same region of the atmosphere is used as a source of oxygen to breathe and as a sink for disposing various pollutants. Using the environment as a source or a sink typically degrades its ability to function." (Jamieson 2008, S. 14) Dieser recht einfache Zusammenhang ist dann dramatisch, wenn das Umweltgut Strukturen eines öffentlichen Gutes hat; als „common pool resource" fehlen ihm natürliche Eintrittsbarrieren, die dazu beitragen könnten, Nutzungsformen zu selektieren.

4 Für einen Fluss sind diese Öko-Funktionen analysiert worden als Dienste eines „gesunden Flusses". Vgl. Sadoff/Grey 2002, S. 393–395.

dieser Betrachtung ist das kollektive Naturgut, bzw. bestimmte Funktionen desselben, entweder dem viel besprochenen Kuchen vergleichbar, der zu teilen ist, oder es dient als Medium für die Prozesse der Schädigung. Das entspricht jedoch nicht dem Umstand, dass die Schäden an dem Gut wesentlich von der Koordination von Nutzungen und den aus Übernutzung resultierenden Effekten bedingt werden.

Grundlage der Debatte um Verteilungsgerechtigkeit in der Klimafrage ist des Weiteren, dass die Übernutzung der Atmosphäre durch zu große Quantitäten an schädlichen Emissionen nicht nur entstanden ist, sondern aufgrund der damit korrelierten Nutzenverteilungen auch ungerecht ist (Shue 1999, S. 536). So richtig es ist, für Gerechtigkeit sorgen zu wollen, wenn einige von einem natürlichen Kollektivgut mehr profitieren als Andere, so sehr verfehlt die Verteilungsproblematik doch auch in dieser Hinsicht den Kern des Problems. Ein öffentliches Gut ist gerade dadurch bestimmt, dass es Nutzungsformen gibt, die nicht notwendig miteinander konkurrieren müssen (Kallhoff 2011; 2014a). Auch wenn die Rivalität um Güter bei natürlichen Kollektivgütern, den *Common Pool Resources*, bei starker Nutzung steigt, können Qualitätsstandards hinsichtlich der Nutzungsformen festgelegt werden, so dass das Gut keinen Schaden nimmt. Um institutionell verankerte künstliche Eintrittsbarrieren zugunsten von Qualitätsstandards in der Nutzung der Atmosphäre muss es primär – auch mit Blick auf die Zukunft – gehen. Die Etablierung solcher Barrieren wird auch Gerechtigkeitsfragen aufwerfen; jedoch beziehen sie sich auf andere Sachverhalte als Gerechtigkeitsfragen in der Verteilung von Verschmutzungsrechten und dem damit korrelierten Nutzen.

Ich werde im Folgenden dafür plädieren, das Problem Klimaschutz als ein Problem kollektiven Handelns zu analysieren. Ausgehend von der Beobachtung, dass sowohl Qualitätsstandards in der Nutzung des Gutes, als auch eine wirksame Koordination von Nutzungsformen fehlen, wird es darum gehen, ein Modell kollektiven Handelns zu argumentieren, das an der Integrität des Kollektivgutes orientiert ist. Im Rest dieses Beitrags werde ich zunächst die „Tragödie des Allgemeingutes Atmosphäre" skizzieren, wie sie sich in den Theorien der Dilemmata kollektiven Handelns darstellt. Diese Skizze ist ein wichtiger analytischer Schritt, um erklären zu können, wofür ein Ansatz kollektiven Handelns eine Lösung bieten soll und wo er Alternativen beinhaltet. Ein solcher Ansatz wird in den auf die Analyse folgenden Abschnitten entwickelt.

2 Die Tragödie des Gemeingutes Atmosphäre

Die Gefährdung der Integrität der Atmosphäre hat verschiedene Gründe. Übernutzung und schädigende Nutzungsformen alleine haben den Klimawandel nicht ausgelöst. Vielmehr wird in der Erörterung normativer Strategien zur Bewältigung des Klimawandels immer wieder auf die Tragödie dieses besonderen Gemeingutes hingewiesen. Die Effekte, die schon Garrett Hardin in seinem klassischen Beitrag „The Tragedy of the Commons" (G. Hardin 1968) für lokale Allmendegüter diagnostizierte – nämlich dass eine gemeinsame Nutzung durch Übernutzung den Untergang des Gutes nach sich zieht – scheint sich beim Kollektivgut „Atmosphäre" zu potenzieren.

Ein sehr nachdrückliches Bild entwirft Stephen Gardiner in *A Perfect Moral Storm* (Gardiner 2011). Das von Gardiner gewählte Bild zur Verdeutlichung der Situation Klimawandel ist eine in einem Sturm durch drei unterschiedliche Sturmrichtungen festgestellte Vessel. Die drei gleichzeitig tobenden Stürme sind ein globaler, ein intergenerationeller und ein theoretischer Sturm. Der *globale Sturm* resultiert daraus, dass Ursachen und Effekte durch die schiere Dimension der Folgewirkungen dissoziiert sind. Insbesondere tragen sowohl Möglichkeiten des Trittbrettfahrens als auch das Fehlen international wirksamer Institutionen zu einer nicht beherrschten Dynamik bei (Gardiner 2011, S. 24–32). Der *intergenerationelle Sturm* resultiert daraus, dass aufgrund der zeitlichen Verzögerung kumulativer Effekte im Klimawandel zukünftige Generationen primär betroffen sein werden; zugleich lädt die Verzögerungsstruktur zu einem Verhalten ein, das als „Buck Passing" die Lasten verschiebt (Gardiner 2011, S. 32–41). Aufgrund der zeitlichen Verzögerung ist es nach Gardiner sogar schlicht unmöglich, eine kooperative Lösung zu entwickeln, denn wichtige Kooperationspartner existieren noch gar nicht. Ein *theoretischer Sturm* resultiert schließlich aus einem inadäquaten Analyseinstrumentarium, so etwa dem Versuch, Kosten-Nutzen-Analysen zur Bearbeitung der Problematik anzuwenden (Gardiner 2011, S. 41–45).

Interessant an dieser Analyse ist nicht nur eine theoretische Abbildung der Vielschichtigkeit des Problems. Insbesondere werden in allen drei Hinsichten auch Probleme kollektiven Handelns als zentral erachtet. Jedoch hebt Gardiner zugleich hervor, dass die Problematik primär das Resultat einer moralischen Korruptheit der heutigen Akteure ist. Sie tendieren nicht nur zu einem als „Trittbrettfahren" beschriebenen profitorientierten Verhalten, ohne sich zugleich an der Aufrechterhaltung des Gutes mit Eigenleistungen zu beteiligen. Sie sehen vielmehr auch keine Verpflichtungen gegenüber zukünftigen Generationen, sondern reichen die Schäden und Preise der Übernutzung der Atmosphäre unverblümt an die nächsten Generationen weiter. Insbesondere sieht Gardiner auch keinen Ansatz für eine kooperative Handlungsstrategie. In diesem Punkt möchte ich ihm jedoch widersprechen. Dazu sind allerdings mehrere Schritte notwendig.

Um konstruktive Handlungsstrategien zu entwerfen, ist es zunächst erforderlich, jene Aspekte aus der „Tragödie" herauszufiltern, die aus den Fehlern kollektiven Handelns resultieren. In Hardins Analyse war es die Annahme eines „open access-regimes", das die Katastrophe herbeiführt. Bei offenen Grenzen ist eine

Übernutzung des gemeinsamen Gutes notwendiges Resultat (G. Hardin 1968). Ein Dilemma kollektiven Handelns ist jedoch erst dann gegeben, wenn durchaus rationale Nutzungsstrategien einzelner Akteure ein sozial wünschenswertes Ergebnis verfehlen. Nehmen wir an, es sei ein von allen befürwortetes Ziel, die Atmosphäre soweit intakt zu erhalten, dass sie Funktionen zur Stabilisierung der klimatischen Verhältnisse weiterhin erfüllen kann.[5] Atmosphärenschutz ist ein sozial erwünschtes Ziel. Wir nehmen weiterhin an, es könnte durch Kooperation erwirkt werden.[6] Dieses Ziel wird allerdings verfehlt. Dies resultiert nicht aus einer schlichten und tatsächlichen Unmöglichkeit der Verwirklichung des Zieles, noch aus einem bösen Willen der an der Kooperation beteiligten Parteien. Vielmehr resultiert das Ergebnis aus einer ungünstigen Kooperationssituation. In dieser Situation verwirklichen Kooperationspartner Strategien, die aus ihrer jeweiligen Perspektive vernünftig sind; jedoch wird zugleich das Kooperationsziel „Atmosphärenschutz" verfehlt.

In der Debatte um den Klimawandel sind vor allem zwei Interpretationen der Dilemmata kollektiven Handelns zentral.

Erstens ist es die auch von Stephen Gardiner bezifferte Problematik, dass die Anreize zur Kooperation zugunsten eines sozial optimalen Ergebnisses nicht gegeben sind, bzw. es Anreize zu nicht-kooperativem Verhalten gibt. Weder wird sozial-kooperatives Verhalten belohnt, noch sind diejenigen von den Folgen einer Nicht-Kooperation primär betroffen, welche eine Kooperation zugunsten des Klimaschutzes verweigern. Durch die Möglichkeiten der Weitergabe der Schadensfolgen an Andere und auch an zukünftige Generationen werden Gegenanreize geschaffen. Derjenige, der nicht in Atmosphärenschutz investiert und damit zu einer Verschlechterung der Gesamtsituation beiträgt, kann weiterhin unmittelbar profitieren.

Zweitens ist das Verhalten des *Trittbrettfahrers* für denjenigen, der es wählt, vorteilhaft – ja, es wird sogar theoretisch legitimiert. Das Verhalten des Trittbrettfahrens wird beschrieben als eine Nutzung eines kollektiven Gutes, ohne eine Beteiligung an der Erhaltung des Gutes zu leisten. Ein Trittbrettfahrer in Sachen Klima wird davon profitieren, dass andere Atmosphärenschutz betreiben, ohne jedoch selbst etwas dazu beizutragen. Wenn Emissionen reduziert werden, indem z. B. CO_2-intensive Energiegewinnung vermieden wird, kann der Trittbrettfahrer sogar sicher sein, dass dank des *Grünen Paradoxons* (Sinn 2008) folgende Situation eintritt: Diejenigen, die aktiven Atmosphärenschutz betreiben, schaffen nur

5 Mir ist bewusst, dass dies eine vereinfachende Darstellung der Funktionen der Atmosphäre und der Klimaziele ist. Sie dient zur Illustration der möglichen Probleme kollektiven Handelns.
6 Im vierten Abschnitt stelle ich ein Modell der Kooperation vor, das dieser Vorgabe entspricht.

weitere Möglichkeiten für diejenigen, welche sich nicht daran beteiligen. Diese werden die Energieträger und auch den gewonnen Emissions-Freiraum für sich nutzen. Sofern dabei schlechtere Verwertungstechniken verwendet werden, etwa Verwertung ohne fortgeschrittene Filtertechniken, ist die Gesamtbilanz sogar schlechter als zuvor (Posner/Weisbach 2010, S. 32). Trittbrettfahren ist mithin nicht nur möglich aufgrund der fehlenden Eintrittsbarrieren; es wird sogar mit Theorien des „Grünen Paradoxon" legitimiert.

Neben diesen Problemen kollektiven Handelns sind zwei weitere Aspekte wichtig, um die Tragödie des spezifischen Gemeingutes Atmosphäre zu erklären.

Drittens gibt es auch dann, wenn keine negativen Anreize vorausgesetzt werden, mindestens das Problem, dass es *keine positiven Anreize* zum kollektiven Handeln zugunsten des Klimaschutzes gibt. Klimaschutz ist teuer. Wird vorausgesetzt, dass die Kooperationswilligkeit potentieller Atmosphärenschützer auch von den Gewinnen solchen Handelns abhängt, wird die Motivation gering sein. In ihren Vorschlägen zu einem optimalen Klimavertrag gehen Posner und Weisbach davon aus, dass nur dann Kooperationswilligkeit gegeben sein wird, wenn alle Beitragenden tatsächlich sehen, dass sie durch einen Klimavertrag besser gestellt werden (Posner/Weisbach 2008, S. 6). Eine Option zur Verbesserung dieses motivationalen Problems wäre es, an den Klimaschutz Vergütungen zu binden, die sich unmittelbar auszahlen würden. Jedoch ist fraglich, ob diese Koppelung gelingen kann – Klimaschutz ist kostenaufwendig und wird es bleiben. Wenn sich Gewinne abzeichnen, so etwa aus neuen Märkten, die aus dem Umbau auf grüne Energien entstehen, wird dies allenfalls langfristig bilanzierbar sein.[7]

Viertens scheint sich auch eine Situation zu ergeben, welche mit derjenigen des Gefangenen-Dilemmas vergleichbar ist. In dem ursprünglichen Szenario, dem *Gefangenen-Dilemma*, wird – vereinfacht gesagt – ein für alle suboptimales Ergebnis deshalb erreicht, weil jeder auf seinen eigenen Nutzenkalkül fixiert ist und zusätzlich in der Einschätzung der Kooperationswilligkeit der anderen Parteien lieber vorsichtig ist: Es kann nicht davon ausgegangen werden, dass der Andere kooperieren wird. Mit Rücksicht auf kollektive Güter wird dadurch eine Strategie verspielt, welche zur Erhaltung des Gutes beitragen würde (Kallhoff 2011, S. 35–37). Selbst wenn ein Verbund von Akteuren darin übereinkommt, Maßnahmen eines wirksamen Atmosphärenschutzes zu ergreifen, können diejenigen, die sich diesem Bund nicht anschließen, sowohl weiterhin eine Struktur

7 Eine Konsequenz, die aus dieser Einsicht gezogen werden muss, ist diejenige, dass eine Veränderung der Situation ohne eine ethische Rückbindung nicht gelingen wird. In der Ethik werden Forderungen formuliert und gerechtfertigt, die auch dann als richtig erklärt werden, wenn die Anreize in eine andere Richtung weisen, vgl. dazu Abschnitt 4.

des Gefangenen-Dilemmas verursachen. In diesem Kontext muss auch berücksichtigt werden, dass die an einem Klimavertrag zu beteiligenden Staaten zum Teil eine Leidensgeschichte mit sich tragen, die auch daraus resultiert, dass sie nicht als gleichberechtigte Partner in der internationalen Gemeinschaft der Staaten anerkannt wurden. Wieso also sollte den „reichen Staaten" jetzt hinsichtlich einer gemeinsamen Strategie des Atmosphärenschutzes vertraut werden?

Die skizzierte Analyse folgt der Logik von Theorien kollektiven Handelns, die das Scheitern von sozial wünschenswerten Zielen unter den Bedingungen primär selbstinteressiert handelnder Akteure voraussagen. Nach diesen Modellen fehlen die Voraussetzungen, um einen wirksamen Atmosphärenschutz durchzusetzen. Im folgenden Abschnitt möchte ich zunächst darlegen, dass das Standardmodell kollektiven Handelns, das auf dem Modell freiwilliger Kooperation basiert, nicht den Umständen der Nutzung der Atmosphäre als eines kollektiven Gutes entspricht. Kooperation mit Rücksicht auf ein natürliches Kollektivgut ist eine Sondersituation, welche ich als „ökologische Kooperation" bezeichnen möchte. Aus der Skizze der Eigenschaften ökologischer Kooperation lässt sich noch kein alternatives Modell kollektiven Handelns ableiten. Aber es können alternative Weichenstellungen der Theoriebildung begründet werden; und diese können dann einem Ansatz dienen, der als Ansatz des Gruppenhandelns erklärt wird.

3 Ökologische Kooperation: eine Sondersituation

Bevor die Diskussion eines Modells gemeinsamen Handelns, bzw. Gruppenhandelns, erörtert wird, soll zunächst die Richtung skizziert werden, in welche die Überlegungen in konstruktiver Absicht führen können. Dazu soll nochmals das Beispiel der Nutzung eines Sees dienen.

Wäre es in unserem Beispiel des Sees so, dass die Mehrheit der Anrainer für ein kollektives Regime des Schutzes votieren würde, und wäre es so, dass die Anrainer eine Gruppe bilden würden, die ein wirkmächtiges und überzeugendes Schutzprogramm umsetzten, so würde es in zwei Hinsichten eine Verbesserung der Situation geben: *Erstens* wäre die Gruppe der Anrainer in einer guten Position, einen Schutz tatsächlich auch zu erwirken. Zwar wäre die Situation erschwert, wenn schon jetzt die Schadwirkungen so erheblich wären, dass die Widerstandsfähigkeit des Sees begrenzt wäre. Aber immerhin könnte es möglicherweise noch gelingen, dank einer kollektiven Anstrengung einen Untergang wichtiger Öko-Funktionen zu verhindern. *Zweitens* läge die Kraft des Schutzprogramms nicht darin, dass es eine externe Regulierungsinstanz gibt, welche Defektierer zur Ordnung rufen könnte. Vielmehr läge die Kraft darin, dass sich die Gruppe der See-Schützer einig darin ist, alles dafür zu tun, den Schutz zu gewährleisten. Alle wären davon überzeugt, dass die Zielvorgabe angemessen ist; und alle teilen die Überzeugung, dass dieses Ziel nur gemeinsam und unter der Mitwirkung eines Jeden erreicht werden kann.

Bevor ein entsprechendes Modell für den Klimaschutz ausgeführt werden kann, muss zunächst erklärt werden, was die spezifischen Eigenschaften einer Situation sind, in der unterschiedliche Nutznießer an einem natürlichen Gut partizipieren. Ich nenne diese Sondersituation der Kooperation die „ökologische Kooperation".

Beginnen möchte ich mit der Feststellung: Kooperationsmöglichkeiten mit Rücksicht auf ein natürliches Kollektivgut unterscheiden sich in grundlegenden Hinsichten von einem Standardmodell der Kooperation. Kooperation bedeutet das Zusammenwirken von Handlungen von mindestens zwei Personen, um ein gemeinsames Ziel zu erreichen. Vorausgesetzt wird in der Regel, dass das Zusammenwirken freiwillig ist und dass das Ziel von allen Beteiligten als wünschenswert eingestuft wird. Kooperation wird insbesondere aus zwei Gründen Einzelhandlungen vorgezogen: Entweder ist das Ziel nur und ausschließlich durch ein Zusammenwirken zu erreichen; oder das Zusammenwirken ist der ertragreichere Weg zur Erreichung des Zieles. Die soeben beschriebenen Probleme kollektiven Handelns setzen dort an, wo trotz des gemeinsamen Nutzens des Erreichens eines Zieles die kooperative Strategie für einen jeden Beteiligten jene Rationalisierung nicht zulässt.

Die Situation der Nutzung eines Sees durch eine Gruppe von Anrainern ist eine Situation, in welcher Menschen zumindest auf den ersten Blick überhaupt nicht kooperieren oder kooperieren müssen. Individuelle Nutzer oder nutznießende Institutionen profitieren von dem See auf eine Weise, die sie selbst wählen.[8] Kooperationserfordernisse ergeben sich erst dann, wenn das Gut gefährdet ist und damit auch eine längerfristige Nutzung der Einzelnen fraglich wird. Dieses Erfordernis resultiert daraus, dass die Situation insgesamt nicht etwa diejenige eines freiwilligen Tausches ist, sondern vielmehr diejenige von Austauschprozessen im Medium des Sees.[9] Dadurch ergeben sich drei Unterschiede gegenüber einer üblichen Kooperationssituation:

Erstens finden Austauschprozesse nicht untereinander, sondern im Medium eines natürlichen Gutes statt. Wenn ein Nutzer einen Anteil Wasser verbraucht,

8 Ich abstrahiere hier von dem Umstand, dass Nutzungsformen in der Realität durch Rechtssetzungen institutionell reguliert sind. Für Gewohnheitsrechte rund um das Wasser, vgl. Radkau 2002, S. 107–225.

9 Eine vergleichbare Analyse stellt Bollier an für Austauschprozesse im Medium öffentlicher Güter. Er nennt dies „Gift Economies", vgl. dazu Bollier 2002, S. 48.

dann nimmt er etwas von einem Kollektivgut, das dann, wenn die Ressource begrenzt ist, etwa dem anderen nicht mehr zur Verfügung steht. Nennen wir dies einen *indirekten Tausch. Zweitens* gibt es Effekte der Tauschhandlung für die andere Partei; allerdings sind diese Effekte nicht direkt. Im Fall von Wasser oder Luft sind sie träge und folgen der Logik der Akkumulation. Relevant sind oft nicht einzelne Einträge, sondern der akkumulierte Effekt. Dasselbe gilt für die Entnahme. Nennen wir dies *die Logik der Akkumulation. Drittens* ist das, was wir in diesem Zusammenhang einen Austauschprozess nennen können, weder unbedingt freiwillig noch notwendig symmetrisch. Wenn es um ein Kollektivgut wie Wasser oder Luft geht, ist im Gegenteil davon auszugehen, dass Austauschprozesse notwendig sind. Auch hängt es sehr von den gesellschaftlichen Bedingungen ab, wie Menschen und Institutionen auf ein Naturgut zugreifen können – und in welchem Umfang dies vonstatten geht. Auch in vielen Zivilisationstechniken und Produktionsprozessen spielen diese Güter eine Rolle. Die Eigenschaft, dass Nutzungsformen vorgeprägt sind, kann als *kanalisierte Nutzung* bezeichnet werden. Eine Firma an dem See wird eine andere Nutzungsform festlegen als eine Institution zur Gewinnung von Frischwasser aus dem See.[10]

Eine Analyse eines möglichen Kooperationszusammenhanges, die sich vorerst nur auf die kausale Ebene bezieht, legt den Vergleich mit einem *Metabolismus* nahe. Strukturiert ist der Metabolismus zum Teil durch gegebene topographische und natürliche Gegebenheiten, zum Teil durch institutionelle Arrangements. Der einzelne Endverbraucher nutzt Strukturen und Gegebenheiten, die er nicht selbst geschaffen hat. Insbesondere sind die Austauschformen in unterschiedlichem Grade den Nutzern auch bewusst. Vor allem werden sie erst dann reflektiert, wenn Konflikte auftreten oder der Verlust des Gutes droht.[11]

Mit dieser Analyse der Situation mit Rücksicht auf Gut und Nutznießer wird zunächst deutlich: Die Lösung der fortschreitenden falschen Nutzung der Atmosphäre – falsch gemessen an der Integrität des Gutes Atmosphäre, was deutlich mit der Klimastabilität korreliert ist – liegt nicht darin, dass Anteile fehlerhaft verteilt werden. *Vielmehr ist der Metabolismus offensichtlich außer Kontrolle geraten.* In dieser Situation gilt es, Institutionen zu etablieren, die wirksam dafür sorgen

---

10 Es gibt auch die individuellen Nutzer und Möglichkeiten der Fehlnutzung seitens einzelner Institutionen, die gravierend sein können. Wenn eine Firma verseuchtes Wasser einleitet, wird der See insgesamt in Mitleidenschaft gezogen. Jedoch möchte ich den Fall der „In-Pool-Pollution“ als eine Sondersituation ansehen, die entsprechende Verantwortungskonzeptionen benötigt.
11 Vergleiche hierzu Ostrom/Gardner 1993; Ostrom 1990. Mit Rücksicht auf die „global commons“, vgl. Buck 1998.

können, den Metabolismus so zu regulieren, dass auch in Zukunft vielfältige Nutzungsmöglichkeiten erhalten werden – insbesondere jene, die grundlegend und lebenserhaltend sind.

Ein zentraler Schritt in dieser Analyse und zur Verbindung einer Vorstellung gelungener Kooperation mit der Ebene des Metabolismus ist nun eine Erkenntnis aus der Wasserethik. Ansprüche an die Nutzung eines gemeinsamen Wasserreservoirs führen zu oft dramatischen Konflikten. Diese resultieren daraus, dass Nutzungsformen oft nicht miteinander verträglich sind. Jedoch muss dies nicht notwendig dazu führen, dass die Konflikte eskalieren. Vielmehr zwingen sie dazu, Überlegungen über die Ziele in der Gestaltung eines Naturgutes anzustellen. Insbesondere wird darüber nachgedacht, wie ein „aktives Co-Designing" der Institutionen, durch welche zukünftige Nutzungsmöglichkeiten festgelegt werden, gelingen kann (Delli Priscoli/Wolf 2009). Zentral ist dabei die Einsicht, die im Wasser-Konfliktmanagement formuliert wurde: Eine solche zielorientierte Umgestaltung ist nicht möglich ohne eine freiwillige Unterstützung aller Betroffenen, die von der Richtigkeit der Maßnahmen überzeugt sind, und eine ethische Grundlegung. Eine solche Ethik muss die Zielvorstellungen rechtfertigen können.

Jerome Delli Priscoli und Aaron Wolf haben in ihrem Buch *Managing and Transforming Water Conflicts* (2009) das Konzept des „aktiven Co-Designing" verwendet. Sie verstehen darunter Aktivitäten, in welcher Entscheidungen für die zukünftige Gestaltung von Wasserresourcen getroffen werden. Dies sind Entscheidungen darüber, durch technische und zivilisatorische Eingriffe die Verfügbarkeit von Ressourcen nachhaltig zu gestalten. Ein „aktives Co-Designing" eines Flusses etwa könnte darin bestehen, seinen Lauf zu verändern, die Auenlandschaft umzugestalten für Überschwemmungen oder gar einen Damm zu bauen. Ein „aktives Co-Designing" von Wasser als Grundwasserreserve würde Entscheidungen darüber beinhalten, welche Bohrungen an welcher Stelle sinnvoll sind, wieviel Wasser entnommen wird. Solche Entscheidungen können nur auf der Grundlage normativer Prinzipien entwickelt werden. In einem ersten Zugriff geht es in der Wasserethik um eine neue Balance. Vor allem gehe es um eine Alternative gegenüber zwei Extremen: Gigantismus und technologischer Triumphalismus auf der einen Seite und rückwärtsgewandtes Bewahren um jeden Preis andererseits (Delli Priscoli/ Wolf 2009, S. 121). Insbesondere gilt: „[...] the new ethic we require is not simply one of preservation. It is one that should be built teleologically, on a sense of purpose and on an active codesigning with nature" (Delli Priscoli/Wolf 2009, S. 121).

Die Frage, die mich im verbleibenden Teil des Artikels beschäftigen wird, ist diejenige, wie ein solches Modell der zielführenden Kooperation mit Rücksicht auf die Atmosphäre als eines natürlichen Kollektivgutes beschaffen sein müsste. Dies beinhaltet weitere Fragen: Welchen Bedingungen unterliegt das Modell der

Kooperation in diesem Fall? Und: Welche Hindernisse müssen vorrangig ausgeräumt werden?[12]

4 Ein Modell des Gemeinsamen Handelns

Was die Dramen rund um das Kollektivgut Atmosphäre verbessern könnte, wäre folgende Situation[13]: Jeder Akteur handelt konstruktiv unter Berücksichtigung des gemeinsamen Zieles „Atmosphärenschutz". Die Akteure bilden eine Gruppe und lassen sich sogar in ihrem Individualhandeln dann von dem Gruppenziel leiten, wenn das Gut Atmosphäre von ihrem Handeln betroffen ist. Die Formulierung und Etablierung eines Zieles ist begleitet von einem Prozess ethischer Selbstvergewisserung, in welchem die dem Ziel zugrundeliegenden Werte verhandelt werden. Insbesondere ist das Ziel des Atmosphärenschutzes korreliert mit einem Handlungsethos. Dieses wird sich je nach lokalen und an bestimmten Zielen orientierten Klimaschützern unterscheiden.

Die theoretischen Ressourcen für ein solch alternatives Modell des gemeinsamen Handelns[14] werden in Theorien der Sozialphilosophie entwickelt, in denen das Gruppenhandeln und das gemeinsame Handeln untersucht werden. Insbesondere werden Handlungskontexte analysiert, in denen gemeinsames Handeln keine von individuellen Handlungen abgeleitete Handlungsform ist. Vielmehr wird gezeigt, dass es eine grundlegende Tatsache ist, dass Menschen in Gesellschaften nicht isoliert voneinander handeln, sondern dass sie gemeinsam handeln und solches Gruppenhandeln auch institutionalisiert ist (Baier 1997, Bratman 1993, Gilbert 1996; 2003, List/Pettit 2011, Tuomela 2002).[15] Theorien des

12 Die Fragen der Institutionalisierung können im Kontext dieses Beitrags nicht erörtert werden.

13 In der Beschreibung der Situation wird zunächst von den trägen Prozessen der Anreicherung und der daraus resultierenden Folgewirkungen abstrahiert.

14 Ich wähle den Begriff des „gemeinsamen Handelns" („joint agency") als ein weites Konzept, mit welchem noch keine Festlegungen bezüglich des Status der Akteure in ontologischer Hinsicht getroffen werden.

15 Ich gehe hier nicht auf die tiefgreifenden systematischen Unterschiede ein, welche die Theorien gemeinsamen Handelns voneinander unterscheiden. Vielmehr interessiert mich, dass es eine Gruppe von Autoren und Theorien gibt, die folgende Dinge erörtern: die Möglichkeiten von „shared intentions" (Bratman 1993; Gilbert 1989, S. 128; Tuomela 2003) und die Rolle solcher geteilten Intentionen im Handeln kollektiver Akteure (Schmid/Schulte-Ostermann/Psarros 2008), die Möglichkeiten der Etablierung kollektiver Ziele einschließlich der transformativen Prozesse des gemeinsamen Verhandelns von Gruppenzielen (Poteete/Janssen 2010, Seemann 2009), die Bereitschaft von Gruppen-Akteuren, sich selbst normative Verpflichtungen in ihrem Handeln aufzuerlegen (List/Pettit 2011, S. 153–169; Miller 2010).

gemeinsamen Handelns stellen nicht nur eine Alternative zu Ansätzen der Theorien der sozialen Wahl („social choice theory") dar, die weiterhin einem methodologischen Individualismus verpflichtet sind (R. Hardin 1982, S. 16–37). Vor allem entwickeln sie eine alternative Handlungstheorie gegenüber dem selbstinteressierten, rationalen Akteur – eine Perspektive, welche die destruktiven Szenarios bzgl. öffentlicher Güter beinhaltet (Gilboa 2010; List/Pettit 2002; Nitzan 2010, S. 93–175).

Theoretiker des gemeinsamen Handelns erklären ein Modell des Handelns, demzufolge Individuen als Gruppen handeln können und zudem in diesem gemeinsamen Handeln auch gemeinsame Ziele verwirklichen. Nach Raimo Tuomela sind dabei besonders drei Aspekte hervorzuheben: *Erstens* können Gruppen in einem tatsächlichen und nicht nur metaphorischen Sinn handeln; sie sind Handlungssubjekte, die Interessen und Ziele verfolgen (Tuomela 2007, S. 19). *Zweitens* konstituieren sich Gruppen durch ein „commitment" aller Gruppenmitglieder zu einem von allen Beteiligten geteilten Ethos. Das Ethos enthält: „constitutive goals, values, beliefs, norms and standards collectively accepted by the members acting." Und: „A group is assumed to try to satisfy and normally also to maintain its ethos" (Tuomela 2007, S. 44). Insbesondere versorgt das Ethos die Gruppenmitglieder mit Handlungsgründen, die auch auf ihr individuelles Handeln Auswirkungen haben (Tuomela 2007, S. 23). *Drittens* hat jede Gruppe einen speziellen Handlungsfokus; das gemeinsame Anliegen bildet den „intentional horizon of the group" (Tuomela 2007, S. 23). Dieser Horizont wird aufgespannt durch die Summe der miteinander geteilten Interessen (Tuomela 2007, S. 15).

Wichtig zur Etablierung einer Gruppe ist zweierlei: *Erstens* ein gemeinsames Ziel des Handelns, das von allen Mitgliedern eines Kollektivs als solche erkannt und unterschrieben wird; und *zweitens* ein Set von geteilten Wertvorstellungen, ein Ethos, das die Gruppenmitglieder nicht nur teilen, sondern das ihnen auch hilft, sich als Gruppe zu identifizieren. Insbesondere ist die Verwirklichung des Zieles Gegenstand des Handelns der Mitglieder der Gruppe. Das gemeinsame Ziel stiftet Handlungsgründe, welche auch dann gelten, wenn die Mitglieder der Gruppe wieder als Individuen handeln. Die Handlungen, mit denen das gemeinsame Ziel verwirklicht wird, folgen der Logik dieser Vorgaben. Jedoch sind die Handlungen selbst nicht festgelegt, sondern durch die Individuen gestaltet.

Mein Vorschlag zur Übertragung dieses Modell in den problematischen Kontext der Nutzung der Atmosphäre ist wiederum von Konzepten der Wasserethik und dem Vergleich mit der Klimaethik getragen (Kallhoff 2014c). Um ein Ethos der Gruppe der Atmosphärenschützer zu argumentieren, das möglichst umspannend ist und von stark individuell gefärbten Wertvorstellungen abgelöst werden kann, eignen sich Konzepte der *Umweltgerechtigkeit*. Insbesondere ist Umweltgerechtigkeit ein vieldimensionales Konzept, mit dem zugleich sehr grundlegende moralische Forderungen artikuliert werden (Schlossberg 2007). Ein gerechter Umgang mit dem Gut „Atmosphäre“ kann in drei Hinsichten expliziert werden: als ökologische Gerechtigkeit, als kulturelle Gerechtigkeit, und als distributive Gerechtigkeit.[16]

Erstens beinhaltet das Ethos der Atmosphärenschützer *ökologische Gerechtigkeit.* Ökologisch gerecht ist eine Nutzungsform dann, wenn durch sie die Integrität des Naturgutes nicht beschädigt wird. Die Übernahme dieses Aspekts des Ethos könnte bedeuten: Wenn erkannt worden ist, dass Treibhausgase den Klimawandel befördern und damit die Integrität der Lebenszyklen in Gefahr bringen, muss versucht werden, die Emission zu reduzieren. Anders als in Ansätzen zur Klimagerechtigkeit ist diese Forderung für jeden Atmosphärenschützer gleichermaßen bindend; es ist Teil seines Ethos.

Zweitens ist ein wichtiger Wert in dem Ethos der Atmosphärenschützer die *kulturelle Gerechtigkeit.* Dieses Konzept ist in der Wasserethik möglicherweise leichter zu verteidigen als in der Klimaethik. In jenem Konzept besagen die Forderungen der kulturellen Gerechtigkeit, den einzelnen kulturell bedingten Wertzuschreibungen und kulturell als wertvoll erachteten Nutzungsformen Respekt zu zollen. In der Klimaethik kann kulturelle Gerechtigkeit bedeuten, etwa schädliche Agrartechniken und schädliche Industrieformen im Horizont von zivilisatorischen Werten mit Rücksicht auf schonende Alternativen zu hinterfragen. Vor allem gilt es auch, jenen zivilisatorischen Leistungen besondere Beachtung zu schenken, die ein gutes Leben in kulturellen Gemeinschaften ermöglichen, ohne den zerstörerischen Pfaden der Industrialisierung zu folgen.[17] Es wäre auch zu diskutieren, inwiefern klare Luft nicht auch als Bestandteil eines guten Lebens einer Zivilisation zu betrachten ist.

Drittens wird *Fairness in der Zuteilung* des Gutes und in Verfahren der Zuteilung gefordert. In der Wasserethik wurde ein Grundrecht auf Wasser argumentiert (Gleick 1998); dieser Argumentationsstrang ist dem „Per-Capita-Approach“, der einem jeden Nutzer das gleiche Budget an klimaschädigenden Gasen zuspricht, vergleichbar. Jedoch gilt es auch zu berücksichtigen, dass Fairness nicht auf den direkten Zugriff auf die Atmosphäre und die Emission von Quantitäten an Gasen bezogen sein muss. Vielmehr wird es in Zukunft darum gehen, Fairness vor allem auf der Ebene der institutionellen Erneuerung im Zugriff auf die Atmosphäre zu

---

16 Eine ausführlichere Erklärung dieser drei Dimensionen findet sich in Kallhoff 2014c.

17 Dies bedeutet nicht, den weniger entwickelten Ländern das Recht auf industrielle Entwicklung abzusprechen. Vielmehr bedeutet es, Wege zu befördern, die ohne jene schädigenden Nebenwirkungen und unter Berücksichtigung der kulturellen Werte von Gesellschaften das gute Leben der Mitglieder der Gesellschaften befördern können.

argumentieren. Ein aktives Co-Designing unter Vorgaben der Fairness bedeutet, jene Institutionen mit hinreichenden Mitteln auszustatten, welche nachhaltig zu einem Atmosphärenschutz beitragen können – so insbesondere Institutionen zur nicht-kohlebasierten Energiegewinnung.[18]

Ein Ethos der Gruppe der Klimaschützer beinhaltet mithin eine Priorisierung der Integrität des Naturgutes; eine Überzeugung der eigenen Verantwortung zum Tun des jeweilig Möglichen in Kontexten der eigenen Kultur; und grundlegende Fairnessprinzipien, welche die Sondersituation mit Rücksicht auf ein lebenserhaltendes Gut in Betracht ziehen.[19] Die Übernahme dieses Ethos ist Teil der Konstituierung der Gruppe der Atmosphärenschützer. Ist dies vollzogen, kann die Gruppe als ein Kollektiv handeln – wobei jede Teilgruppe und jeder Einzelne in seinen Handlungen dazu beitragen wird, dass das übergreifende Ziel des Atmosphärenschutzes verwirklicht wird. Dieses Modell des Handelns steht in starkem Kontrast zur Theorie der freiwilligen Kooperation. Insbesondere beruht das „Wir-Handeln" auf der Verschmelzung zu einem gemeinsamen Akteur in der Verfolgung eines gemeinsamen Zieles. Dies bedeutet jedoch nicht, dass alle Mitglieder der Gruppe dasselbe tun. Ganz dem Modell der gemeinsamen, aber geteilten Verantwortung entsprechend (United Nations 1992) wird jeder Einzelne das tun, was in seinem Kontext zur Verwirklichung des Schutzes der Atmosphäre möglich ist.

Eine zentrale Voraussetzung für das skizzierte Gruppenmodell ist, dass tatsächlich ein gemeinsames Ethos die Mitglieder der Gruppe verbindet. Da das Konzept der Gruppe unterschiedlich konnotiert ist – unter anderem auch als „gewachsene Gruppe" oder als eine Einheit, die aus sozialer Verbundenheit entsteht – muss auch gesagt sein, dass die hier angesprochene Gruppe dem Modell folgt, das Tuomela als Task-Gruppe mit einem zielorientierten Fokus besprochen hat.[20] Zudem wird die Gruppenbildung dann befördert, wenn Konflikte auftreten.

---

18 Fairnessprinzipien müssen im Detail ausgearbeitet werden. Dies kann hier nicht geleistet werden, aber es kann darauf verwiesen werden, dass die Debatten der distributiven Gerechtigkeit der Klimadebatte an dieser Stelle viele gute Ansätze liefern.

19 Die drei Gruppen von Werten sind orientiert an drei zentralen Konzepten der Umweltgerechtigkeit. Umweltgerechtigkeit kann bestimmt werden als ökologische Gerechtigkeit, wonach gerecht nur solches Handeln ist, das die Integrität des Naturgutes respektiert; als kulturelle Gerechtigkeit, wonach dem Naturgut zugeordnete kulturelle und ästhetische Werte respektiert werden; und als Fairness in der Nutzenverteilung (vgl. Kallhoff 2014c).

20 „The group here [in the we-mode, AK] can be even a temporary task group consisting of some agents who face the task of carrying a heavy table upstairs. Having formed a joint intention (goal) to do it, they already form a group in a we-mode sense. Such a group is capable of action" (Tuomela 2002, S. 164).

Dann wird der zuvor besprochene Metabolismus nicht mehr nur hingenommen, sondern seine dramatische Fehl-Entwicklung erkannt.

5 Gegenargumente

Gegen das skizzierte Modell kollektiven Handelns ist eine Reihe von Einwänden denkbar. In diesem Abschnitt möchte ich drei zentrale Einwände erörtern. Es sind dies ein *Ethikvorbehalt*, ein *Fatalismuseinwand*, und *das Problem gemischter Motivationen*. Nach dem Ethikvorbehalt ist entweder das skizzierte Ethos zu fordernd oder prinzipiell eine solche mögliche Ausrichtung von Akteuren nicht in Sicht. Nach dem Fatalismuseinwand kommt jegliche Überlegung für eine konstruktive Wendung ohnehin zu spät. Und nach dem Problem gemischter Motivationen kann mit dem skizzierten Modell das zentrale Problem, nämlich ein Fehlen positiver Anreize für kooperatives Verhalten, nicht ausgeräumt werden. Ich werde diese Einwände auch deshalb diskutieren, weil dadurch weitere Präzisierungen und Aspekte des Modells gemeinsamen Handelns erklärt werden können.

a) Ethikvorbehalt

Es mag so aussehen, als basiere das vorgeschlagene Modell auf der Idee des Trumpfes von Werten, die in einem Klimaethos nur zusammengefasst werden. Jedoch gilt in einer modernen Welt doch das von Rawls so bezifferte „Faktum des Pluralismus" (Rawls 2003, S. 67). So muss respektiert werden, dass nicht alle Menschen bereit sein müssen, sich dem skizzierten Klimaethos zu verschreiben.

Dazu muss zunächst angemerkt werden, dass die ökologische Kooperation keine freiwillige Kooperation gemäß der Standardversion ist. Anders als in einigen gesellschaftlichen Austauschprozessen stehen Menschen als Lebewesen nicht vor der Wahl, Wasser, Luft und Boden zu nutzen. Vielmehr ist ein Teil der Wahrheit bezüglich der menschlichen Lebensform: Menschen müssen diese natürlichen Grundgüter nutzen. Damit sind die Wertungsfragen noch nicht entschieden. Fest steht aber, dass nur noch die Wahl gegeben ist zwischen der Hinnahme bestehender Nutzungsformen, der Fortentwicklung dieser Formen nach Gesichtspunkten der Effizienz und der Präferenzen, oder nach anderen Wertentscheidungen. Eine Theorie des „aktiven Co-Designing" durch Gruppen von Nutzern verweist zunächst auf jenen Spielraum, um eine Richtungsdiskussion über zukünftige Nutzungsformen gezielt zu führen und mit einer Diskussion von Wertentscheidungen zu verbinden.

Die Übernahme des Ethos des Atmosphärenschutzes bleibt zwar freiwillig. Jedoch wurde versucht, das hier zentrale Ethos so zu argumentieren, dass sehr grundlegende moralische Erfordernisse argumentiert werden. Ein Ethos muss gut genug argumentiert sein, so dass es von allen möglichen Akteuren unterschrieben werden kann – und dies unabhängig von den jeweils individuell ausgeprägten Wertbindungen. Auch wenn es um Werte geht, soll Gerechtigkeit eine Dimension der Wertung beschreiben, deren Geltung auch unabhängig von individuellen Lebensstilen und Lebensplänen akzeptiert werden kann.[21] Dass die Konsequenzen der Übernahme des Ethos nicht jeden Lebensstil noch zulassen, ist eine andere Sache.

Wird die Diskussion so geführt, wie ich es in diesem Beitrag vorgeschlagen habe, ist das zentrale Problem für einen wirksamen Klimaschutz anders beschrieben als in gängigeren Analysen, die zu Beginn des Beitrags vorgestellt wurden. Das Hauptproblem aus dieser Warte ist weder, dass sich Individuen oder Institutionen gut räsonierten Gerechtigkeitsnormen nicht beugen werden, noch ist das Hauptproblem der „Free-Rider", der aufgrund seines Eigeninteresses einen Klimavertrag nicht unterzeichnen mag. Vielmehr ist die wichtigste Aufgabe, die Gruppe der Klimaschützer hinreichend groß zu machen, so dass die Verweigerer in die Minderheit geraten. Im Grunde geht es darum, Prozesse des „Crowding-In" nicht nur theoretisch zu erfassen, sondern auch wirksam zu befördern, und in politischer Hinsicht diejenigen Gruppen zu stärken, die schon jetzt wirksam das skizzierte Modell umsetzen. Ethik erfüllt in diesem Modell die wichtige Funktion, das Ziel des Atmosphärenschutzes als ein moralisch gerechtfertigtes Ziel zu begründen. Ohne diese Rechtfertigung wäre es wesentlich schwieriger, Akteure zur Teilhabe an der Gruppe der Klimaschützer zu ermuntern, ja eventuell sogar zu verpflichten.[22]

b) Fatalismuseinwand

Der Klimawandel ist eine Tatsache. Aus der jetzigen Situation könnte auch gefolgert werden, dass das, was uns als Menschheit übrig bleibt, ausschließlich ein Umgang mit den Folgen dieses Phänomens ist. Diesen Einwand möchte ich als *Fatalismuseinwand* bezeichnen.

---

21 In dieser Hinsicht sind die diskutierten Werte jenen „politischen Werten" in den Schriften von Rawls vergleichbar, welche gerade unabhängig von subjektiven Wertvorstellungen argumentiert werden können (Rawls 2003, S. 225-227).

22 Ich habe in diesem Beitrag nicht erörtert, ob es auch Pflichten zur Kooperation gibt. Vgl. dazu den Beitrag von Leist in diesem Band.

In einer Hinsicht teile ich den Fatalismuseinwand: Der Klimawandel ist nicht mehr zu ändern. Tatsächlich wäre selbst eine drastische Reduktion von Treibhausgasen wahrscheinlich nicht ausschlaggebend angesichts der großen Masse der bereits in der Atmosphäre befindlichen klimawirksamen Gase. Es gibt in einer Hinsicht also kein Zurück. In einer anderen Hinsicht ist der Fatalismuseinwand jedoch unzutreffend. Auch wenn der Klimawandel ein Faktum ist, ist damit nicht vorherbestimmt, wie die Menschheit in Zukunft mit ihrer natürlichen Lebensgrundlage Atmosphäre umgehen wird. Die Handlungsoptionen sind vor allem nicht schon damit hinreichend abgesteckt, dass über größere oder kleinere Emissionsraten debattiert wird – so wichtig dies auch weiterhin ist. Vielmehr kann ökologische Kooperation nicht isoliert gedacht werden von Metabolismen, die auch andere natürliche Güter betreffen. Vor allem muss das Gelingen ökologischer Kooperation daran bemessen werden, ob die Wechselwirkungen durch eine gelungene Koordination der unterschiedlichen Nutzungsformen langfristig eine Intaktheit zentraler Öko-Funktionen der Atmosphäre nicht verhindern. Anders als Fatalisten meinen, ist davon auszugehen, dass die möglichen Maßnahmen zum Atmosphärenschutz noch nicht ausgeschöpft sind.

Selbstverständlich können sich Menschen nur dann für Alternativen entscheiden, wenn sie den Spielraum dafür haben und Institutionen vorhanden sind, welche alternative Handlungs- und Lebensformen ermöglichen. Gerade dies ist ja Ziel eines Prozesses, der als „aktives Co-Designing" beziffert wurde. Prozesse der Ökologisierung von Lebenswelten – etwa in der Stadt – zeigen, dass Institutionen zugunsten einer Schonung der natürlichen Umwelt durchaus etabliert werden können. Katastrophale ökologische Ereignisse vor Ort gehen auf eine Multikausalität zurück – Klimaveränderungen sind dabei zwar auch signifikant. Aber Wüstenbildungen, Überschwemmungen, und Erdrutsche resultieren auch daraus, dass ökologische Kooperation insgesamt misslang. Umgekehrt kann eine gute Umweltpolitik vor Ort und auch in den Ländern signifikant zu Verbesserungen der Austauschprozesse zwischen Mensch und Umwelt beitragen. Auch diesbezüglich ist ein abermaliger Vergleich zur Wasserethik hilfreich. Es macht einen großen Unterschied, ob sich Gesellschaften dafür entscheiden, Flüsse als Wasserspender für Agrarindustrien, als Wassergeber für Flussanrainer, als Infrastruktur oder durch die Verbauung mit Dämmen als Energiespender zu nutzen. Hinsichtlich der Atmosphäre sind die Unterschiede wegen der Qualität des Gutes andere. Jedoch gilt auch hier: Unsere Institutionen von heute legen fest, welche Nutzungsformen und welche Qualitäten die Atmosphäre von morgen haben wird. Zwar ist der Spielraum weitaus geringer, da die Prozesse in der Atmosphäre träge sind. Aber sie sind gleichwohl vorhanden.

c) Problem gemischter Motivationen

Meine Überlegungen in diesem Beitrag konzentrierten sich zunächst auf eine Analyse von Problemen kollektiven Handelns, welche zur „Tragödie der Allgemeingüter" beitragen. Das skizzierte Modell des Gruppenhandelns kann nur überzeugen, wenn es für jene Probleme Antworten bereithält. Als besonders gravierend und einen aktiven Klimaschutz vereitelnd gelten die Probleme des Nicht-Vorliegens positiver Anreize im Fall des Klimaschutzes. Zunächst muss angemerkt werden, dass dieses Problem *nicht* die Rationalität kollektiven Handelns an sich in Frage stellen. Vielmehr besagen die Analysen ja gerade: Würden alle Individuen in der skizzierten Situation, in welcher ein kollektiv sehr wünschenswertes Ziel – der Klimaschutz – vorliegt, tatsächlich zugunsten dieses Zieles agieren, wäre dies ein optimales Szenario. Die Vorbehalte wenden sich explizit nicht gegen *Gründe* zu kooperieren.[23] Vielmehr betreffen die Vorbehalte die *Motivation*, individuelle Interessen an der Steigerung des Eigennutzens einem sozial wünschenswerten Ziel unterzuordnen.

Wenn Atmosphärenschutz nur um den Preis der deutlichen Reduzierung von Emissionen zu realisieren ist, sind auch massive Eigeninteressen betroffen. In dieser Hinsicht ist das Beispiel Klimaschutz sehr viel fordernder als andere in den Theorien des Gruppenhandelns erörterte Beispiele – beginnend mit sozialen Institutionen über gemeinsames Tun bis hin zu Beispielen lokal begrenzter Ressourcen wie Seen. Jedoch sehe ich auch in dieser Hinsicht Möglichkeiten, sofern Einsichten der empirischen Forschung über Gruppenhandeln berücksichtigt werden. Zwei Beispiele sollen die Richtung andeuten, in welche eine Argumentation führen könnte.

Erstens gilt es, Mechanismen des Gruppenhandelns zu nutzen, die nicht nur zur Bestätigung einer aktiven Haltung der Selbstverpflichtung, sondern auch zur wechselseitigen Kontrolle beitragen. Anhaltspunkte finden sich in Analysen des Gruppenhandelns, die betonen, dass Gruppen besonders dann, wenn sie ein als „guten Zweck" anerkanntes Ziel verfolgen, besondere Dynamiken nutzen können. Es konnte gezeigt werden, dass Gruppenmitglieder in solchen Umständen bereit sind, abweichendes und destruktives Verhalten zu ahnden (Strand 2013). Jedoch greifen diese Mechanismen zunächst nur in überschaubaren Gruppen. Eine Theorie des Gruppenhandelns mit Rücksicht auf den Atmosphärenschutz wäre dann besonders überzeugend, wenn es gelänge, Strukturen zu identifizieren, in denen solche Kontrollmechanismen auf unterschiedlichen Ebenen greifen können. Eine Möglichkeit der Anwendung bieten Klimaverhand-

23 Für eine Analyse der Gründe für eine Kooperation zugunsten öffentlicher Güter, vgl. Barrett 2007.

lungen, in denen Staaten durch Personen repräsentiert werden. Andere Möglichkeiten der Anwendung bieten Gruppen, die sich auf lokaler Ebene ohnehin schon mit dem Thema Klimaschutz befassen – so etwa Berufsverbände, Bildungseinrichtungen oder politische Institutionen. Es muss nicht vorausgesetzt werden, dass nur eine homogene Gruppe der Klimaschützer existiert. Vielmehr lässt es das oben skizzierte Gruppenethos zu, dass es in unterschiedlichen Kontexten unterschiedlich präzisiert und ausformuliert wird und sich entsprechend auch unterschiedliche Gruppen bilden.

Dennoch ist davon auszugehen, dass es weiterhin Individuen und Institutionen gibt, die dem wachsenden Druck der zunehmenden Einsicht in die Notwendigkeit raschen Handelns standhalten und es vorziehen, als Defektierer zu agieren. Wichtig ist vor allem, dass die Gruppe der Klimaschützer wächst und irgendwann wirklich Handlungsmacht gegenüber den Defektierern hat. Schon jetzt kann gezeigt werden, dass die Position desjenigen, der kooperiert, attraktiv ist – und eventuell sogar ethisch argumentiert werden kann, dass Kooperation oder Nicht-Kooperation keine Wahlalternativen sind, sondern es Pflichten zur Kooperation gibt (Fehr/Gächter 2000; Myers 2011). Weiterhin muss auch darüber nachgedacht werden, wie die Bildung und Unterstützung von Gruppen institutionell gefördert werden kann, wie sich Gruppen auf verschiedenen Ebenen verstärken können – so etwa die Gruppe der Vertreter der Staaten, die Gruppe der NGOs, die Klimaschutz befördern wollen, lokale Gruppen etc. – und wie das hier vertretene Modell gemeinsamen Handelns der Atmosphärenschützer institutionell abgestützt werden kann.

Schluss

Der in diesem Beitrag dargelegte Ansatz zum gemeinsamen Handeln weicht von einem Gerechtigkeitsansatz bewusst in zwei Prämissen ab. *Erstens* scheint es nicht angemessen, die Folgen des Klimawandels und dessen Ursachen als ein Verteilungsproblem zu sehen, das mithilfe von Gerechtigkeitsforderungen bearbeitet werden kann. Zwar ist der Gerechtigkeitsdiskurs zweifelsohne zentral, wenn es um eine gerechte Verteilung von Lasten geht – Lasten die entweder aus einer wegweisenden Klimapolitik im Sinne der „Mitigation" oder aus Maßnahmen der „Adaptation" an unumkehrbare Folgen geht. Jedoch wurde dafür argumentiert, dass sowohl die Forderung nach einer Verteilung von Emissionsbudgets nach Gerechtigkeitsprinzipien, wie auch die Verteilung von Adaptationskosten, als Fairnessforderungen nur einen Teil des Ethos des Klimaschutzes darstellen können. Ebenso wichtig sind Prinzipien der ökologischen Gerechtigkeit und der kulturellen Gerechtigkeit. *Zweitens* geht es heute darum, durch Praktiken des „aktiven Co-Designing“ mit Rücksicht auf ein natürliches und lebenswichtiges Kollektivgut Zukunftsmöglichkeiten zu schaffen, sodass alle in hinreichendem Maße weiterhin in den Genuss dieses Gutes kommen – und dies vor allem dadurch, dass die grundlegenden Öko-Funktionen dieses Gutes intakt sind. In Abgrenzung zu Ansätzen zur Erklärung der „Tragödie des Gemeingutes“ mithilfe von Theorien des Versagens kollektiven Handelns aufgrund von selbstinteressierten Strategien wurde argumentiert, dass jene Tragödie auch heute noch vermieden werden kann. Grund für das bisherige Versagen ist kein böser Wille oder eine falsche Einstellung der Akteure. Vielmehr ist es das Fehlen eines Konzepts gemeinsamen Handelns, das die lang ersehnte Wende in der Klimapolitik bewirken könnte.

Literatur

Baier, Annette C. (1997): „Doing Things With Others: The Mental Commons“. In: Lilli Alanen, Sara Heinamma, Thomas Wallgren (Hrsg.):*Commonality and Particularity in Ethics*. London: MacMillan, S. 15–44.

Bollier, David (2002): *Silent Theft: The Private Plunder of Our Common Wealth*. London: Routledge.

Bratman, Michael E. (1993): „Shared Intention“. In: *Ethics* 104. Nr. 1, S. 97–113.

Buck, Susan J. (1998): *The Global Commons. An Introduction. Forreword by Elinor Ostrom*. Washington D.C., Covelo Ca.: Island Press.

de Groot, Rudolf S./Wilson, Metthew A./Boumans, Roelof M. J. (2002): „A Typology for the Classification, Description and Valuation of Ecosystem Functions, Goods and Services“. In: *Ecological Economics* 41. Nr. 3, S. 393–408.

Delli Priscoli, Jerome/Wolf, Aaron (2009): *Managing and Transforming Water Conflicts*. International Hydrology Series. Cambridge, New York: Cambridge University Press.

Ostrom, Elinor/Gardner, Roy (1993): „Coping with Asymmetries in the Commons: Self-Governing Irrigation Systems Can Work“. In: *The Journal of Economic Perspectives* 7. Nr. 4, S. 93–112.

Fehr, Ernst/Gächter, Simon (2000): „Cooperation and Punishment in Public Goods Experiments“. In: *The American Economic Review* 90. Nr. 4, S. 980–94.

Gardiner, Stephen M. 2011. *A Perfect Moral Storm. The Ethical Tragedy of Climate Change*. Oxford, New York: Oxford University Press.

Gesang, Bernward (2011): *Klimaethik*. Frankfurt am Main: Suhrkamp.

Gilbert, Margaret (1989): *On Social Facts*. Princeton, NJ: Princeton University Press.

Gilbert, Margaret (1996): *Living Together. Rationality, Sociality, and Obligation*. New York: Rowman and Littlefield.

Gilbert, Margaret (2003): „The Structure of the Social Atom: Joint Commitment as the Foundation of Human Social Behaviour“. In: Frederick F. Schmitt (Hrsg.): *Socializing Metaphysics – The Nature of Social Reality*. Lanham: Rowman and Littlefield, S. 39–64.

Gilboa, Itzhak (2010): *Rational Choice*. Cambridge MA: Massachusetts Institute of Technology Press.

Gleick, Peter H. (1998): „The Human Right to Water“. In: *Water Policy* 1. Nr. 5, S. 487–503.

Hardin, Garrett (1968): „The Tragedy of the Commons". In: *Science* 162. Nr. 3859, S. 1243–48.
Hardin, Russell (1982): *Collective Action*. Baltimore MA: The Johns Hopkins University Press for Resources for the Future.
IPCC (2007): *Fourth Assessment Report: Climate Change*. http://www.ipcc.ch/publications_and_data/ar4/wg2/en/ch19s19-4-2-2.html, besucht am 25.11.2014.
Jamieson, Dale (2008): *Ethics and the Environment. An Introduction*. Cambridge: Cambridge University Press.
Kallhoff, Angela (2011): *Why Democracy Needs Public Goods*. Lanham MD: Lexington.
Kallhoff, Angela (2014a): „Why Societies Need Public Goods". In: *Critical Review of International Social and Political Philosophy* 17. Nr. 6, S. 635–51.
Kallhoff, Angela (2014b): „Water Ethics". In: Allen Thompson, Stephen Gardiner (Hrsg.): *The Oxford Handbook of Environmental Ethics*. Kapitel 36. Oxford,New York: Oxford University Press (forthcoming).
Kallhoff, Angela (2014c): „Water Justice: A Multilayer Term and Its Role in Cooperation". In: *Analyse & Kritik* 36, Nr. 2, S. 367–382.
Leist, Anton (2011): „Klimagerechtigkeit". In: *Information Philosophie* 5, S. 1–9.
List, Christian/Pettit, Philip (2011): *Group Agency: The Possibility, Design, and Status of Corporate Agents*. Oxford, New York: Oxford University Press.
List, Christian/Pettit, Philip (2002): „The Aggregation of Sets of Judgments: An Impossibility Result". In: *Economics and Philosophy* 18. Nr. 1, S. 89–110.
Meyer, Lukas H. (2011): „Klimawandel und historische Gerechtigkeit". In: Berthold Meyer und. Volker Matthies (Hrsg.): *Klimawandel und Konflikte* (AFK-Friedensschriften Band 37). Baden-Baden: Nomos. S. 83–99.
Miller, Seumas (2010): *The Moral Foundations of Social Institutions: A Philosophical Study*. Cambridge: Cambridge University Press.
Myers, Robert H. (2011): „Cooperating to Promote the Good". In: *Analyse & Kritik* 33. Nr. 1, S. 123–39.
Nitzan, Shmuel (2010): *Collective Preference and Choice*. Cambridge: Cambridge University Press.
Ostrom, Elinor (1990): *Governing the Commons. The Evolution of Institutions for Collective Action*. Cambridge, New York: Cambridge University Press.
Ott, Konrad (2012): „Domains of Climate Ethics". In: *Jahrbuch für Wissenschaft und Ethik* 16. Nr. 1, S. 95–114.
Posner, Eric A. (2008): „Climate Change Justice". In: *Georgetown Law Journal* 96. Nr. 4, S. 1565–1612.
Posner, Eric A./Weisbach, David (2010): *Climate Change Justice*. Princeton NJ: Princeton University Press.
Poteete, Amy R./Janssen, Marco A. (2010): *Working Together: Collective Action, the Commons, and Multiple Methods in Practice*. Princeton NJ: Princeton University Press.
Rawls, John (2003): *Politischer Liberalismus* (übersetzt von Wilfried Hinsch).Frankfurt am Main: Suhrkamp.
Sadoff, Claudia W./Grey, David (2002): „Beyond the River: The Benefits of Cooperation on International Rivers". In: *Water Policy* 4. Nr. 5, S. 389–403.
Schlossberg, David (2007): *Defining Environmental Justice. Theories, Movements, and Nature*. Oxford, New York: Oxford University Press.
Schmid, Hans Bernhard/Schulte-Ostermann, Katinka/Psarros, Nikos (Hrsg.) (2008): *Concepts of Sharedness: Essays on Collective Intentionality*.Heusenstamm: Ontos.

Seemann, Axel (2009): „Why We Did It: An Anscombian Account of Collective Action". In: *International Journal of Philosophical Studies* 17. Nr. 5, S. 637–55.
Shue, Henry (1993): „Subsistence Emisssions and Luxury Emissions". *Law and Politics* 15 (1): 39–59.
Shue, Henry (1999): „Global Environmental and International Inequality". In: *International Affairs* 75. Nr. 3, S. 533–537.
Singer, Peter (2013): *Praktische Ethik* (übersetzt von Oscar Bischoff, Jean-Claude Wolf, Dietrich Klose und Susanne Lenz). 3. Auflage. Stuttgart: Reclam.
Sinn, Hans-Werner (2008): *Das grüne Paradoxon. Plädoyer für eine illusionsfreie Klimapolitik.* Berlin: Econ.
Strand, Anders (2013): „Group Agency, Responsibility, and Control". In: *Philosophy of the Social Sciences* 43. Nr. 2, S. 201–224.
Tuomela, Raimo (2002): *The Philosophy of Sociality: The Shared Point of View.* Cambridge: Cambridge University Press.
Tuomela, Raimo (2003): „The We-Mode and the I-Mode". In: Frederick F. Schmitt (Hrsg.): *Socializing Metaphysics – The Nature of Social Reality.* Lanham: Rowman and Littlefield, S. 93–127.
United Nations (1992): *Report of the United Nations Conference on Environment and Development.* http://www.un.org/documents/ga/conf151/aconf15126-1annex1.htm, besucht am 26.11.2014.

III. Ethik des Klima-Engineering

James Rodger Fleming

The Checkered Past of Weather and Climate Control and Its Troubling Prospects

As alarm over global warming spreads, a radical idea is gaining momentum. Forget cuts in greenhouse gas emissions, some scientists argue. Instead, bounce sunlight back into space by pumping reflective nanoparticles into the atmosphere. Launch mirrors into orbit around the Earth. Make clouds thicker and brighter to create a „planetary thermostat." Deploy geoengineering – planetary-scale intervention technologies – to buy some time for mitigation to work. Capture and sequester the world's carbon emissions safely and economically for thousands of years. These ideas might sound like science fiction, but in fact they are part of a very old story rooted in human aspirations to control nature. For more than a century-and-a-half, scientists, soldiers, futurists, and charlatans have proposed (and in some cases tried) to manipulate and manage weather and climate, and like them, today's climate engineers wildly exaggerate what is possible. This article sketches the checkered and tragi-comic history of rainmakers, rain fakers, weather warriors, and climate engineers who have been both full of ideas and full of themselves. It demonstrates the power of history for uncovering hidden or forgotten assumptions and shows what can happen when geoengineering becomes a dangerous excursion into pseudoscience. It examines cutting edge issues of the day including health and navigation in the 1830s, agriculture and drought in the 1890s, aircraft safety in the 1930s, world conflict since the 1940s, and climate warming in recent decades.

Visionary schemes for weather and climate control have a long history, but with very few exceptions have never worked. In the 1840s James Espy, America's first national meteorologist, collected and mapped weather observations and developed a viable theory of storms powered by convection, but he went off the deep end with his weather control ideas. In his book „Philosophy of Storms" (1841), Espy proposed to imitate the effects of volcanoes by lighting giant fires each week all along the Appalachian Mountains. This, he claimed, would generate artificial rains, keep the rivers navigable, prevent hot and cold waves, and clear the air of miasmas. He claimed to be reviving the „art of making rain and wind" lost since the time of witches and magicians, but his ideas were ridiculed as being as dangerous as the misadventures of the sorcerer's apprentice (Anonymous 1841, p. 423).

Stimulated by casual observations during the Crimean War and the US Civil War, rain-making by concussion had its day in the mid-to late nineteenth century as various writers (none very scientific) speculated that cannonading the clouds or setting off loud explosions could shatter the aetherial equilibrium, perhaps causing downpours or, in the right circumstances, disrupting hail-producing clouds. Robert Dyrenforth, with the support of the US Department of Agriculture, actually set out on a much-ballyhooed rain-making expedition to Texas in the summer of 1891 where his team detonated explosives, entertained the local citizenry with a „perfect imitation of battle,“ and claimed an extraordinary level of undocumented success (Fleming 2010, p. 64).

According to Daniel Hering's classic article on weather control, „[i]t is not in human nature to suffer from a prolonged or repeated evil without seeking for a remedy“ (Hering 1924, p. 240). As an early example of being proactive when facing a threatening weather situation, medieval hail archers were ordered by the king to open fire on the clouds at the approach of a threatening storm. We can say in retrospect that this response was ineffective, but did it look this way to the participants?

In 1896 Albert Stiger, a vintner in southeastern Austria and burgomaster of Windisch-Feistritz, revived the ancient tradition of *hagelschiessen* (hail shooting) – basically declaring „war on the clouds“ by firing cannon when storms threatened. Faced with mounting losses from summer hailstorms that threatened his grapes, he attempted to disrupt, with mortar fire, the „calm before the storm,“ or what he observed as a strange stillness in the air moments before the onset of heavy summer precipitation. Although official support waned after a decade, the practice lingered, for hope springs eternal, and on occasion the clouds did disperse following a bombardment. Given the enormous sense of relief felt by the grape growers, it was hard to convince them that their artillery had not shot the storm away. (Fleming 2010, pp. 80–83)

The dawn of aviation brought new needs and challenges, with fog dispersal taking center stage. In the 1920s, with concerns about aviation safety ascendant, independent inventor L. Francis Warren and Cornell chemistry professor Wilder D. Bancroft developed a scheme to dose the clouds with electrified sand delivered by airplane. Rainmaking and fog clearing were both on the agenda, but trials, supported by the US Army Air Corps, turned out to be less than promising. Two decades later during World War II, the British burned thousands of gallons of petrol in specially-designed burners surrounding military airfields to evaporate fog and light the way for returning aviators. This successful program, called FIDO, was deemed too expensive and impractical to continue after the war.

These early weather modification plans (some of surprisingly large scale) were couched in the context of the pressing issues and available technologies of their eras: Espy wanted to purify the air and make rain for the East Coast, Dyrenforth set out to solve the problem of drought in the West, Stiger was protecting his harvest, and Warren and Bancroft hoped to make rain and clear airports of fog in the 1920s. During World War II, with national survival at stake, the British FIDO project succeeded, briefly but at great expense, in clearing fog from military airports.

The first of the modern geoengineering proposals that was not pure science fiction (but is indeed pure fantasy) belongs to Swedish scientist Nils Ekholm, who pointed out in 1901 that over the course of a millennium the accumulation in the atmosphere of CO2 from the burning of pit coal will „undoubtedly cause a very obvious rise of the mean temperature of the Earth." He thought that humanity might someday „regulate the future climate of the Earth and consequently prevent the arrival of a new Ice Age" by burning shallow coal seams or otherwise intervening in the carbon cycle – a process that would also fertilize plants (Ekholm 1901). Fifty years later Harrison Brown, the Caltech geochemist, eugenicist, futurist, and role model for the current US presidential science adviser John Holdren, echoed these ideas when he imagined feeding a hungry world by increasing the carbon dioxide concentration of the atmosphere: „We have seen that plants grow more rapidly in an atmosphere that is rich in carbon dioxide. [...] If, in some manner, the carbon-dioxide content of the atmosphere could be increased threefold, world food production might be doubled. One can visualize, on a world scale, huge carbon-dioxide generators pouring the gas into the atmosphere [...]. In order to double the amount in the atmosphere, at least 500 billion tons of coal would have to be burned – an amount six times greater than that which has been consumed during all of human history. In the absence of coal [...] the carbon dioxide could be produced by heating limestone." (Brown 1954)

Prospects for large-scale, even planetary intervention in the climate system arrived after 1945 with the dawn of nuclear power, digital computing, chemical cloud seeding methods, and access to space. It seemed as if technology was becoming powerful enough to allow human intervention in natural systems at a global level. That is, the ancient fantasy of controlling nature might become a reality, and humanity would soon engage in planetary geo-engineering. The Cold War added a sinister gloss to notions of control as the superpowers raced to weaponize nature.

In 1945, the prominent scientist-humanist-internationalist Julian Huxley, one of the founders of the United Nations Educational, Scientific and Cultural Organization (UNESCO), spoke to an audience of 20,000 at an arms control conference at Madison Square Garden about the possibilities of using nuclear weapons as „atomic dynamite" for „landscaping the Earth" or perhaps using them to change the climate by dissolving the polar ice cap (Kaempffert 1945, p. 77). But Huxley was just a talking head, right? No, serious scientists too were dazzled by the possibilities. In 1945, Vladimir K. Zworykin, the inventor of television and associate research director at RCA wrote an „Outline of Weather Proposal" (Zworykin 1945).

He announced that scientists were on the verge of developing digital computing equipment that could solve the equations of atmospheric motion, or at least search quickly for statistical regularities and past analog weather conditions. Zworykin suggested that „exact scientific weather knowledge“ might allow for effective weather control. If a perfectly accurate machine could be developed that could predict the immediate future state of the atmosphere and identify the precise time and location of leverage points or locations sensitive to rapid storm development, effective intervention might be possible. A paramilitary rapid deployment force might then be sent to intervene in the weather as it happened – literally to pour oil on troubled ocean waters or use physical barriers, giant flame throwers, or even atomic bombs to disrupt storms before they formed, deflect them from populated areas, and otherwise control the weather.

Zworykin's proposal was endorsed by the famous mathematician John von Neumann who thought the digital computer „would provide a basis for scientific approach[es] to influencing the weather“ (von Neumann 1945). It led to projects spearheaded by von Neumann in the US and by C.-G. Rossby in Sweden that produced the first weather forecasts via computer and developed conceptual foundations for the first general circulation and climate models.

Von Neumann warned against climate control in 1955, in a prominent article in *Fortune* magazine titled „Can We Survive Technology?“ Reflecting on recent Soviet and American proposals for mega-engineering, he referred to managing solar radiation or changing the Earth's heat budget as a thoroughly „abnormal“ industry that could have „rather fantastic effects“ on a scale difficult to imagine. He pointed out that altering the surface reflectivity of specific regions or redirecting air masses in an attempt to trigger a new ice age were not necessarily rational undertakings. Tinkering with the Earth's heat budget or the atmosphere's general circulation, he claimed, „will merge each nation's affairs with those of every other more thoroughly than the threat of a nuclear or any other war may already have done.“ In his opinion, climate control could lend itself to unprecedented destruction and to forms of warfare as yet unimagined. It could alter the entire globe and shatter the existing political order. He made the Janus-faced nature of weather and climate control clear. The central question was not „What can we do?“ but „What *should* we do?“ As von Neumann stated: „The technology that is now developing and that will dominate the next decades [on a global scale such as nuclear weapons and climate intervention] seems to be in total conflict with traditional, and in the main, momentarily still valid, geographical and political units and concepts.“ This is „the maturing crisis of technology,“ a crisis made more urgent by the rapid pace of progress. (von Neumann 1955)

During the early Cold War, the General Electric Corporation (GE) developed methods for seeding clouds with dry ice and silver iodide, sparking a race of sorts for commercial applications and military control of the clouds. Although field tests were inconclusive at best, Nobel Laureate Irving Langmuir hyped the possibilities, arguing that hurricanes could be redirected and that the climate might ultimately be controlled on a continental or oceanic scale with these techniques (Fleming 2010). At about this time the Soviet Union under Joseph Stalin was pursuing grandiose plans for controlling nature including reversing the flow of Arctic rivers, subjugating permafrost (the curse of the north), and opening up the Arctic Ocean by damming the Behring Strait. In the Soviet program, science was not just about observing and understanding nature; it was about exploiting and controlling it as well. There was a race for weather and climate control with the West. The program of the Communist Party of the Soviet Union declared in no uncertain terms: „The progress of science and technology under the conditions of the Socialist system of economy is making it possible to most effectively utilize the wealth and forces of nature for the interests of the people, make available new forms of energy and create new materials, develop methods for the modification of climatic conditions and master space.“ (Rusin and Flit 1962, p. 3)

The superpowers both engaged in reckless nuclear detonations in space. In 1958, University of Iowa physicist James A. Van Allen announced the discovery, by the Geiger counters on satellites Explorer 1 and Explorer 3, of Earth's magnetosphere. „Space is radioactive,“ noted Van Allen's colleague Erie Ray. This discovery was followed by the US military's Operation Argus, the detonation of three atomic bombs in space aimed at making space even more radioactive by contaminating the ionosphere with high-energy nuclear particles and radioactive debris. The goal was to disrupt enemy radio communications and possibly damage or destroy enemy intercontinental ballistic missiles.

The year 1962 was a busy one for geoengineering. The Soviets and the Americans detonated megaton thermonuclear devices in near space that year (Fleming 2011). The blasts came just at the peak of the Cuban missile crisis and during a time when meteorologists were trying to design and implement the peaceful sharing of data through the World Weather Watch. The tests led British radio astronomer Bernard Lovell, along with the International Astronomical Union, to protest that „[n]o government has the right to change the environment in any significant way without prior international study and agreement“ (Saward 1984, p. 243). In a larger policy framework, the history of these space interventions and the protests they generated serves as a cautionary tale for today's geoengineers who are proposing heavy-handed manipulation of the planetary environment as a response to future climate warming. Undoubtedly Argus, Starfish Prime, and many of today's geoengineering proposals would fail ethical guidelines as articulated in the Belmont Report (1974).

Project Stormfury, a collaboration between the US Weather Bureau, the navy, and the air force, attempted to modify hurricanes between 1962 and 1983. Undaunted by earlier public relations disasters, the project involved a team of scientists and technicians flying into mature Caribbean hurricanes to seed them using military equipment. While the scientists involved were genuinely curious about the nature of storms, the navy's vision of weather control involved using fog and low clouds as screens against enemy surveillance, calming heavy seas, and redirecting violent storms both to enhance its own operations and to interfere with enemy plans and capabilities. The wish list included the capability to change the intensity and direction of hurricanes and typhoons; produce rain, snow, or drought as desired; and „modify the climate of a specific area" – all for the sake of military operations. As the navy saw it, the military problem in the field of weather modification and control was „to alter, insofar as possible, the environment surrounding the task force or target area so that the success of the naval operation is enhanced" (US Navy 1965, p. 1). In October 1962, the Cuban missile crisis brought the world to the brink of nuclear war and Fidel Castro accused the United States of having waged strategic weather warfare by changing the course of Hurricane Flora. Although the US claimed Flora was not seeded, its behavior was indeed suspicious. It hit Guantánamo Bay as a Category 4 storm and made a 270-degree turn, lingering over Cuba for four full days, with intense driving rains that caused catastrophic flooding, resulting in thousands of deaths and extensive crop damage (Simpson 1989).

Also in 1962, Harry Wexler, head of research at the US Weather Bureau, investigated the whole field of geoengineering and warned that a hostile power could detonate a chlorine or bromine „bomb" that would rip a giant hole in Earth's ozone layer. He had, in effect, identified catalytic ozone-depleting reactions that would later result in the awarding of Nobel prizes in chemistry. According to Wexler, „[Climate control] can best be classified as 'interesting hypothetical exercises' until the consequences of tampering with large scale atmospheric events can be assessed in advance. Most such schemes that have been advanced would require colossal engineering feats and contain the inherent risk of irremediable harm to our planet or side effects counterbalancing the possible short-term benefits" (Wexler 1962).

Meanwhile, between 1967 and 1974 operational cloud seeding was being used in a real war – over the jungles of Vietnam. The failure of Operation Popeye/Motorpool over the Ho Chi Minh Trail led to embarrassing revelations later in the Pentagon Papers and to a UN Resolution, ENMOD, outlawing environmental modification as a weapon of war (Fleming 2006). Cold War geophysicist Gordon MacDonald noted that the lesson of the Vietnam experience was not that rainmaking is an inefficient means for slowing logistical movement in jungle trails, but „that one can conduct covert operations using a new technology in a democracy without the knowledge of the people“ (MacDonald 1975, p. 5).

In summary, we can say that after 1945 transformative technologies such as nuclear weapons, digital computing, chemical aerosols, and the space program fueled Cold War competition between the superpowers and encouraged speculation about and in some cases actual attempts at geoengineering. Some of this activity was motivated by scientific curiosity, but most was in the genre of weather and climate warfare. In 1992 the US National Academy report on Policy Implications of Greenhouse Warming contained a section on climate engineering suggesting that shooting sulfates into the stratosphere using naval guns would be a more cost-effective response to climate warming than carbon mitigation (US National Academy 1992). Committee member Robert A. Frosch referred to the technique as „designer volcanic dust put up with Jules Verne methods“ (Fleming 2010, p. 247).

Table I (p. 178) summarizes weather and climate control activities – proposed, actual, and warnings – in the past 175 years.

Recently, atmospheric scientist William Cotton pointed out the relationship between weather engineering and climate engineering, along with their systematic problems and structural differences. In weather modification experiments, the scientific community requires „proof „ that cloud seeding has increased precipitation. Following an intervention, such proof would include „strong physical evidence of appropriate modifications to cloud structures and highly significant statistical evidence“ – that is, effects that exceed the natural background variability of the atmosphere. But intervention is not control. In 1946, Kathleen Blodgett at General Electric told Irving Langmuir that intervening in or modifying a cloud was a far cry from attempting to control its subsequent motion, growth, or the characteristics of its precipitation. Having experienced the promise and hype of cloud seeding, and after having worked for fifty years in this field, Cotton admitted, „[w]e cannot point to strong physical and statistical evidence that these early claims have been realized.“ He went on to note that proof of success in climate engineering would be far harder to establish than in weather engineering. In fact, it would be impossible, for several reasons: climate models are not designed to be predictive, so there is no forecast skill; global climate experiments cannot be randomized or repeated and cannot be done without likely collateral damage; climate variability is very high, so the background-noise-to-signal ratio is overwhelming; and climate change is slow to develop because of built-in thermal lags due to oceans and ice sheets. What all this adds up to is that experimental „results“ could not be established even within the experimenters' life spans. Did I mention the chaotic behavior of the climate system? That alone would overwhelm any attribution of experimental interventions by climate engi-

Table I. Weather and Climate Control: Proposed (P), Actual (A), and Warnings (W). Source: Fleming 2010

Year	Status	Event
1841	P	James Espy proposes lighting giant fires to make rain
1891	A	Robert Dyrenforth claims rainmaking by concussion during Texas drought
1890s	A	Hail shooting widely practiced in Austria and across Europe
1901	P	Nils Ekholm proposes burning coal seams to prevent the return of an ice age
1920s	A	Experiments with electrified sand for fog clearing and rainmaking
1944	A	British FIDO project clears fog at military airfields
1945	P	Julian Huxley suggests nuclear weapons could dissolve polar ice cap
1945	P	Vladimir Zworykin proposes perfect prediction/control with digital computer
1947	A	Project Cirrus attempts diversion of Atlantic hurricane
1950s	P	Soviets "declare war" on permafrost and seek an ice-free Arctic Ocean
1954	P	Harrison Brown envisions CO2 generators and scrubbers to regulate climate
1955	P	Irving Langmuir proposes Pacific Basin cloud seeding
1955	W	John von Neumann warns of global climate control and nuclear war
1958	A	Project Argus, three atomic bombs detonated in magnetosphere
1962	W	Harry Wexler warns that 100 KT bromine bomb could destroy ozone layer
1962	A	Project Stormfury critiqued by Fidel Castro and government of Mexico
1962	A	Starfish Prime, H-Bomb detonated in magnetosphere. Similar Soviet tests.
1965	W	Gordon MacDonald warns that geoengineering could wreck the planet
1967	A	Monsoonal cloud seeding over Vietnam leads to UN ENMOD treaty (1978)
1992	P	US National Academy suggests shooting sulfates into the stratosphere
2006	P	Paul Crutzen's „Modest Proposal" (Crutzen 2006)
Since 2006	P	A plethora of proposals from geoengineers inspired by Heath Robinson, Rube Goldberg, and Dr. Strangelove including fertilizing the oceans, capturing and sequestering all CO2 emissions, genetically modifying crops, painting roofs white, making clouds brighter, suppressing cirrus cloud formation, putting reflective nanoparticles in the stratosphere, launching space mirrors, surrounding Earth with dust from a pulverized asteroid, and on and on ... (Climate Engineering)

neers. Cotton warned that in times of drought or climate stress, politicians would emerge with the need to demonstrate that they were doing something, that they were in control of the situation, even if they only enacted what he called political placebos.

Weather and climate control have been proposed, and in some cases practiced, many times in the past. The checkered history of this field provides valuable perspectives on what might otherwise seem to be completely unprecedented challenges.

Yet the modern engineers err if they ignore this history. Some have falsely claimed recently that:

„We don't have a history of geoengineering to fall back on ..." – *Yes we do.*

„Things are moving quickly, so we don't have the luxury of looking at history." – *We must take the time.*

„We are the first generation to think about these things." – *History says otherwise.*

References

Anonymous (1841): „Espy's philosophy of storms". In: *United States Democratic Review* 9, pp. 422–434.

Belmont Report (1974): „National Commission for the Protection of Human Subjects of Biomedical and Behavioral Research", DHEW Publication No. (OS) 78-0012, USGPO, Washington, DC.

Brown, Harrison (1954): *The Challenge of Man's Future. An Inquiry Concerning the Condition of Man During the Years That Lie Ahead.* New York: Viking Press, p. 228.

Climate Engineering: http://www.climate-engineering.eu/, besucht am 19.11.2014.

Crutzen, Paul (2006): „Albedo enhancement by stratospheric sulfur injections: a contribution to resolve a policy dilemma? An editorial essay". In: *Climatic Change* 77. Nr. 3–4, pp. 211–220.

Espy, James (1841): *The Philosophy of Storms.* Boston: C.C. Little and J. Brown.

Ekholm, Nils (1901): „On the variations of the climate of the geological and historical past and their causes". In: *Quarterly Journal of the Royal Meteorological Society* 27, pp. 1–61.

Fitzgerald, William G. (1905): „At war with the clouds". In: *Appleton's Magazine.* July–December, pp. 629–636.

Fleming, James Rodger (2010): *Fixing the Sky: The Checkered History of Weather and Climate Control.* New York: Columbia University Press.

Fleming, James Rodger (2011): „Iowa Enters the Space Age: James Van Allen, Earth's Radiation Belts, and Experiments to Disrupt Them". In: *Annals of Iowa* 70, pp. 301–324.

Hering, Daniel (1924): *Foibles and Fallacies of Science: An Account of Scientific Vagaries.* New York: Van Nostrand.

Kaempffert, Waldemar (1945): „Julian Huxley pictures the More Spectacular Possibilities that Lie in Atomic Power". In: *New York Times.* Dec 9, p. 77.

MacDonald, Gordon James Fraser (1975): „Statement in House Committee on International Relations, Subcommittee on International Organizations, Prohibition of Weather Modification as a Weapon of War" Hearings on H.R. 28, 94th Cong., 1st sess. Washington, DC.

Rusin, Nikolai Petrovich/Flit, Liya Abramovna (1964): *Methods of Climate Control*. Translated from the Russian. TT 64–21333. Washington, DC: Department of Commerce, Office of Technical Services, Joint Publications Research Services.

Saward, Dudley (1984): *Bernard Lovell: A Biography*. London: Robert Hale Ltd.

Simpson, Robert (1989): „Interview with Edward Zipser". September 6, Tape Recorded Interview Project, American Meteorological Society and University Corporation for Atmospheric Research, Boulder, Colorado.

US National Academy of Sciences (1992): *Policy Implications of Greenhouse Warming: Mitigation, Adaptation, and the Science Base*. Washington, DC: National Academy Press.

US Navy Bureau of Naval Weapons, Research, Development, Test and Evaluation Group, Meteorological Management Group (1965): „Technical Area Plan for Weather Modification and Control" TAP No. FA-4.

Von Neumann, John (1945): „Letter to Zworykin, October 24, 1945". In: Vladimir Zworykin (Hrsg.): *Outline of Weather Proposal*. Princeton, N.J.: RCA Laboratories.

Von Neumann, John (1955): „Can We Survive Technology?" In: *Fortune*, June, pp. 106–108.

Wexler, Harry (1962): „U.N. Symposium on Science and Technology for Less Developed Countries". Cited in Fleming 2010, p. 224.

Zworykin, Vladimir (1945): *Outline of Weather Proposal*. Princeton, N.J.: RCA Laboratories.

Christian Baatz/Konrad Ott

Klimaethik: Mitigation, Adaptation und Climate Engineering

1 Einleitung

In den letzten Jahren ist ein neues Feld angewandter Ethik entstanden: die Klimaethik. Ziel des folgenden Beitrags ist es, einen Überblick über dieses neue Forschungsfeld zu geben. Aufgrund des Überblickscharakters können wir nur auf die zentralen Debatten eingehen und diese jeweils auch nur anreißen. Es wird uns nicht möglich sein, ausführlich für einzelne Standpunkte zu argumentieren. Zur vertiefenden Lektüre sei auf die zitierte Literatur verwiesen.

Der Begriff Klimaethik bezeichnet ethische Analysen der moralischen Probleme, die sich durch den anthropogen verursachten Klimawandel ergeben. Ziel klimaethischer Forschung ist zum einen die kritische Reflexion dieser Probleme. Zum anderen soll aber auch moralische Orientierung für (klima-)politische Entscheidungen angeboten werden. Klimaethik kann von einem anthropozentrischen oder einem physiozentrischen Standpunkt betrieben werden. Bislang gibt es aber so gut wie keine physiozentrischen Ansätze in der Klimaethik (s. jedoch Nolt 2011). Gründe mögen u. a. sein, dass die Klimaethik ein äußerst junges Forschungsfeld ist, dass schon eine anthropozentrische Klimaethik sehr komplex ist und dass anthropozentrische Ansätze relativ eindeutige Handlungsempfehlungen aussprechen, die jedoch politisch gesehen außerordentlich ambitioniert anmuten. Physiozentrische Ansätze wären einerseits komplexer, weil die Gruppe moralisch zu berücksichtigender Entitäten noch größer würde, und sie würden andererseits höchst wahrscheinlich in noch radikaleren Handlungsempfehlungen münden.

2 Der Klimawandel aus ethischer Perspektive

Der grundlegende Mechanismus des Treibhauseffektes steht außer Zweifel. Es gibt viele verbleibende Unsicherheiten, aber das Gesamtbild einer auch durch anthropogene Emissionen wärmer werdenden Welt ist wissenschaftlich bestätigt (IPCC 2007 und 2013a). Ein anthropogen verursachter Klimawandel ist nicht an sich schlecht, sondern wir bewerten ihn als schlecht. Der Grund hierfür ist, dass die negativen Auswirkungen des Klimawandels die positiven aller Voraussicht nach bei Weitem überwiegen werden. Negative Auswirkungen sind solche, die gemäß unserem axiologischen Verständnis als Übel gelten. Man kann zwischen natürlich verursachten Übeln (Naturkatastrophen) und solchen Übeln unterscheiden, die aus dem Verhalten anderer Personen resultieren. Der Klimawandel manifestiert sich in Ereignissen, die wie Naturkatastrophen aussehen, jedoch (teilweise oder vollständig) anthropogen sein können. Im Gegensatz zu herkömmlichen Schädigungen wie beispielsweise Körperverletzung begegnen sich Verursacher und betroffene Personen nicht in persönlichen Interaktionen, sondern bleiben für einander anonym.

Ferner ist es bislang nur selten möglich, ein einzelnes Wetterereignis mit Sicherheit anthropogenen Emissionen zuzuschreiben (s. aber Allen 2003). Allerdings ist bei vielen Ereignissen, die für Menschen ein Übel darstellen, eine Zunahme der Häufigkeit und Intensität festzustellen. Solche Ereignisse sind beispielsweise Fluten, Dürren, Hitzewellen, Waldbrände, Landrutsche, Ausbreitung von Krankheiten, Wirbelstürme, Starkregen, Rückgang der lokalen Ernteerträge, Desertifikation, erhöhter Wasserstress in (semi-)ariden Regionen, usw. (IPCC 2013a). Und für die Änderung dieser Wahrscheinlichkeiten lässt sich die Verantwortlichkeit beurteilen. Auch in Bezug auf die Auswirkungen des Klimawandels lassen sich einige ‚Wahrscheinlichkeitsmuster' feststellen: Alle Modelle deuten darauf hin, dass arme Menschen im globalen Süden weit überproportional von den negativen Folgen betroffen sein werden (IPCC 2007). Da der Klimawandel bereits begonnen hat, sind die betroffenen Menschen a) heutige Erwachsene, vor allem in den armen Schichten der südlichen Länder, b) heutige Kinder, deren allgemeine Lebensaussichten negativ beeinträchtigt werden und c) Mitglieder künftiger Generationen. Der Klimawandel ist somit ein Paradebeispiel für einen Fall intra- *und* intergenerationeller Gerechtigkeit (Gardiner 2011). Globale Gerechtigkeitstheorien und der Diskurs über Rechte zukünftiger Generationen sind daher von zentraler Bedeutung für die Klimaethik.

3 Struktur der Klimaethik

Die negativen Auswirkungen des Klimawandels können durch unterschiedliche Maßnahmen reduziert werden. Die Maßnahmen werden in der Regel drei Bereichen zugeordnet: Mitigation, Adaptation und *Climate Engineering*. Unter Mitigation verstehen wir die Reduktion bzw. Vermeidung anthropogener THG-Emissionen[1] und unter Adaptation die Anpassung an klimatische Veränderungen.

1 Die Definition unterscheidet sich von der des IPCC, das unter Mitigation „a human intervention to reduce the sources or enhance the sinks of greenhouse gases" versteht (IPCC 2013a, S. 1458). Die Steigerung der Senkenfunktion fällt bei uns unter CDR.

Climate Engineering wiederum ist ein Sammelbegriff für unterschiedliche Maßnahmen, die einen absichtlichen und großflächigen Eingriff in das Klimasystem der Erde darstellen, um den anthropogen verursachten Klimawandel abzuschwächen. Climate-Engineering-Maßnahmen lassen sich unterteilen in Optionen zur Bindung von atmosphärischem Kohlendioxid (Carbon Dioxide Removal, CDR) einerseits und Optionen zur Beeinflussung des Strahlungshaushaltes der Erde (Solar Radiation Management, SRM) andererseits. Aufgrund der unterschiedlichen Charakteristika von CDR und SRM wird zu Recht gefragt, ob es überhaupt sinnvoll ist, beide Maßnahmen-Typen unter einer Kategorie zu subsumieren (Heyward 2013). Da Climate Engineering sich mittlerweile als stehender Begriff etabliert hat,[2] verwenden wir ihn weiterhin als übergeordnete Kategorie. Allerdings stimmen wir Heyward zu, dass es wichtig ist, zwischen SRM und CDR zu unterscheiden, und werden deren Risikoprofile daher separat diskutieren.

Eine weitere Maßnahmen-Kategorie, die häufig übersehen wird, ist die Entschädigung. Sie umfasst direkte finanzielle Zahlungen sowie symbolische Handlungen, wenn alle anderen Maßnahmen nicht verfolgt werden oder nicht erfolgreich sind (Heyward 2013). Da direkte Entschädigungszahlungen – z. B. an Personen, die durch den Klimawandel in ihren Kern-Rechten verletzt worden sind – derzeit nur eine theoretische Option darstellen, werden wir aus Platzgründen nicht weiter auf sie eingehen. Eine realistischere Form der Kompensation ist die Finanzierung von Anpassungsmaßnahmen.[3] Diesen Aspekt behandeln wir weiter unten etwas ausführlicher.

4 Mitigation

Eine Abschwächung des anthropogen verursachten Klimawandels kann vor allem durch die Reduktion von Treibhausgasen (THG) erreicht werden. Das Ziel von THG-Reduktionen ist, die atmosphärischen THG-Konzentrationen und damit letztlich auch die globale Erwärmung auf einen bestimmten Wert zu begrenzen, so dass ein „gefährlicher anthropogener Klimawandel“ vermieden werden kann (UN 1992). Ob des kausalen Zusammenhangs zwischen THG-Emissionen, atmo-

---

2 Wie z. B. am Schwerpunktprogramm „Climate Engineering“ der Deutschen Forschungsgemeinschaft (DFG) deutlich wird.

3 Neben Entschädigungszahlungen kann auch die Finanzierung von Anpassungsmaßnahmen als Form der Kompensation durchgeführt werden. Maßnahmen in diesen beiden Bereichen können daher aus dem gleichen Grund durchgeführt werden, unterscheiden sich aber nichtsdestotrotz in ihrer Art.

sphärischen THG-Konzentrationen und der globalen Durchschnittstemperatur wird anstelle eines (maximal) vertretbaren Werts für den Anstieg der globalen Durchschnittstemperatur häufig ein bestimmtes Emissions-Reduktionsziel oder ein (maximal) vertretbarer Wert atmosphärischer THG-Konzentrationen als Politikziel formuliert. Will man die Erwärmung auf einen bestimmten Wert begrenzen, stellt die Menge an zukünftigen kumulativen THG-Emissionen ein stärker geeignetes Ziel dar als die Angabe einer atmosphärischen THG-Konzentration oder von Emissionsraten, da sie robuster gegenüber wissenschaftlicher Unsicherheit ist (Allen et al. 2009). Auch wenn Emissionsreduktionen nur das Mittel zum Zweck (Begrenzung des Klimawandels) sind, geht es auf der Handlungsebene letztlich immer darum, wie stark die Menschheit ihre THG-Emissionen reduzieren sollte und *ergo* wie viele THG sie noch emittieren darf. Durch SRM bliebe der kausale Zusammenhang zwischen THG-Emissionen und atmosphärischen THG-Konzentrationen bestehen (so dass manche Probleme, wie z. B. die Versauerung der Ozeane, nicht behoben würden), der Zusammenhang zwischen THG-Konzentrationen und globalem Temperaturanstieg würde jedoch aufgehoben; zumindest ist dies das erklärte Ziel von SRM-Maßnahmen.

Aufgrund der mit dem Klimawandel voraussichtlich verbundenen Übel erscheint es *prima facie* plausibel, diesen durch die drastische Reduktion von THG-Emissionen zu begrenzen. Die Notwendigkeit umfangreicher Reduktionen wurde vor allem von Ökonomen bezweifelt. Ökonomische Standardansätze basieren auf der Idee der Maximierung des Nettogegenwartswerts. Paradigmatisch ist William Nordhaus' DICE-Modell (Nordhaus 2008). In dieser Kalkulation übersteigen die Kosten für ambitionierte Klimaschutzmaßnahmen die in Zukunft anfallenden Klimawandelschäden vor allem deswegen, weil zukünftige Schäden abdiskontiert, d. h. gegenüber heute anfallenden Kosten und Nutzen geringer bewertet werden. In einer solchen Kosten-Nutzen-Rechnung sind jedoch diverse fragwürdige normative Annahmen verborgen. Die Behauptung von Nordhaus, solche Ansätze seien ausschließlich deskriptiv (Nordhaus 2008), ist falsch. Wenn sich beispielsweise beobachten lässt, dass auf Märkten im Durchschnitt eine Diskontrate von ca. 6 % verwendet wird, heißt dies nicht, dass man zukünftige Schäden pro Jahr um 6 % abdiskontieren *darf* (Hampicke/Ott 2003). Wer meint, dass zukünftige Schäden deutlich weniger zählen als heutige Schäden, muss dies durch Gründe rechtfertigen. Die Maximierungs-Ansätze tun dies jedoch nicht oder nur unzureichend (Gardiner 2011).

Die unbefriedigende und teils versteckte Behandlung normativer Probleme motiviert kritische Ökonomen dazu, den so genannten Standard-Preis-Ansatz als Alternative zu wählen (im Englischen spricht man von *Cost-Effectiveness-Analysis*). Dieser Ansatz geht davon aus, dass in einem ersten Schritt ein zu erreichender Standard (hinsichtlich kumulativer THG-Emissionen, atmosphärischer

THG-Konzentrationen oder globaler Durchschnittstemperatur) festgelegt wird. Die Festlegung ist nicht Aufgabe der Ökonomie, sondern muss durch eine legitimierte Autorität erfolgen. Zur Bestimmung des Standards bedarf es daher fairer und inklusiver Verfahren im Rahmen demokratisch legitimierter Strukturen. Die angewandte Ethik als wissenschaftliche Disziplin von der Anwendung moralischer Prinzipien auf bestimmte Handlungsfelder kann diese Verfahren weder ersetzen noch vorwegnehmen, sie kann aber die Strukturierung und Analyse der moralischen Probleme unterstützen und die Entscheidungsfindung begleiten. Erst in einem zweiten Schritt ist u. a. zu überlegen, wie dieser Standard möglichst kostengünstig erreicht werden kann. Dies ist Aufgabe der Ökonomie.

Gesellschaftlich scheint mittlerweile das so genannte 2°-Ziel akzeptiert zu sein, das auch in internationalen Abkommen, wie beispielsweise dem „Copenhagen Accord“, genannt wird. Das Ziel besagt, dass die globale Durchschnittstemperatur nicht um mehr als 2°C im Vergleich zur vorindustriellen GMT steigen sollte. Es beruht auf der Annahme, dass die Auswirkungen des Klimawandels dann beherrschbar bleiben oder es zumindest global gesehen nicht zu katastrophalen Ereignissen kommen wird. Allerdings kann es auch bei einer Erwärmung von bis zu 2°C zu verheerenden Auswirkungen kommen, wie beispielsweise zum vollständigen Abschmelzen des Grönländischen Eisschildes (Robinson et al. 2012), was einen Meeresspiegelanstieg um 7 m nach sich ziehen würde. Und auch wenn ‚globale Katastrophen‘ ausbleiben, werden einzelne Regionen schon bei einem Anstieg von 2°C dramatischen Belastungen ausgesetzt sein. Dies gilt insbesondere für Sub-Sahara-Afrika und die pazifischen Inselstaaten.

Um das 2°-Ziel mit einer Wahrscheinlichkeit von 60 % oder mehr zu erreichen, darf die atmosphärische THG-Konzentration 450 ppm CO_2-Äquivalente nicht übersteigen (den Elzen/Meinshausen 2007). Diese Forderung steht weitestgehend im Einklang mit der klimaethischen Literatur, in welcher die Notwendigkeit eines niedrigen Stabilisierungsniveaus kaum in Frage gestellt wird. In der Tat ist in diesem Punkt eine bemerkenswerte Konvergenz der verschiedenen klimaethischen Ansätze festzustellen (Ott et al. 2004; Gesang 2011). Ein solches Ziel impliziert, dass die Emissionsraten schon 2015 ihr Maximum erreichen und von da an rasch sinken, so dass es bis 2050 zu einer Reduktion der globalen Emissionen um ca. 50 % im Vergleich zum heutigen Niveau kommt (den Elzen/Meinshausen 2007).[4] Demzufolge ist eine äußerst rasche Dekarbonisierung, d. h. der

4 Dies steht weitestgehend im Einklang mit dem aktuellen IPCC Bericht (2013a). Dort heißt es, dass das 2°-Ziel wahrscheinlich nur im niedrigsten Stabilisierungsszenario (RCP2.6) erreicht wird. Dem Szenario liegt die Annahme zu Grunde, dass die atmosphärische THG-Konzentration bis zur Mitte des 21. Jahrhunderts auf 475 ppm CO_2-Äquivalente steigt und dann wieder absinkt.

zunehmende Verzicht auf die Verwendung fossiler Energieträger, erforderlich. Rein technisch gesehen ist eine solche Dekarbonisierung möglich, erscheint in Anbetracht der politischen Realitäten aber derzeit äußerst unwahrscheinlich. Dies unterstreicht allerdings nur die Dringlichkeit von Mitigation, denn auch jenseits einer Erwärmung von 2°C werden sich die klimatisch verursachten Übel mit jedem Zehntel Temperaturanstieg weiter verstärken. Darüber hinaus drohen bei einer Erwärmung von mehr als 3°C oder 4°C katastrophale Ereignisse, wie beispielsweise ein Kollaps der thermohalinen Zirkulation im Atlantik (ugs. Golfstrom).

Eine weitergehende Frage ist, ob ausschließlich staatliche Einrichtungen (vor allem Regierungen) dazu verpflichtet sind, Maßnahmen zur Emissionsreduktion zu ergreifen, oder ob dies auch für Individuen gilt. Da der Beitrag einzelner Individuen zum globalen Klimawandel verschwindend gering ist, wurde zunächst häufig argumentiert, dass eine Pflicht zur individuellen Reduktion von Emissionen nicht besteht. Vielmehr müsse man sich als einzelner Bürger dafür einsetzen, dass die jeweilige Regierung entsprechende Maßnahmen ergreift (Johnson 2003; Sinnott-Armstrong 2005). Aktuellere Beiträge argumentieren jedoch zumeist, dass eine solche Pflicht durchaus besteht (Hourdequin 2010; Cripps 2013). Unklar ist jedoch, wie die unterschiedlichen Pflichten des Individuums zueinander gewichtet werden und wie stark Einzelpersonen ihre Emissionen senken müssen (im Detail s. Baatz 2015).

Die Frage nach der Höhe der erforderlichen THG-Reduktionen ist sicherlich eine besonders wichtige im Bereich Mitigation. Ebenso viel Raum nimmt die daran anschließende Diskussion ein, wie das globale Emissionsbudget aufgeteilt werden soll.[5] Ein Ansatz, der vom *status quo* ausgeht, ist das so genannte *Grandfathering*. Hierbei erhält ein Akteur in etwa dem Ausmaß Zertifikate, in dem er bisher Emissionen verursacht hat. Eine solche Verteilung ist gerechtigkeitstheoretisch jedoch nicht haltbar. Nicht ganz so aussichtlos scheinen Ansätze, die Emissionen zumindest für eine bestimmte Zeit gemäß diesem Schema verteilen (Schüssler 2011a). Demnach haben Verursacher hoher THG-Emissionen zumin-

---

Um dies zu erreichen, müssten die Emissionen noch innerhalb dieses Jahrhunderts auf Null (!) sinken und im Folgenden negativ (!) verlaufen. Im RCP4.5-Szenario wird angenommen, dass die THG-Konzentration bis zum Ende des 21. Jahrhunderts auf 630 ppm CO_2-Äquivalente steigt und dann stabil bleibt; dazu müssten die Emissionen ab spätestens 2050 drastisch sinken (ebd. S. 147–150). In diesem Szenario ist eine Erwärmung von mehr als 2°C „more likely than not" (IPCC 2013b, S. 18).

5 Wir gehen davon aus, dass die Emissionszertifikate letztlich immer einzelnen Personen zustehen; allerdings halten wir die Ausgabe an Staaten oder Staaten-Gruppen (zur treuhänderischen Verwaltung) derzeit für die einzig praktikable Möglichkeit.

dest für eine bestimmte Zeit das Recht auf eine (deutlich) höhere Zuteilung als andere. Auch kann *Grandfathering* temporär als Konzession an politische Realitäten eingesetzt werden, beispielsweise um die Zustimmung von großen Emittenten zu einem globalen Abkommen zu sichern und ihnen die schrittweise Reduktion ihrer Emissionen zu ermöglichen. Ein Ansatz, der diesen Gedanken aufgreift, ist *Contraction & Convergence* (C&C) (Meyer 2000): Während das Gesamt-Zertifikatsbudget kontinuierlich schrumpft, konvergieren die Emissionen niedriger und hoher Emittenten bis zu einem bestimmten Zeitpunkt, z. B. 2030, auf ein einheitliches Pro-Kopf Niveau (Meyer 2000.).

Die Idee gleicher Pro-Kopf-Emissionszertifikate ist die normative Basis von C&C[6]. Sie ist sehr populär, wird aber auch entschieden kritisiert. Dabei wird jedoch weniger der egalitäre Ansatz als solcher, sondern der ausschließliche Fokus auf die Verteilung von Emissionszertifikaten kritisiert. Der gleiche Pro-Kopf-Ansatz ignoriere die global höchst unterschiedlichen a) historischen Emissionsniveaus, b) zukünftigen Anpassungskosten sowie c) die gegenwärtige Verteilung von Wohlstand/primären Gütern/Fähigkeiten. Zumindest den ersten beiden Kritikpunkten kann jedoch Rechnung getragen werden, indem der Ansatz mit einem Schema zur Finanzierung von Anpassung kombiniert wird (für eine ausführliche Diskussion gleicher Pro-Kopf-Emissionszertifikate s. Baatz/Ott 2014). Als Alternative zu C&C wurde das *Greenhouse Development Rights Framework* (GDR) entwickelt (Baer et al. 2008). GDR verteilt die aus der Bekämpfung des Klimawandels resultierende Gesamtlast auf Länder bzw. Ländergruppen. Wie viel Prozent ein Land von der Gesamtlast übernehmen muss, wird durch einen Index bestimmt, der sich aus „Fähigkeit" (Summe der Einkommen) und „Verantwortung" (kumulative Emissionen seit 1990) zusammensetzt. Ausgenommen von Verpflichtungen sind arme Menschen. Je größer der Anteil der armen Bevölkerung ist, desto kleiner wird die von einem Land zu schulternde Last.

5 Adaptation

Anpassung an klimatische Änderungen ist in jedem Fall erforderlich, da selbst bei einem sofortigen Emissionsstopp negative Auswirkungen eintreten werden. Je weniger Mitigation in Zukunft betrieben wird, desto größer sind die Anpassungserfordernisse. Der *Intergovernmental Panel on Climate Change* (IPCC) definiert Anpassung wie folgt: „[a]djustment in natural or human systems in

6 Zur normativen Rechtfertigung gleicher Pro-Kopf-Emissionszertifikate s. Singer 2002, Ott 2007 und Moellendorf 2011.

response to actual or expected climatic stimuli or their effects, which moderates harm or exploits beneficial opportunities" (2007, S. 869). Auch wenn sich Definitionen von Anpassung unterscheiden mögen, geht es im Allgemeinen um die Reduktion klimawandelinduzierter Schäden (Hartzell-Nichols 2011). Von entscheidender Bedeutung ist daher, wie man Schaden (engl.: harm) definiert. Die obige IPCC Definition hilft hier nicht weiter. Interessant ist Caneys teleologischer Vorschlag, dem gemäß Adaptation zum Ziel hat: „Designing natural and social arrangements so that people are able to cope with climate-related threats and exercise their legitimate entitlements without loss" (2009, S. 127). Dies klingt zunächst kaum spezifischer; anstelle der Schadensreduktion bzw. -vermeidung tritt die „Ausübung legitimer Ansprüche". Was darunter zu verstehen ist, lässt sich jedoch durch eine Ethik- bzw. Gerechtigkeitstheorie ausbuchstabieren. Im intergenerationellen Kontext bietet sich eine Schwellenwertkonzeption zur Präzisierung legitimer Ansprüche an. Eine minimalistische Konzeption könnte beispielsweise von „basic needs" oder von Menschenrechten im Sinne der Allgemeinen Erklärung der Menschenrechte (UN 1948) ausgehen. Ziel von Anpassung ist es dann, die Ausübung grundlegender Bedürfnisse zu gewährleisten oder die Verletzung von Menschenrechten zu verhindern. In vielen Fällen mag das ein zu anspruchsloser Standard sein, man denke beispielsweise an den Anpassungsdiskurs in Österreich, Deutschland und der Schweiz. Auf globaler Ebene verhält es sich allerdings anders: In vielen Ländern des globalen Südens werden die Menschen nicht in der Lage sein, sich selbst in diesem minimalistischen Sinne an die drohenden Auswirkungen des Klimawandels anzupassen. Aus diesem Grund ist der Ruf nach der internationalen Finanzierung von Anpassungsmaßnahmen schnell laut geworden.

Die moralische Sprengkraft dieses Themas wird deutlich, wenn man einen Blick auf die eklatante Asymmetrie zwischen Verursachern und Betroffenen des Klimawandels wirft. Während ein Großteil der kumulativen Emissionen seit Beginn der Industrialisierung auf das Konto der Industrieländer sowie neuerdings auch einiger aufstrebender Schwellenländer geht, werden viele Entwicklungsländer überproportional von den negativen Auswirkungen des Klimawandels betroffen sein. Angesichts der Tatsache, dass diese Gesellschaften praktisch nichts zur Verursachung beigetragen haben und über wenig oder keine Ressourcen verfügen, sich an die projizierten klimatischen Veränderungen anzupassen, wird im klimaethischen Diskurs zunehmend die Meinung vertreten, dass sie einen Anspruch auf Kompensationsleistungen haben (ausführlich s. Baatz 2013). Dieser Anspruch wird in der Regel so interpretiert, dass die Kosten für Anpassungsprojekte teilweise oder vollständig von der internationalen Gemeinschaft übernommen werden müssen. Derzeit wird davon ausgegangen, dass die Anpassungskosten in den Entwicklungsländern innerhalb der nächsten 20 Jahre auf bis zu 100 Milliarden $US pro Jahr steigen werden (Hartzell-Nichols 2011). Da die negativen Auswirkungen ab Mitte des 21. Jahrhunderts deutlich zunehmen werden (je nachdem, wie stark die globalen THG-Emissionen innerhalb der nächsten zwei Dekaden reduziert werden), markieren diese Schätzungen aber wohl nur den unteren Rand der mittel- und langfristigen Kosten.

Der Diskurs zur Finanzierung von Anpassungsmaßnahmen umfasst drei Aspekte: i) *Funding* bezeichnet die Frage, welche Akteure die erforderlichen Finanzmittel bereitstellen müssen, ii) *Channelling*, welche Institutionen die Mittel verwalten sollen, und iii) *Spending*, welche Akteure einen Anspruch auf die Mittel haben.

Ad i) Zentrale Idee eines solchen Kompensationsschemas ist, dass die Verursacher des Klimawandels die negativ Betroffenen im Sinne des Verursacherprinzips kompensieren. Dass das Verursacherprinzip im Fall des Klimawandels einschlägig ist, wird nur von wenigen Autoren bestritten. Umstritten ist jedoch, ob das Prinzip nur auf heutige und zukünftige oder auch auf vergangene Emissionen bezogen werden kann, und wenn ja, bis zu welchem Zeitpunkt in der Vergangenheit (Neumayer 2000; Müller et al. 2009; Caney 2006). Ein weiteres Prinzip, durch das den vergangenen Emissionen Rechnung getragen werden kann, ist das sogenannte Nutznießerprinzip, dessen Anwendung auf vergangene Emissionen jedoch noch strittiger ist (Page 2008; Meyer/Roser 2010; Schüssler 2011b; Baatz 2013). Viele Autoren favorisieren daher eine Kombination aus Verursacher- und Fähigkeitsprinzip (*Ability to Pay Principle*), um kompensationspflichtige Akteure zu identifizieren (paradigmatisch Caney 2010). Während die Prinzipien häufig auf Nationalstaaten oder Staatengruppen angewendet werden, sind unseres Erachtens einzelne Personen die eigentlichen Träger dieser Pflichten.

Ad ii) Zum Aspekt einer angemessenen Verwaltung der Mittel finden sich kaum moralphilosophische Beiträge. In der Regel wird auf die große Wichtigkeit prozeduraler Gerechtigkeit hingewiesen (Adger et al. 2006). Die Verwaltung der Mittel sollte durch ein völkerrechtlich legitimiertes Organ erfolgen, die Entscheidungsprozesse sollten hinreichend transparent sein und unter hinreichender Beteiligung der Anspruchsberechtigten stattfinden. Als Vorbild wird der erst kürzlich eingerichtete „Adaptation Fund“ angeführt.

Ad iii) Realistisch ist, davon auszugehen, dass die Mittel zur Finanzierung von Anpassungsmaßnahmen in Entwicklungsländern äußerst knapp sein werden. Abgesehen von den begrenzten Finanzmitteln der Länder selbst ist ein weiterer Grund hierfür, dass der Bedarf aller Voraussicht nach weit über der „internationalen Zahlungsbereitschaft“ liegen wird. Deswegen bedarf es Kriterien, mit Hilfe derer in besonderem Maße anspruchsberechtigte Personen, Gesellschaften und/oder Regionen identifiziert werden können. Der hier vertretene Ansatz impliziert, dass dort Anpassungsmaßnahmen zu finanzieren sind, wo Grundbedürfnisse bzw. Menschenrechte bestimmter Personen unterminiert werden oder es hinreichend wahrscheinlich erscheint, dass dies in Zukunft geschehen wird. Zum einen ist dies ganz offenkundig aber kein trennscharfes Kriterium; zum anderen kann ein solches Kriterium für sich genommen Regierungen sogenannte perverse Anreize bieten, diese Unterminierung bewusst in Kauf zu nehmen oder sich als besonders hilfsbedürftig darzustellen, um in höherem Maße von internationalen Finanztransfers zu profitieren. Im Lichte einer Theorie Starker Nachhaltigkeit (Ott und Döring 2004) sollte auch die Bewahrung und Wiederherstellung von Naturkapital ein Kriterium zur Identifizierung von Anspruchsberechtigten darstellen. Außerdem wird betont, dass Armut eine maßgebliche Ursache für ein hohes Maß an Vulnerabilität gegenüber dem Klimawandel darstellt. Demnach soll durch breit angelegte Entwicklungsprogramme bzw. die Integration von Anpassung in die Entwicklungsplanung die Anpassungsfähigkeit der betroffenen Gesellschaften erhöht werden (Hartzell-Nichols 2011). Zugleich ist der Nutzen solcher Programme seit Jahrzehnten umstritten. Als weitere Möglichkeit, die Vulnerabilität zu reduzieren, werden Versicherungsschemata diskutiert (Bals et al. 2006).

Systematisch betrachtet ist die Thematik der „Klimaflüchtlinge“ ein Teilbereich des Anpassungsdiskurses. Migration und Umsiedlungen sind die letzte Möglichkeit, wenn andere Anpassungsmaßnahmen nicht greifen oder unmöglich sind. Für die Bewohner der pazifischen Inselstaaten sowie viele weitere Millionen Menschen ist Migration mittel- bis langfristig jedoch die einzig mögliche Form der Anpassung. Die Forderung, dass diejenigen, deren Land in Zukunft unbewohnbar wird, ein Recht auf Immigration in andere Länder sowie ein Anspruch auf souveräne Herrschaft über ein bestimmtes Territorium haben (Nine 2012), ist umstritten. Welche Staaten und/oder Bevölkerungsgruppen auf ihren Anspruch zugunsten welcher Klimaflüchtlinge verzichten müssen, ist weitgehend ungeklärt. Grundsätzlich sollte die Aufnahme von Migranten und die Bereitstellung von Territorien als eine mögliche Form der Kompensation gesehen werden. Die dabei anfallenden Kosten, z. B. für die Entschädigung der Landeigentümer und für Umsiedlungs- sowie Eingliederungsmaßnahmen, könnten dann ebenfalls von einem Anpassungsfond übernommen oder mit den Einzahlungsverpflichtungen eines Landes verrechnet werden. In obigen Kostenschätzungen (100 Milliarden $US pro Jahr) sind derlei Maßnahmen allerdings nicht enthalten.

Die Ausführungen verdeutlichen, dass mit fortschreitendem Klimawandel immer weitere Kosten hinzukommen werden und die Suche nach gerechten Lösungen immer komplexer wird. Dies unterstreicht nochmals die Wichtigkeit von Mitigation: Hätte man bereits in den 1990er Jahren stringente Mitigations-Maßnahmen beschlossen, würden heutige und zukünftige Gerechtigkeitskonflikte weniger dramatisch ausfallen. Gleiches gilt zum gegenwärtigen Zeitpunkt: Je stärker Mitigation betrieben wird, desto eher können die durch den Klimawandel in Zukunft verursachten und gegebenenfalls durch ein internationales Regime (teilweise) umverteilten Lasten überhaupt noch geschultert werden.

6 Climate Engineering

Aufgrund der zunehmenden Schärfe der durch den Klimawandel verursachten Verteilungskonflikte sowie der Tatsache, dass i) das 2°-Ziel immer schwerer zu erreichen sein wird, und dass ii) mittlerweile auch weitaus höhere Temperaturen in den Bereich des Möglichen rücken, wird zunehmend über Climate-Engineering-Maßnahmen diskutiert. Wie bereits oben erläutert, muss hier zwischen den Bereichen CDR und SRM unterschieden werden. Ziel von CDR-Technologien ist es, atmosphärisches CO_2 zu binden. Entsprechend entfalten sie ihre Wirksamkeit erst über viele Jahrzehnte bis Jahrhunderte. CO_2 kann einerseits durch technische Maßnahmen aus der Umgebungsluft gefiltert („künstliche Bäume“) oder in Folge menschlicher Eingriffe verstärkt von der terrestrischen oder marinen Biosphäre aufgenommen werden (u. a. Aufforstung und Moor-Renaturierung, Umwandlung von organischem Material zu Bio-Kohle, Ozeandüngung, Beschleunigung von Verwitterungsprozessen). Einige Formen von CDR (Aufforstung, Moorschutz) weisen viele Übereinstimmungen mit den Zielen des Naturschutzes und der nachhaltigen Nutzung von Rohstoffen auf und zeigen außerdem gewisse Verbindungen zu Anpassungsmaßnahmen. Bei allen terrestrischen CDR-Maßnahmen steht die verwendete Fläche dann allerdings nicht mehr für die Nahrungsmittelproduktion zur Verfügung. Dies ist bei marinen CDR-Maßnahmen (Ozeandüngung, Ozeankalkung, Manipulation der marinen Schichtung) nicht der Fall. Hier ist allerdings weit weniger klar, ob und in wie weit die Maßnahmen überhaupt dazu geeignet sind, substanzielle Mengen THG langfristig aus der Atmosphäre zu entfernen. Ferner sind sie mit größeren Risiken behaftet, da sich die Auswirkungen auf das marine Ökosystem derzeit nur schwer abschätzen lassen (vgl. Rickels et al. 2011).

Mit SRM-Technologien soll durch Beeinflussung des Strahlungshaushalts die Durchschnittstemperatur der Erde gesenkt werden, ohne dass die THG-Konzentration in der Atmosphäre dazu notwendigerweise reduziert werden muss. SRM-Maßnahmen umfassen im Wesentlichen (i) die Ausbringung von Aerosolen in der Stratosphäre, (ii) die Änderungen der Albedo von Oberflächen oder von Wolken sowie (iii) die Installation weltraumgestützter Reflektoren. Die Maßnahmen würden schon binnen einiger Jahre erste Effekte erzielen und wären damit deutlich schneller wirksam als Mitigation und CDR-Maßnahmen. Aus diesem Grund wird SRM häufig als Notlösung bzw. *ultima ratio* zur Vermeidung eines katastrophalen Klimawandels angesehen und die umgehende Erforschung dieser Technologien gefordert (Keith et al. 2010; kritisch dazu Gardiner 2011). Eine besonders relevante SRM-Option ist das Ausbringen von Schwefelpartikeln in der Stratosphäre, weil die Kosten der Ausbringung vergleichsweise gering ausfallen und man aufgrund von Vulkanausbrüchen verhältnismäßig gut über die kühlende Wirkung der Partikel Bescheid weiß (vgl. Crutzen 2006).[7]

SRM-Technologien bergen jedoch beträchtliche Risiken.[8] Es wird u. a. befürchtet, dass es zu einem weltweiten Rückgang der Niederschläge über Land sowie zu grundlegenden Veränderungen der Niederschlagsmuster, zu gravierenden Störungen des Sommermonsuns in Afrika und Asien sowie zu einer Reduktion des stratosphärischen Ozons kommen könne (Robock 2008; Tilmes et al. 2009). Außerdem würde SRM vermutlich zu sehr unterschiedlichen Veränderungen der regionalen Klimata führen und würde die zunehmende Versauerung der Ozeane nicht aufhalten (Brovkin et al. 2009). Hinzu kommt das sogenannte Terminationsproblem, das entstehen kann, wenn SRM ohne vorherige Mitigationserfolge durchgeführt wird. In einer Welt mit (sehr) hohen atmosphärischen THG-Konzentrationen käme es bei einem Abbruch der Maßnahme zu einem rasanten Anstieg der globalen Durchschnittstemperatur – und zwar mit einer Rate von 2–4°C pro Jahrzehnt (Matthews und Caldeira 2007).

Während dies für die Einen ein Grund zur großen Skepsis gegenüber SRM ist, sehen Andere darin einen Grund, diese Technologien zu erforschen, um besser abschätzen zu können, mit welchen Folgen tatsächlich zu rechnen sein wird (Shepherd et al. 2009; Keith et al. 2010). Unklar ist jedoch, wie deutlich sich Forschung und Durchführung in der Realität trennen lassen. Die Vergangenheit hat gezeigt, dass die Erforschung und Entwicklung neuer Technologien auch dann zu deren Einsatz führen kann, wenn dies im Lichte der Forschungsergebnisse nicht gerechtfertigt erscheint (Jamieson 1996). Es ist daher an den Proponenten einer verstärkten Erforschung von SRM-Technologien darzulegen, wie dieser so genannten Selbstläufer-Problematik zufriedenstellend entgegengewirkt werden kann.

Auch wird ein entscheidender Vorteil von SRM darin gesehen, dass komplizierte globale Abstimmungsprozesse vermieden werden könnten (Victor 2008;

---

7 Dies veranlasst einige Wissenschaftler zu recht überschwänglichen Äußerungen (vgl. Barrett 2008). Rickels et al. weisen darauf hin, dass die Kosten der Ausbringung von Schwefelpartikeln dabei jedoch systematisch unterschätzt werden (Rickels et al. 2011).

8 Die Ausführungen in diesem Absatz beziehen sich auf die Ausbringung von Aerosolen in der Stratosphäre, gelten voraussichtlich aber in gleicher oder ähnlicher Weise für die übrigen SRM-Technologien.

Virgoe 2009). Denn während der Erfolg von Mitigation davon abhängt, dass alle wesentlichen Emittenten entsprechende Maßnahmen ergreifen, ließe sich mindestens die Ausbringung von Schwefelpartikeln in technologischer sowie finanzieller Hinsicht auch multi- oder gar unilateral durchführen. Der *legitime* Einsatz von SRM wiederum erfordert durchaus einen globalen Abstimmungsprozess. Da die Interessenlage in Bezug auf SRM ähnlich heterogen ist wie in Bezug auf ein globales Klimaabkommen, scheint eine Einigung hinsichtlich SRM vor ähnlichen Problemen zu stehen wie eine Einigung auf ein Klimaabkommen. Der Vorteil besteht also nur dann, wenn man sich für einen illegitimen Einsatz ausspricht (Gardiner 2010). Eine solche Position wäre vom moralischen Standpunkt aus abzulehnen. Eine kritische Diskussion von SRM im Allgemeinen und der Ausbringung von Schwefelpartikeln im Besonderen findet sich in Preston (2012).

7 Verteilung der klimawandelinduzierten Kosten

Bislang haben wir die Bereiche der Klimaethik separat diskutiert. Aus gerechtigkeitstheoretischer Sicht stellt sich allerdings die Frage, ob die in den einzelnen Bereichen anfallenden Kosten nach jeweils separaten Gerechtigkeitsprinzipien verteilt oder ob alle klimawandelinduzierten Kosten durch ein übergeordnetes Gerechtigkeitsprinzip verteilt werden sollen. Caney folgend kann hier zwischen einer atomistischen und einer holistischen Vorgehensweise unterschieden werden (Caney 2012). Ein atomistischer Ansatz entwickelt gut begründete Positionen in *jedem* Bereich der Klimaethik und führt diese zusammen. In den einzelnen Bereichen kommen dabei bestimmte Prinzipien oder eine Kombination verschiedener Prinzipien zur Anwendung, die sich zumindest partiell unterscheiden (vgl. Ott 2012; Vanderheiden 2008; Vanderheiden 2011). Vertreter einer holistischen Position gehen davon aus, dass stattdessen ein Prinzip (oder eine Kombination verschiedener Prinzipien) für alle Bereiche gelten sollte; d. h. dass ein(e) Prinzip(-Kombination) die *Summe* der Verantwortlichkeiten für Mitigation, Adaptation, CDR und ggf. SRM regeln sollte (vgl. Caney 2009; Caney 2012).

Für die Verteilung der klimawandelinduzierten Kosten ist darüber hinaus von Bedeutung, in wie weit allgemeine gerechtigkeitstheoretische Überlegungen in der klimaethischen Argumentation berücksichtigt werden (Isolation vs. Integration). Bei einem isolationistischen Vorgehen werden klimaethische Verantwortlichkeiten isoliert von anderen Domänen globaler Gerechtigkeit, wie beispielsweise Handel, Entwicklung, Armut und Gesundheit, betrachtet. Gemäß einem integrativen Vorgehen werden klimaethische Verantwortlichkeiten unter

Berücksichtigung von bzw. im Hinblick auf allgemeine globale und intergenerationelle Gerechtigkeitspflichten verteilt (Bell 2008; Caney 2009; Caney 2012).[9]

Das einschlägige Beispiel für ein isolationistisches Vorgehen ist der Ansatz gleicher Pro-Kopf-Emissionszertifikate sowie C&C. (s. o.). Hier wird das Gleichheitsprinzip auf ein bestimmtes Gut – Emissionszertifikate – angewendet, ohne dass dabei die Verteilung von Gütern (oder Fähigkeiten) in anderen Domänen globaler Gerechtigkeit berücksichtigt wird. Wählt man im Gegensatz dazu ein integratives Vorgehen und geht z. B. davon aus, dass eine gerechte Verteilung in einer Gleichverteilung primärer Güter besteht, sollten die Zertifikate so verteilt werden, dass am Ende alle Personen über die gleiche Menge an primären Gütern verfügen. Akteure mit wenigen primären Gütern würden in einem solchen Fall deutlich mehr Zertifikate erhalten als solche, die über viele primäre Güter verfügen.

Gemäß dieser Taxonomie sind klimaethische Ansätze entweder atomistisch oder holistisch und sie sind entweder isolationistisch oder integrativ. Der Gleiche-Pro-Kopf-Ansatz ist isolationistisch und zugleich atomistisch, da er nur etwas über die Verteilung der Kosten von Mitigation aussagt. Über die Allokation der Kosten für Anpassungsmaßnahmen sowie für etwaige CDR- und SRM-Maßnahmen muss also unabhängig von der Verteilung der Reduktionskosten befunden werden. Ein Beispiel für einen holistischen und integrativen Ansatz ist GDR. Es ist holistisch, da es die aus der Bekämpfung des Klimawandels resultierende Gesamtlast verteilt (s. o.). Es ist integrativ, da die allgemeine Verteilung von Gütern bzw. Wohlstand insofern berücksichtigt wird, als dass Menschen unterhalb eines bestimmten Einkommensniveaus keinerlei Kosten schultern müssen. Ob sie das aber tatsächlich nicht tun müssen, hängt davon ab, wie ein Land seine Gesamtlast intranational verteilt, und es ist stark zu bezweifeln, dass die klimawandelinduzierten Kosten ausschließlich oder hauptsächlich von der Mittel- und Oberschicht übernommen werden. Ein weiteres Problem von GDR ist, dass die Gewichtung der Faktoren („Fähigkeit" und „Verantwortung") ad hoc erfolgt und kein Kriterium in Sicht ist, mit Hilfe dessen eine begründete Gewichtung erfolgen kann. Prinzipiell sind auch isolationistisch-holistische und integrativ-atomistische Ansätze möglich.[10]

Schließlich ist zu berücksichtigen, dass beide Unterscheidungen nicht binär kodiert, sondern graduell zu verstehen sind. Ein bestimmter Ansatz kann also mehr oder weniger holistisch oder atomistisch und integrativ oder isolationis-

9 Die Unterscheidung zwischen atomistisch/holistisch und isolationistisch/integrativ diskutieren wir ausführlich in Baatz und Ott 2014.

10 Der Ansatz von David Miller kann als Beispiel für einen isolationistisch-holistisch Ansatz angesehen werden (Miller 2008).

tisch sein, je nachdem, wie viele Bereiche der Klimaethik separat behandelt und in wie weit allgemeine Überlegungen hinsichtlich globaler/intergenerationeller Gerechtigkeit berücksichtigt werden. Die Unterscheidung ist in höchstem Maße relevant, da sie einen erheblichen Einfluss darauf hat, was als gerechte Verteilung von Nutzen und Lasten angesichts des anthropogen verursachten Klimawandels anzusehen ist.

Literatur

Adger, W. Neil/Paavola, Jouni/Huq, Saleemul/Mace, Mary Jane (2006): *Fairness in Adaptation to Climate Change*. Cambridge: Cambridge University Press Group.

Allen, Myles (2003): „Liability for Climate Change". In: *Nature* 421, S. 891–892.

Allen, Myles/Frame, David/Huntingford, Chris/Jones, Chris D./Lowe, Jason A./Meinshausen, Malte/Meinshausen, Nicolai (2009): „Warming Caused by Cumulative Carbon Emissions Towards The Trillionth Tonne". In: *Nature* 458, S. 1163–1166.

Baatz, Christian (2013): „Responsibility for the Past? Some Thoughts on Compensating Those Vulnerable to Climate Change in Developing Countries". In: *Ethics, Policy & Environment* 16. Nr. 1, S. 94–110.

Baatz, Christian (2014): „Climate Change and Individual Duties to Reduce GHG Emissions". In: *Ethics, Policy & Environment* 17. Nr. 1, S. 1–19.

Baatz, Christian/Ott, Konrad (2015): „In Defense of Emissions Egalitarianism?" In: Meyer, Lukas/Sanklecha, Pranay: *Climate Justice and Historical Emissions*. Cambridge University Press (im Erscheinen).

Baer, Paul/Athanasiou, Tom/Kartha, Sivan (2008): *The Right to Development in a Climate Constrained World. The Greenhouse Development Rights Framework*. Berlin: Heinrich Böll Foundation et al.

Bals, Christoph/Warner, Koko/Butzengeiger, Sonja (2006): „Insuring the Uninsurable: Design Options for a Climate Change Funding Mechanism". In: *Climate Policy* 6. Nr. 6, S. 637–647.

Barrett, Scott (2008): „The Incredible Economics of Geoengineering". In: *Environmental and Resource Economics* 39. Nr. 1, S. 45–54.

Bell, Derek R. (2008): „Carbon Justice? The Case Against a Universal Right to Equal Carbon Emissions". In: Sarah Wilks (Hrsg.): *Seeking Environmental Justice*. Amsterdam, New York: Rodopi, S. 239–257.

Brovkin, Victor/Petoukhov, Vladimir/Claussen, Martin/Bauer, Eva/Archer, David/Jaeger, Carlo (2009): „Geoengineering Climate by Stratospheric Sulfur Injections. Earth System Vulnerability to Technological Failure". In: *Climatic Change* 92. Nr. 3–4, S. 243–259.

Caney, Simon (2006): „Environmental Degradation, Reparations, and the Moral Significance of History". In: *Journal of Social Philosophy* 37. Nr. 3, S. 464–482.

Caney, Simon (2009): „Justice and the Distribution of Greenhouse Gas Emissions". In: *Journal of Global Ethics* 5. Nr. 2, S. 125–146.

Caney, Simon (2010): „Climate Change and the Duties of the Advantaged". In: *Critical Review of International Social and Political Philosophy* 13. Nr. 1, S. 203–228.

Caney, Simon (2012): „Just Emissions". In: *Philosophy & Public Affairs* 40. Nr. 4, S. 255–300.

Cripps, Elizabeth (2013): *Climate Change and the Moral Agent. Individual Duties in an Interdependent World.* Oxford: Oxford University Press.

Crutzen, Paul (2006): „Albedo Enhancement by Stratospheric Sulfur Injections: A Contribution to Resolve a Policy Dilemma?" In: *Climatic Change* 77. Nr. 3–4, S. 211–220.

den Elzen, Michel/Meinshausen, Malte (2007): „Multi-Gas Emission Pathways for Meeting the EU 2°C Climate Target". In: Hans Joachim Schellnhuber (Hrsg.): *Avoiding Dangerous Climate Change.* Cambridge: Cambridge University Press, S. 299–310.

Gardiner, Stephen Mark (2010): „Is ‚Arming the Future' with Geoengineering Really the Lesser Evil? Some Doubts about the Ethics of Intentionally Manipulating the Climate System". In: Stephen M. Gardiner/Simon Caney/Henry Shue/Dale Jamieson (Hrsg.): *Climate Ethics. Essential Readings.* New York: Oxford University Press, S. 284–314.

Gardiner, Stephen M. (2011): *„A Perfect Moral Storm. The Ethical Tragedy of Climate Change.* New York: Oxford University Press.

Gesang, Bernward (2011): *Klimaethik.* Frankfurt am Main: Suhrkamp.

Hampicke, Ulrich/Ott, Konrad (Hrsg.) (2003): *Reflections on Discounting.* Special Issue, International Journal of Sustainable Development 6. Nr 1.

Hartzell-Nichols, Lauren (2011): „Responsibility for Meeting the Costs of Adaptation". In: *Wiley Interdisciplinary Reviews: Climate Change* 2, S. 687–700.

Heyward, Clare (2013): „Situating and Abandoning Geoengineering: A Typology of Five Responses to Dangerous Climate Change". In: *APSC (PS: Political Science & Politics)* 46. Nr. 1, S. 23–27.

Hourdequin, Marion (2010): „Climate, Collective Action and Individual Ethical Obligations". In: *Environmental Values* 19. Nr. 4, S. 443–464.

IPCC (2007): *Climate Change 2007: Synthesis Report.* Contribution of Working Groups I, II and III to the Fourth Assessment Report of the Intergovernmental Panel on Climate Chang, Genf.

IPCC (2013a): *Climate Change 2013. The physical science basis; Working Group I contribution to the fifth assessment report of the Intergovernmental Panel on Climate Change.* Unter Mitarbeit von T. F. Stocker, D. Qin, G.-K. Plattner, M. Tignor, S.k. Allen, J. Boschung et al. Cambridge UK, New York: Cambridge University Press.

IPCC (2013b): „Summary for Policymakers". In: *Climate Change 2013: The Physical Science Basis.* Contribution of Working Group I to the Fifth Assessment Report of the Intergovernmental Panel on Climate Change [Stocker, T.F., D. Qin, G.-K. Plattner, M. Tignor, S. K. Allen, J. Boschung, A. Nauels, Y. Xia, V. Bex and P.M. Midgley (Hrsg.)]. Cambridge UK, New York: Cambridge University Press.

Jamieson, Dale (1996): „Ethics and Intentional Climate Change". In: *Climatic Change* 33. Nr. 3, S. 323–336.

Johnson, Baylor L. (2003): „Ethical Obligations in a Tragedy of the Commons". In: *Environmental Values* 12. Nr. 3, S. 271–287.

Keith, David W./Parson, Edward/Morgan, M. Granger (2010): „Research on Global Sun Block Needed Now". In: *Nature* 463, S. 426–427.

Matthews, H. Damon; Caldeira, Ken (2007): „Transient Climate-Carbon Simulations of Planetary Geoengineering". In: *Proceedings of the National Academy of Sciences* 104, S. 9949–9954.

Meyer, Aubrey (2000): *Contraction & Convergence. The Global Solution to Climate Change* (Schumacher Briefings Nr. 5). Totnes, Devon: Green Books for the Schumacher Society.

Meyer, Lukas H./Roser, Dominic (2010): „Climate Justice and Historical Emissions". In: *Critical Review of International Social and Political Philosophy* 13, S. 229–253.

Miller, David (2008): „Global Justice and Climate Change. How Should Responsibilities Be Distributed?" Beijing: The Tanner Lectures on Human Values. http://www.tannerlectures.utah.edu/lectures/documents/Miller_08.pdf, besucht am 23.03.11.

Moellendorf, Darrel (2011): „Common Atmospheric Ownership and Equal Emissions Entitlements". In: Denis Gordon Arnold (Hrsg.): *The Ethics of Global Climate Change*. Cambridge, New York: Cambridge University Press, S. 104–123.

Müller, Benito/Höhne, Niklas/Ellermann, Christian (2009): „Differentiating (Historic) Responsibilities for Climate Change". In: *Climate Policy* 9. Nr. 6, S. 593–611.

Neumayer, Eric (2000): „In Defence of Historical Accountability for Greenhouse Gas Emissions". In: *Ecological Economics* 33. Nr. 2, S. 185–192.

Nine, Cara (2012): *Global Justice and Territory*. Oxford: Oxford University Press.

Nolt, John (2011): „Nonanthropocentric Climate Ethics". In: *Wiley Interdisciplinary Reviews: Climate Change* 2, S. 701-711.

Nordhaus, William D. (2008): *A Question of Balance. Weighing the Options on Global Warming Policies*. New Haven: Yale University Press.

Ott, Konrad (2007): „Ethical Orientation for Climate Change Policies". In: Michael Rodi (Hrsg.): *Implementing the Kyoto Protocol – Chances and Challenges for Transition Countries. Proceedings of the Summer Academy „Energy and the Environment"*, Irkutsk, 21–27 August 2005. Berlin: Lexxikon.

Ott, Konrad (2012): „Domains of Climate Ethics". In: Dieter Birnbacher (Hrsg.): *Klimawandel und Intergenerationelle Gerechtigkeit. Jahrbuch für Wissenschaft und Ethik*. Berlin, New York: De Gruyter, S. 143–162.

Ott, Konrad/Döring, Ralf (2004): *Theorie und Praxis starker Nachhaltigkeit*. Marburg: Metropolis.

Ott, Konrad/Klepper, Gernot/Lingner, Stephan/Schäfer, Achim/Scheffran, Jürgen/Sprinz, Detlef (2004): *Reasoning Goals of Climate Change Protection. Specifiation of art. 2 UNFCCC*, Bad Neuenahr-Ahrweiler: Bericht für das Umweltbundesamt (UBA), Berlin.

Page, Edward A. (2008): „Distributing the Burdens of Climate Change". In: *Environmental Politics* 17. Nr. 4, S. 556–575.

Preston, Christopher J. (2012): *Engineering the Climate. The Ethics of Solar Radiation Management*. Lanham Md: Lexington Books.

Rickels, Wilfried/Klepper, Gernot/Dovern, Jonas/Betz, Gregor/Brachatzek, Nadine/Cacean, Sebastian/Güssow, Kerstin/Heintzenberg, Jost/Hiller, Sylvia/Hoose, Corinna/Leisner, Thomas/Oschlies, Andreas/Platt, Ulrich/Proelß, Alexander/Renn, Ortwin/Schäfer, Stefan/Zürn, Michael (2011): *Gezielte Eingriffe in das Klima? Eine Bestandsaufnahme der Debatte zu Climate Engineering. Sondierungsstudie für das Bundesministerium für Bildung und Forschung*. Kiel.

Robinson, Alexander/Calov, Reinhard/Ganopolski, Andrey (2012): „Multistability and Critical Thresholds of the Greenland Ice Sheet". In: *Nature Climate Change* 2. Nr. 6, S. 429–432.

Robock, Alan (2008): „20 Reasons Why Geoengineering May be a Bad Idea". In: *Bulletin of the Atomic Scientists* 64. Nr. 2, S. 14–18.

Schüssler, Rudolf (2011a): „Is Grandfathering Morally Defensible?" *Time Dimensions in the Climate Justice Debate. International Workshop*. 13.–15. September 2011. Universität Graz.

Schüssler, Rudolf (2011b): „Climate Justice: A Question of Historic Responsibility?" In: *Journal of Global Ethics* 7, S. 261–278.

Shepherd, John/Caldeira, G. Ken/Cox, Peter/Haigh, Joanna/Keith, David/Launder, Brian et al. (2009): *Geoengineering the Climate. Science, Governance and Uncertainty*. London: The

Royal Society. http://royalsociety.org/WorkArea/DownloadAsset.aspx?id=10768, besucht am 04.03.2013.

Singer, Peter (2002): *One World. The Ethics of Globalization.* New Haven: Yale University Press.

Sinnott-Armstrong, Walter (2005): „It's Not My Fault". In: Walter Sinnott-Armstrong/Richard B. Howarth (Hrsg.): *Perspectives on Climate Change. Science, Economics, Politics, Ethics.* 1. Auflage. Amsterdam: Elsevier JAI (Advances in the economics of environmental resources, 5), S. 285–307.

Tilmes, Simone/Garcia, Rolando R./Kinnison, Douglas E./Gettelman, Andrew/Rasch, Philip J. (2009): „Impact of Geoengineered Aerosols on the Troposphere and Stratosphere". In: *Journal of Geophysical Research* 114. D12. DOI: 10.1029/2008JD011420, besucht am 21.11.2014.

United Nations (UN) (1948): *The Universal Declaration of Human Rights.* Genf.

United Nations (UN) (1992): *United Nations Framework Convention on Climate Change.* Genf.

Vanderheiden, Steve (2008): *Atmospheric Justice. A Political Theory of Climate Change.* Oxford: Oxford University Press.

Vanderheiden, Steve (2011): „Globalizing Responsibility for Climate Change". In: *Ethics & International Affairs* 25. Nr. 1, S. 65–84.

Victor, David G. (2008): „On the regulation of geoengineering". In: *Oxford Review of Economic Policy* 24. Nr. 2, S. 322–336.

Virgoe, John (2009): „International Governance of a Possible Geoengineering Intervention to Combat Cimate Change". In: *Climatic Change* 95. Nr 1–2, S. 103–119.

Harald Stelzer

Climate Engineering: Argumente des kleineren Übels

1 Stratosphärische Aerosolinjektion als das kleinere Übel

In Alltagssituationen steht uns meist eine breite Palette von Optionen zur Verfügung, auch wenn wir dazu neigen, auf „ausgetreten Pfaden" zu bleiben. In einigen Situationen sind unsere Optionen jedoch eingeschränkt und wir stehen vor der Wahl zwischen Alternativen, von denen alle mit negativen Folgen verbunden sind oder zumindest solche erwarten lassen. Selbst in diesen Fällen sind wir zumeist in der Lage, eine Option als weniger schlimm als die anderen Optionen einzuschätzen. Diese Option wird oft als das „kleinere Übel" bezeichnet. Dabei wird meist davon ausgegangen, dass in Situationen, in denen wir keine bessere Wahl haben (einschließlich der Unterlassung jeglicher Handlung), das kleinere Übel getan oder in Kauf genommen werden muss. Diese Wahl des kleineren Übels kann durch gut etablierte normative Prinzipien wie dem Nichtschädigungsprinzip oder dem Vorsorgeprinzip gestützt werden. Zugleich ist jedoch zu betonen, dass per Definition die Wahl des kleineren Übels nicht ausschließt, dass die Folgen als negativ zu beurteilen sind (Raz 1988; Walzer 2004; Joronen und Oksanen 2012).

Kleinere Übelargumente spielen eine wichtige Rolle in Notfallsituationen. Es ist ein Merkmal solcher Situationen, dass sie die Schwelle dessen, was als hinreichend sicher oder akzeptabel gilt, senken können. Die Berufung auf einen Notfall kann manchmal dazu führen, dass bestehende Bedenken über bestimmte Optionen, die zunächst als ein ernsthaftes Hindernis für deren Umsetzung gegolten haben, in den Hintergrund gedrängt werden. In einer Notfallsituation sind wir oft dazu bereit, außerordentliche Risiken einzugehen. Darüber hinaus ist die Popularität solcher Notfallsituationen teilweise darauf zurückzuführen, dass sie es erlauben, sich von den üblichen Normen und Zwängen der Moral zu distanzieren (Joronen und Oksanen 2012). Dies ist beunruhigend, da gerade in Notfallsituationen, die moralisch schwierige Entscheidungen fordern, wir versucht sein können, moralische Normen nicht auf unsere Handlungen anzuwenden. Notfallargumente und damit auch kleinere Übelargumente stehen daher in der Gefahr der Manipulation und moralischen Korruption und müssen sorgfältig geprüft werden (Gardiner 2011).

Kleinere Übelargumente können nicht nur ins Spiel kommen, wenn eine Notfallsituation bereits vorliegt, sondern auch schon im Vorfeld diskutiert werden, um bestimmte Optionen a priori zu klären und sie zu bewerten. Dies ist wichtig, da die Vorbereitung auf einen möglichen Notfall oft einen langen Vorlauf hat. Gerade im Rahmen der sich abzeichnenden globalen ökologischen Probleme mit möglicherweise katastrophalen Folgen spielen solche zukunftsorientierten Argumente über das kleinere Übel von Optionen eine wichtige Rolle. Basierend auf der Komplexität der beteiligten ökologischen und sozialen Systeme sowie deren Interaktion und der (teilweisen) Unmöglichkeit, auf Erfahrungen mit ähnlichen Situation aus der Vergangenheit zurückgreifen zu können, suchen wir Argumente für oder gegen bestimmte Optionen , auch wenn wir ihre Folgen oft nur unzureichend abschätzen können. Genau diese Art von zukunftsorientierten kleineren Übelüberlegungen hat Bedeutung in der Debatte über bestimmte Möglichkeiten eines intendierten Eingriffs in das Klimasystem gewonnen.

Die seit Jahrzehnten eher im Hintergrund gebliebenen Climate Engineering-(CE) oder Geo-Engineering-Vorschläge für Interventionen in das Weltklima haben in den letzten Jahren entscheidend an Zugkraft gewonnen. Mit geringen Fortschritten bei der Klimapolitik und wachsenden globalen Treibhausgas-Emissionen, werden CE Vorschläge zunehmend in wissenschaftlichen und politischen Kreisen rund um die Welt diskutiert und untersucht. CE Vorschläge sind vielfältig und variieren stark hinsichtlich ihrer technologischen Eigenschaften. In Übereinstimmung mit dem Bericht der Royal Society (2009), kann grob zwischen Sonnenstrahlungsmanagement (Solar Radiation Management – SRM) zur Reduzierung der eingehenden Sonnenstrahlung durch deren Ablenkung oder durch Erhöhung des Reflexionsvermögens (Albedo) der Atmosphäre, von Wolken oder der Erdoberfläche und der Entfernung von Kohlendioxid (Carbon Dioxide Removal – CDR) zur Reduzierung der Konzentration von Kohlendioxid in der Atmosphäre unterschieden werden.

Die prominenteste SRM-Technik ist die stratosphärische Aerosolinjektion (Stratospheric Aerosol Injection – SAI). SAI führt zu einer absichtlichen Änderung der Energiebilanz der Erde durch das Ausbringen von Partikeln in der Stratosphäre und die dadurch erzielte Änderung der Reflexivität. Da die Verwendung des Begriffs CE für sehr unterschiedliche Vorschläge umstritten ist (Bouche et al. 2013; Heyward 2013), werden sich die folgenden Ausführungen auf SAI beschränken. Was wir über SAI wissen, wissen wir einerseits durch Klimamodellierung und andererseits auf Basis von Analogien zu Vulkanausbrüchen. Von dieser Wissensbasis aus kann man das Potenzial von SAI ableiten, manchen negativen oder katastrophalen Folgen des Klimawandels durch eine Senkung der globalen Durchschnittstemperaturen entgegenzuwirken (Keith et al. 2010; Caldeira und Keith 2011). Die Attraktivität von SAI liegt in dessen Potenzial – wenn erfolgreich –, eine enorme Menge an menschlichem Leid und Umweltschäden durch die globale Erwärmung zu verringern (Davies 2010; Abelkop und Carlson 2012; Preston 2013). Auf dieser Funktion kann man eine kleinere Übelargumentation (Lesser Evil Argument – LEA) für SAI ableiten, welche im Folgenden als SAILEA bezeichnet wird.

SAILEA hat eine starke normative Grundlage im Nichtschädigungsprinzip. Dieses Prinzip muss für Argumente des kleineren Übels jedoch qualifiziert werden. In Fällen, in denen wir nicht alle Schäden verhindern können, sollten wir versuchen, Schäden zu minimieren. Mit einer Wahl zwischen Alternativen, die alle zu erheblich negativen Folgen führen können, sollten wir dementsprechend jene Option wählen, die zu den geringsten Schäden führt, eben das kleinere Übel. Die Relevanz von SAILEA hängt von der weiteren Annahme ab, dass falls in naher oder mittlerer Zukunft keine wesentlichen Fortschritte bei der Emissionsreduktion erzielt werden, es irgendwann zu einer Wahl zwischen der Zulassung der katastrophalen Auswirkungen der globalen Erwärmung oder dem Einsatz von SAI kommen könnte (Gardiner 2010). Im Vergleich zu irreversiblen und katastrophalen Schäden durch die globale Erwärmung impliziert SAILEA die empirische Annahme, dass die möglichen Konsequenzen und negativen Nebenwirkungen von SAI weniger schlimm wären (Virgoe 2009; Bodansky 2012). Dies führt zum Schluss, dass durch die Abwägung der Risiken SAI im Falle eines Klimanotstands die bevorzugte Option, also das kleinere Übel, wäre. Die Struktur des Arguments lässt sich daher wie folgt zusammenfassen:

NP 1 (normative Prämisse): Wir sollten andere Menschen nicht schädigen (universell interpretiert bezieht sich dieses Prinzip auch auf zukünftige Generationen).
NP2: In Situationen, in denen wir nicht verhindern können, andere zu schädigen, sollten wir jene Option wählen (einschließlich Untätigkeit), die im Gesamten die geringsten Schäden verursacht, oder von der wir annehmen, dass sie die geringsten Schäden verursachen wird.
EP1 (empirische Prämisse): Ein Klimanotfall könnte uns in eine Situation bringen, in der wir zwischen Alternativen zu wählen haben, die alle zu erheblich negativen Folgen führen werden.
EP2: Im Vergleich zu den negativen Folgen durch die katastrophalen Auswirkungen eines solchen Klimanotfalls sind die möglichen Folgen und negativen Nebenwirkungen eines Einsatzes von SAI als weniger negative zu bewerten.
C: Im Falle eines Klimanotfalls sollten wir SAI einsetzen.

Obwohl eine solche Argumentation auf den ersten Blick recht überzeugend erscheint, wurde SAILEA – oder ähnliche Argumentationen – in der jüngsten Debatte vor allem von Stephen Gardiner (2010, 2011, 2013a und 2013b) und indirekt auch durch andere (Ott 2012; Hourdequin 2012; Smith 2012) in Frage gestellt. Die Kritik sieht den Einsatz von SAI nicht als unter allen Umständen irrational und/oder unmoralisch an, sondern betont, dass SAILEA erhebliche Probleme aufweist. Einige dieser Probleme sollen im Folgenden kurz aufgezeigt und behandelt werden.

2 Unterschiedliche Prinzipien

Auch in Notsituationen hängen unsere Entscheidungen von bestimmten normativen Prinzipien ab. Einer dieser Grundsätze ist oben bereits eingeführt worden, das Prinzip der Nichtschädigung, oder – in seiner qualifizierten Form – der Grundsatz der Leidminimierung. Dies sind jedoch nicht die einzigen relevanten Prinzipien. Beispiele für weitere Prinzipien lassen sich etwa in jenen finden, die von Beauchamp und Childress (1977) für die biomedizinische Ethik vorgeschlagen wurden, wie Autonomie, Wohltätigkeit und die gerechte Verteilung von Kosten und Nutzen. Die Berücksichtigung der Erfüllung dieser Grundsätze kann jedoch zu mehrdeutigen Ergebnissen führen. In vielen Fällen ist die Erfüllung eines Prinzips nur graduell möglich, wobei der Erfüllungsgrad zwischen verschiedenen Prinzipien variieren kann.

Als ein Beispiel kann auf die Verteilungswirkungen eines SAI-Einsatzes verwiesen werden. Aufgrund der bestehenden Risiken und der potenziell unterschiedlichen regionalen Klimaeffekte, wurde argumentiert, dass SAI einigen zusätzlichen Schaden bringen könnte, während andere davon profitieren würden (Preston 2013). Die erwartete Ungleichverteilung birgt wichtige Fragen für die globale Gerechtigkeit, gerade weil einige Risiken auf die ärmsten und verwundbarsten Länder übertragen werden könnten. Diejenigen, die geografisch und wirtschaftlich besonders anfällig für den Klimawandel sind, die oft am Existenzminimum leben, sich am wenigsten an negative Auswirkungen sowohl des Klimawandels als auch an jene eines möglichen Einsatzes von SAI anpassen könn(t) en, sind zugleich auch jene, die am wenigsten für die globale Erwärmung verantwortlich zeichnen und damit für den Grund eines möglichen Einsatzes von SAI (Preston 2012; Carr et al. 2013). Ob der Einsatz von SAI die bestehenden Ungleichheiten und die historische Ungerechtigkeit des Klimawandels erhöhen würde, ist jedoch eine offene Frage, weil er zugleich einigen der am stärksten gefährdeten und ärmsten Ländern zugutekommen könnte, indem klimawandelbedingte Risiken verhindert oder zumindest abgeschwächt würden (Pongratz et al. 2012; Svoboda et al. 2011; Svoboda und Irvine 2014).

Ein ähnlich uneindeutiges Ergebnis erlangt man bei Erwägungen in Bezug auf Verfahrensgerechtigkeit. Wenn wir Autonomie für den möglichen Einsatz von SAI als die Teilnahme an kollektiven Entscheidungsprozessen verstehen, könnte man argumentieren, dass um moralisch akzeptabel zu sein, alle von einer solchen Entscheidung Betroffenen einzubinden wären oder zumindest ihre Interessen Berücksichtigung finden sollten (Jamieson 1996; Rayner et al. 2009; Preston 2013). Trotz einer weitreichenden Anerkennung dieses Prinzips der Verfahrensgerechtigkeit, sind die Möglichkeiten seiner Erfüllung im Fall von SAI eingeschränkt. So ist es nicht klar, wie gut vorbereitet demokratische Gesellschaften sind, rational über den Einsatz von SAI zu diskutieren und zu entscheiden (Joronen et al. 2011; Carr et al. 2013). Zusätzlich würde ein Einsatz von SAI Menschen über nationale Grenzen hinaus betreffen, weshalb nationale demokratische Verfahren nicht in der Lage scheinen, einen solchen Einsatz zu legitimieren (Joronen et al. 2011). Nach dem Gleichheitsgrundsatz im internationalen Bereich sind Entscheidungen, die eine gemeinsame natürliche Ressource betreffen, in einem kooperativen Rechtsrahmen zu fällen, in dem die Souveränität und die Interessen aller Staaten berücksichtigt werden (Abelkop und Carlson 2012). Abkommen und gemeinsame Handlungen, die für alle Parteien akzeptabel sind, scheinen aufgrund der deutlich unterschiedlichen wirtschaftlichen und geopolitischen Interessen in Klimafragen jedoch nur schwer zu erreichen (SRMGI 2012; Athanasiou und Baer 2002). Außerdem benachteiligen oder marginalisieren internationale Entscheidungsstrukturen oft gerade diejenigen, die besonders gefährdet sind (Pogge 2002; Gardiner 2011; Corner und Pidgeon 2010). Desweitern würde der Einsatz von SAI einen bestimmten Klimapfad auch für zukünftige Generationen festlegen, der entweder irreversibel oder nur mit hohen Kosten veränderbar wäre (Jamieson 1996). Eine gewisse Klimastrategie kann daher Optionen zukünftiger Generationen verringern (Smith 2012), und so zu einer Beeinträchtigung oder Verletzung des Rechts der autonomen Selbstbestimmung führen (Ott 2012). Auf Basis dieser und anderer Schwierigkeiten liegt der Schluss nahe, dass eine Entscheidung über den Einsatz von SAI erhebliche Probleme bezüglich ihrer Legimitation aufweisen würde. Zugleich sollte nicht vergessen werden, dass Notfallsituationen auch die Ansprüche an Prinzipien der Verfahrensgerechtigkeit zurückdrängen können. So sehen etwa viele Verfassungen ein Recht der Regierung vor, im Fall von Krieg oder Naturkatastrophen nicht durch demokratisch gewählte Gremien gestützte Entscheidungen zu treffen, oder es intervenieren Staaten mit militärischer Gewalt in anderen Ländern ohne ein ausreichendes Mandat der internationalen Gemeinschaft.

Abgesehen von der Erfüllbarkeit bestimmter Prinzipien ist es auch nicht klar, welche grundsätzlichen Vorrangsbeziehungen im Falle eines Konflikts zwischen Prinzipien bestehen. Zum Beispiel könnte ein Konflikt zwischen der Möglichkeit, erhebliches Leid für viele Menschen zu verhindern, in Widerspruch zu einer demokratischen Mehrheit gegen einen SAI-Einsatz geraten. Sollte dem Grundsatz der Leidminimierung Vorrang vor Überlegungen der demokratischen Entscheidungsfindung gegeben werden und ein SAI- Einsatz auch gegen den Willen der Mehrheit erfolgen? Ein anderer Fall wäre der Widerstand jener Länder, die entweder nur minimal oder gar nicht negativ durch einen Anstieg der globalen Durchschnittstemperatur betroffen wären. Sollte man, beruhend auf dem Prinzip der Gleichberechtigung, so lange warten, bis alle von der Notwendigkeit des Einsatzes von SAI überzeugt wären und währenddessen das dadurch entstehende Leid in Kauf nehmen? Diese und ähnliche Fragestellungen können zu einer kritischen Hinterfragung der Einfachheit der normativen Prämissen (NP1 und NP2) von SAILEA führen, und machen deutlich, dass das Prinzip der Leidminimierung in manchen Fällen mit anderen Prinzipien in Konflikt geraten kann.

3 Inkommensurable Optionen

Nicht nur die Erfüllung der unterschiedlichen Prinzipien stellt eine große Herausforderung für SAILEA dar, sondern auch der Vergleich der verschiedenen Optionen, wie er von NP2 gefordert wird. Selbst dann, wenn wir der Leidminimierung Priorität oder ein hohes Gewicht einräumen, was eine Voraussetzung für die meisten kleineren Übelargumente zu sein scheint, erfordert eine rationale Auswahl den umfassenden Vergleich von Optionen bezüglich ihrer assoziierten Nutzen und Schäden (oder Risiken). Die möglichen Schäden oder, allgemeiner formuliert, negativen Folgen, können jedoch sehr verschiedene Dimensionen annehmen und von ästhetischen Abwägungen, über wirtschaftliche Auswirkungen bis hin zur Verletzung grundlegender Menschenrechte reichen. Für den Vergleich verschiedener Optionen wäre ein gleiches Set von negativen Folgen für alle Optionen die Voraussetzung, wie etwa die Anzahl der zu erwartenden Todesopfer, die Auswirkungen auf die Gesundheit, der Verlust von Eigentum oder ein Rückgang des Wirtschaftswachstums. Auf dieser Basis wäre es möglich, Optionen in Bezug auf jede dieser Kategorien zu vergleichen. Die Verwendung einer Vielzahl von Kategorien kann jedoch zur Inkommensurabilität der Optionen führen. Eine Option könnte dann nach einer Kategorie einer anderen Option überlegen sein, aber zur gleichen Zeit minderwertig gemäß einer zweiten Kategorie. Wir hätten dann nicht die Möglichkeit zu sagen, dass eine Option besser oder schlechter als oder gleich gut als eine andere ist, sondern nur besser oder schlechter in Bezug auf eine bestimmte Kategorie (Hollbourg 1997; Raz 1986, S. 325 ff.).

Zwar ist es möglich, einer bestimmten Kategorie Priorität einzuräumen, z. B. der Verletzung grundlegender Menschenrechte. Eine solche Rangordnung zwischen unterschiedlichen Kategorien ist jedoch voraussetzungsvoll und meist nicht unumstritten. Zudem scheint der Vorrang einer Kategorie zu einer einseitigen Konzentration auf bestimmte negative Folgen zu führen. Will man auch die anderen negativen Folgen berücksichtigen, so muss man den verschiedenen Kategorien feste oder relative Gewichte zuordnen (Birnbacher 2003, S. 168 f.).

Auch wenn die Zuordnung bestimmter Koeffizienten zu den jeweiligen Kategorien uns erlauben würde, zu einem Gesamtvergleich zu kommen, wären diese Koeffizienten in vielen Fällen ebenfalls umstritten. Eine weitere Möglichkeit besteht darin, einen gemeinsamen Nenner für die negativen Folgen zu finden. Der einfachste Weg wäre es, allen negativen Folgen monetäre Werte zuzuordnen, wie dies etwa in Kosten-Nutzen-Analysen der Fall ist. Obwohl es für einige Kategorien durchaus sinnvoll sein kann, ihnen solche monetären Werte zuzuordnen, wie etwa für Wirtschaftswachstum und Vermögensschäden, ist es zumindest fraglich, ob Urteile über menschliches Leid auf diese Weise quantitativ gemessen werden können (Shue 1999; Azar und Lindgren 2003). In Abwesenheit eines gemeinsamen Nenners ist der Begriff des kleineren Übels jedoch unterbestimmt (Alexander 2005).

Inkommensurabilität könnte auch durch andere Eigenschaften von Optionen hervorgerufen werden. Neben einigen Ähnlichkeiten bei den durch Veränderungen im Klimasystem verursachten negativen Folgen und Risiken von voranschreitender Klimaerwärmung und dem Einsatz von SAI, existieren zugleich erhebliche Unterschiede. Selbst unter der Annahme, dass wir uns bereits in einem Großexperiment mit dem Klima durch unsere Nutzung fossiler Brennstoffe als Nebenprodukt unseres Lebensstils befinden, würde SAI einen explizit vorsätzlichen und bewussten Eingriff in das Klimasystem darstellen. Intention ist für die Beurteilung einer Handlung jedoch von großer Wichtigkeit und führt in vielen Fällen zur Annahme einer größeren moralischen Verantwortung für deren Folgen (Bodansky 2012). Es ist nicht klar, wie dieser Unterschied in den Vergleich der verschiedenen Optionen einfließen kann. Noch wichtiger sind bestehende Unsicherheiten. Für einen Vergleich von möglichen negativen Folgen, sollten wir in der Lage sein, diese mit Sicherheit vorherzusagen. Im Fall von Klimawandel und dem möglichen Einsatz von SAI haben wir es aber mit erheblichen Unsicherheiten zu tun. In Fällen von probabilistischer Unsicherheit, wo wir ein Wissen über die Wahrscheinlichkeit des gesamten Spektrums an möglichen Folgen einer Option besitzen, können negative Folgen auf Basis dieser Wahrscheinlichkeiten verglichen werden. In anderen Fällen sind diese Wahrscheinlichkeiten jedoch subjektiv oder können nur mit einem Wahrscheinlichkeitsraum angegeben werden. Darüber hinaus haben wir es auch mit Fällen von *Knightischer* Unsicherheit zu tun, wo wir nur ein unzureichendes oder überhaupt kein Wissen von der Eintrittswahrscheinlichkeit bestimmter Folgen haben (Lempert, 2002). Gerade die zuletzt genannten Formen von Unsicherheit stellen eine große Herausforderung für SAILEA dar.

4 Unsicherheit

Unser derzeitiger Stand des Wissens über die spezifischen Risiken von SAI ist sehr begrenzt und die Möglichkeit von unbeabsichtigten und katastrophalen Folgen ist hoch. Auch wenn wir erwarten können, dass Fortschritte in der Klimaforschung einige der erkenntnistheoretischen Unsicherheiten verringern werden (Moreno-Cruz und Keith 2013), könnten hier auch prinzipielle Grenzen des Wissenkönnens zum Tragen kommen. Einige Unsicherheitsfaktoren, die auf die inhärente Komplexität des Klimasystems und seine Wechselwirkung mit der Biosphäre, den Ozeanen und der Kryosphäre zurückgeführt werden können (Lovelock 2008), könnten unabhängig von den darauf gerichteten Forschungsbemühungen bestehen bleiben. Nicht nur sind die Unsicherheiten in Klimamodellen von großer Bedeutung für die Erforschung von SAI. Die Literatur zeigt zudem Zweifel darüber, wie viel Wissen durch kleine und mittlere Feldexperimente über den globalen Einsatz von SAI erlangt werden kann (Blackstock et al. 2009). Robock et al. (2010) haben darauf hingewiesen, dass nur direkte empirische Tests im großen (globalen) Umfang und über längere Zeiträume uns über die Wirksamkeit oder Unwirksamkeit von SAI und über die zu erwartenden Nebenwirkungen Klarheit verschaffen könnten. Obwohl MacMynowski et al. (2011) dieses negative Urteil über kleine und mittlere Feldexperimente nicht teilen, betonen auch sie, dass Unsicherheiten, die sich nur in langen Zeitskalen (z. B. wegen unsicheren Änderungen der Ozeanzirkulation) manifestieren, von Kurzzeittests nicht erfasst werden können. Selbst Keith et al. (2010) geben zu, dass unerwartete Risiken bestehen bleiben und einen ernsthaften Grund zur Sorge geben.

Zumindest im Moment sieht es so aus, als ob jede Entscheidung für einen Einsatz von SAI angesichts hoher Unsicherheiten über dessen Folgen gefällt werden müsste. Es könnte zudem sein, dass nie ein ausreichendes Maß an Verständnis des Klimasystems gewonnen werden wird, um alle Nebenwirkungen einer direkten Intervention erfassen oder um genügend Vertrauen haben zu können, dass die vorhandenen Theorien vorhersagen, wie gut SAI funktionieren wird (Robock 2008). Es ist daher auch schwierig den Zeitpunkt zu bestimmen, von dem aus das Maß an Verständnis ausreicht, um sicher zu sein, dass die Klimafolgen einer Nicht-Intervention entweder gefährlicher oder schlimmer sein würden, als die kombinierten bekannten und unbekannten Auswirkungen von SAI (Matthews und Turner 2009). Es kann daher – zumindest für den Moment – nicht ausgeschlossen werden, dass SAILEA auf einer falschen Annahme (EP2) beruht, indem der Einsatz von SAI, anstatt die schädlichen Folgen des Klimawandels zu lindern, diese noch verstärken könnte. Auf der einen Seite könnte sich herausstellen, dass der Einsatz von SAI von geringem Wert und mit schweren negativen Folgen verbunden ist, die nicht durch die Senkung der globalen

Durchschnittstemperatur kompensiert werden können. Wenn der Klimawandel nicht allein als ein Problem des mittleren globalen Temperaturanstiegs verstanden wird, sondern auf Basis seiner komplexen regionalen und lokalen Auswirkungen, scheint ein (nicht katastrophales) Versagen von SAI durchaus möglich. Auf der anderen Seite könnten vor allem nichtlineare innere Rückkopplungsprozesse zwischen verschiedenen Komponenten des Klimasystems zu abrupten, weitreichenden und katastrophalen Veränderungen führen (Tuana et al. 2012). Da wir keine konkreten Vorstellungen von diesen Katastrophen haben, können wir ihnen auch keine Wahrscheinlichkeiten zuordnen. Die bloße Möglichkeit von unerwarteten katastrophalen Folgen, die weit schlimmer als alle erwarteten sein könnten, scheint die zweite empirische Prämisse (EP2) von SAILEA zu schwächen und die ethische Vertretbarkeit von SAI zu gefährden (Davies 2010).

Mögliche, aber nicht vorhersehbare katastrophale Folgen sprechen auf jeden Fall gegen eine Option und das Vorsorgeprinzip würde in der Regel verbieten, solche Risiken einzugehen (Gardiner 2006). Allerdings ist die Anwendung des Vorsorgeprinzips im Fall von SAI mehrdeutig (Elliot 2010; Hartzell-Nichols 2012). Nicht zu handeln aufgrund von schwerwiegenden und plausiblen Risiken für die menschliche Gesundheit oder die Umwelt (Wingspread Statement 1998) kollidiert mit der Möglichkeit von SAI als Vorsichtsmaßnahme, um dem mit einen Klimanotfall verbundenen menschlichen Leid zu begegnen. Wie von Carr et al. (2012) betont, könnte eine Handlungsverweigerung auf Grund des Vorsorgeprinzips selbst alternative Risiken erzeugen. Nicht nur das Vorsorgeprinzip, sondern auch die ganze Argumentation gegen SAILEA beruhend auf möglichen katastrophalen Folgen scheint auf Grund der Möglichkeit von katastrophalen Überraschungen des Klimawandels aufgehoben zu werden (Bodansky 2012). Diese Klimakatastrophen könnten u. U. noch schlimmer sein als jene auf Grund des Einsatzes von SAI. Zudem scheinen erstere, sobald sie einmal eingesetzt haben, schwerer kontrollierbar zu sein, als im Fall von reversiblen Veränderungen durch SAI. Dennoch könnte die Möglichkeit eines Abbruchs der Aerosolinjektion (*termination*) eine ernsthafte Herausforderung für SAILEA darstellen, da ein solcher zu einer abrupten und potenziell sehr schädlichen Erwärmung führen könnte, je nach Zeit und Umfang des vorher erfolgten Einsatzes (Matthews und Caldeira 2007; Goes et al. 2011; Ross und Matthews 2009). Auch wenn dies deutlich die Notwendigkeit einer Exit-Strategie für SAI nahelegt, zeigen sich Möglichkeiten von katastrophalen Konsequenzen auf beiden Seiten des Vergleichs zwischen SAI-Einsatz und Klimanotfall. Da beiden keine Wahrscheinlichkeiten zugeordnet werden können, wurde etwa von Davies (2011) argumentiert, dass sie sich gegenseitig aufheben und daher einfach vernachlässigt werden können. Eine Kritik von SAILEA kann unter diesen Umständen nicht auf der Annahme unbekannter katastrophaler Folgen beruhen, sondern auf einem Vergleich von Konsequenzen, über die einige Informationen vorliegen.

5 Unterbestimmtheit eines Klimanotfalls

Unser Mangel an Wissen wirkt sich nicht nur auf unser Verständnis von SAI aus, sondern auch auf das Verständnis eines Klimanotfalls. Die Definition eines Klimanotfalls ist aus mehreren Gründen problematisch. Definitionen von Notfallsituationen neigen dazu, in einer sehr allgemeinen Form gehalten zu werden. Auch wenn die angenommene Katastrophe als ausreichend schlecht beschrieben wird, um auch sehr riskante Optionen rechtfertigen zu können, wird es in vielen Fällen dem Publikum überlassen, den Inhalt der „Katastrophe" selbst auszufüllen und sich ein eigenes Urteile über implizite negative Auswirkungen zu bilden. Darüber hinaus wird die Rechtfertigungsarbeit in kleineren Übelargumenten in der Regel durch die zugrunde liegenden Gründe zusammen mit bestimmten Eigenschaften dieser Optionen geleistet. In vielen Fällen werden unterschiedliche Merkmale einer Option herausgegriffen, die jedoch nicht für alle das gleiche Gewicht haben. Und selbst wenn eine Einigung über die wesentlichen Merkmale erfolgt, können die Gründe für ihre Wahl sehr unterschiedlich sein und auf ganz anderen Präferenzen aufbauen. Kleinere Übelargumente können daher tiefgreifende Meinungsverschiedenheiten über die entsprechenden Ziele und Hintergründe einer Option überdecken (Gardiner 2011).

Eine solche Unterbestimmtheit der Notfallsituationen zeigt sich auch für die erste empirische Prämisse (EP1) von SAILEA. Die Gründe für den Einsatz von SAI reichen von Massensterben bis hin zu Ängsten vor einer kurzfristigen Rezession (Gardiner 2013a). Eine ähnliche Vielfalt liegt auch den herausgegriffenen Merkmalen zugrunde. Einige beziehen sich auf die technische Machbarkeit und Wirtschaftlichkeit von SAI (Carlin 2007; Barett 2008), während andere dessen Potenzial betonen, uns zu helfen, Zeit für weitere Mitigation zu gewinnen (Wigley 2006; IOP et al. 2009) oder bestimmte Klimaziele, wie das 2°C Ziel, zu erreichen (Greene et al. 2010; Sandler 2012). Ohne hier auf die unterschiedlichen Rechtfertigungszusammenhänge einzugehen, werden sich die folgenden Ausführungen auf die Schwierigkeiten der Definition eines Klimanotfalls konzentrieren.

Auch wenn es auf den ersten Blick intuitiv klar erscheint, was mit einem solchen Klimanotfall gemeint ist, stellt uns die Definition vor große Probleme. Ein möglicher Weg, um einen Klimanotfall zu definieren, ist die Bezugnahme auf abrupten Klimawandel durch das Erreichen oder Überschreiten eines Klima-Kipp-Punktes, wie dem Abschmelzen der Grönland- und/oder Eismassen der Westantarktis, einer anhaltenden Veränderung der Nordatlantikzirkulation oder der Freisetzung von Methanhydraten im Permafrost (Lenton et al. 2008). Das Überschreiten solcher Kipp-Punkte würde in eine beispiellose Notsituation führen und könnte weitere Änderungen in verschiedenen Klimamustern durch Feedbackprozesse und Kettenreaktionen auslösen. Wann wir genau solche Kipp-

Punkte erreichen und was die Folgen wären, ist bis heute jedoch offen für Spekulationen. Während einige argumentieren, dass wir bereits solche Kipp-Punkte erreicht haben (AMEG 2014), sehen andere die Zeit für eine solche Überschreitung als weit in der Zukunft liegend oder als überhaupt unwahrscheinlich an (Kriegler et al. 2009).

Alternative Definitionen für Klimanotfälle ohne solche Kipp-Punkte sind ebenfalls zahlreich. Phänomene, an denen ein solcher Notfall festgemacht werden kann, sind etwa ein starker Anstieg des Meeresspiegels durch die fortschreitende Erderwärmung oder die Zunahme von Extremwetterereignissen, wie Stürmen, Hitzewellen und Dürren. Diese zweite Klasse von Klimanotfällen kann durch die unmittelbaren Manifestationen der durch den voranschreitenden Klimawandel induzierten Folgen charakterisiert werden. Allerdings machen es solche Szenarien schwer, den genauen Zeitpunkt zu bestimmen, ab dem wir von einem Klimanotfall sprechen würden. Dafür gibt es mehrere Gründe:

Erstens, könnten aufgrund der inhärenten Variabilität des Klimasystems selbst gezielte Überwachungsprogramme erst nach und nach zeigen, dass sich der Klimawandel durch eine zunehmende Reihe von beobachteten Veränderungen beschleunigt hat (Swart und Marinova 2010). Dies lässt Raum für Interpretation und Meinungsverschiedenheiten.

Zweitens müsste man sich darauf einigen, dass etwas als Notfall gesehen wird. Sprechen wir von einem Klimanotfall schon auf Grund von Veränderungen im Klimasystem oder der Umwelt, oder sind hierfür die Folgen für die Menschen und bestimmte gesellschaftliche Subsysteme ausschlaggebend. Für den letzteren Fall müssten wir uns auf die Qualität (in welcher Hinsicht sind Menschen betroffen) und die Quantität (wie viele Personen sind betroffen) einigen und damit gewisse Schwellenwerte definieren. Wir müssten uns also auf bestimmte Kriterien für einen Klimanotfall festlegen und auch darauf, welche dieser Kriterien erforderlich oder ausreichend sind, um von einem solchen Notfall auszugehen.

Drittens, die Auswirkungen auf die sozialen, wirtschaftlichen und politischen Systeme hängen von vielen verschiedenen Faktoren ab, wie dem Aufbau dieser Systeme, ihrer Gefährdung durch die aus dem Klimawandel resultierenden Folgen und ihrer Widerstandsfähigkeit gegenüber diesen Auswirkungen. Hier kann es notwendig sein, mit einer Vielzahl von Schwellenwerten zu arbeiten, im Sinne von kritischen Punkten, an denen verschiedene Systeme auf unterschiedlichen Ebenen einer Bedrohung für ihr Fortbestehen ausgesetzt sind.

Viertens ist mit der Einigung auf einen Klimanotstand noch nicht klar, wie darauf reagiert werden sollte. Nicht nur werden sich die Interventionen in ihrer Größe, ihrem Umfang und ihrer Dauer unterscheiden. Zudem werden manche Optionen in einigen Notfallsituationen Sinn machen, während sie für andere ungeeignet sind. So könnte der Einsatz von SAI sinnvoll sein, wenn es darum geht, einige der mit der globalen Erwärmung verbundenen Konsequenzen abzumildern, während er für andere Fälle, wo gewisse Kipp-Punkte schon überschritten wurden, wohl zu spät kommen würde (Blackstock et al. 2009).

6 Moralischer Hasard

Die bisher angesprochenen Punkte beziehen sich auf den möglichen Einsatz von SAI. Andere Argumente richten sich nicht auf die oben dargestellte Grundstruktur des Arguments, sondern kritisieren den möglichen Einfluss von SAILEA auf unser gegenwärtiges Handeln. Im Folgenden sollen zwei dieser Argumente dargestellt werden. Das erste bezieht sich auf den sogenannten moralischen Hasard, ein Argument das aus dem Versicherungsbereich stammt (Arrow 1963, Hale 2009 und 2012). Das Argument basiert auf der Annahme, dass Versicherungen oder Sicherheitseinrichtungen mit menschlichem Verhalten und kulturellen Systemen interagieren und dazu führen können, dass Menschen größere Risiken eingehen (Scott 2012). Im Fall von SAI richtet sich dieses Argument gegen den möglichen Einfluss einer solchen Technik auf Klimaschutzbemühungen. Die Wahrnehmung von SAI als potenziell tragfähige Strategie zur Temperaturkontrolle oder als „Wundermittel" im Falle eines Klimanotfalls könnte, so die Befürchtung, zu einer Verminderung der Anstrengungen zur Verringerung von Treibhausgasemissionen führen (Schelling 1996; Robock 2008; Virgoe 2009; Gardiner 2010; Abelkop und Carlson 2012; Ott 2012,).

Drei Hintergrundannahmen scheinen hier von Bedeutung. Erstens, die Gefahr, dass SAI durch mächtige Interessenträger, die herkömmliche Mitigationsmaßnahmen als Bedrohung wahrnehmen, oder durch Staaten, die bisher bei der Reduzierung von Emission äußerst nachlässig waren, instrumentalisiert werden könnte (Jamieson 1996; Virgoe 2009; Ott 2012). Gerade Argumente, die auf eine „rationale" Kosten-Nutzen-basierte Verzögerung der Emissionsreduktion durch den möglichen Einsatz von SAI hinauslaufen, lassen eine solche Instrumentalisierung plausibel erscheinen. Zweitens, im Gegensatz zu anderen möglichen Lösungen, die mehr auf eine grundlegende Änderung des aktuellen Systems von Produktion und Verbrauch ausgerichtet sind, würde sich der Einsatz von SAI auf die Umweltseite der globalen Erwärmung konzentrieren. Dadurch könnten soziale Ziele wie Veränderungen im Konsumlebensstil, in der treibhausgasintensiven Landwirtschaft, der Energie-oder Konsumgüterproduktion, der Bevölkerungsentwicklung oder der Waldrodung vernachlässigt werden (Virgoe 2009; Corner und Pidgeon 2010; Ott 2010). Es geht hier also nicht primär um eine Erhöhung risikobehafteten Verhaltens, sondern um die mögliche Stützung eines als nicht nachhaltig empfundenen Status quo (Schäfer et al. 2014). Drittens könnte die Beschäftigung mit SAI zu einer sich selbst erfüllenden Prophezeiung führen, indem sie die Entwicklung einer Situation begünstigt, in der SAI die einzige Möglichkeit bilden würde, den Folgen des Klimawandels entgegenzuwirken (siehe unten). Obwohl diese und ähnliche Argumente große Aufmerksamkeit in der Debatte gewonnen haben, wird die Annahme eines moralischen Hasards auch kritisch gesehen:

Erstens ist es nicht klar, was die ethischen Implikationen sind. Selbst wenn es durch SAI zu einer negativen Verhaltensänderung kommen sollte, könnte es immer noch als vorteilhafter angesehen werden, so viele Alternativen wie möglich offen zu halten, um dem Klimawandel entgegenwirken zu können (Preston 2013). Darüber hinaus ist eine Verhaltensänderung auf Grundlage reduzierter Risiken in vielen Fällen eine rationale Antwort. Was der negativen Bewertung einer solchen Veränderung im Verhalten zugrunde liegt, sind oft bestimmte Merkmale des Verhaltens selbst, und nicht Charakteristika der Maßnahmen, die helfen sollen die Risiken zu reduzieren (Hale 2009). Wir verzichteten deshalb auch nicht auf bestimmte Sicherheitstechnologien, nur deshalb, weil sie in manchen Fällen zu einer Erhöhung risikobehafteten Verhaltens führen können, zumindest so lange, wie der Nutzen die möglichen Kosten überwiegt (Bunzl 2009). Was die Sichtweise von SAI als eine Art „Versicherung" problematisch macht, ist die Fortsetzung der emittierenden Tätigkeiten unabhängig von den verfügbaren Alternativen, die Unterschätzung oder das Herunterspielen der verknüpften Risiken und Unsicherheiten, sowohl in Bezug auf den Klimawandel als auch auf SAI, sowie der Transfer dieser Risiken auf andere, zukünftige Generationen oder die nichtmenschliche Natur.

Zweitens, ist der Einfluss von SAI auf den Klimaschutz und das zukünftige Verhalten eine empirische Angelegenheit, die nur prüfbar erscheint, wenn sich die Situation tatsächlich entfaltet (Preston 2013). Derzeit gibt es nur wenig empirische Anhaltspunkte – basierend auf der sehr begrenzten Forschung, dem geringen öffentlichen Bewusstsein von SAI sowie anderen dominanten Ursachen für die geringen (globalen) Mitigationsbemühungen –, dass die Aussicht auf eine Technik, wie SAI, Mitigationsbemühungen unterlaufen würde. Es ist auch unklar, wie sich die Wahrnehmung von SAI in der Öffentlichkeit und bei verschiedenen Stakeholdern in der Zukunft entwickeln wird.

Drittens muss der Verzicht von CE Techniken wie SAI nicht automatisch die Chance des Klimaschutzes erhöhen, weil viele verschiedene Faktoren zur politischen Trägheit in diesem Bereich beitragen (Keith et al. 2010; Davies 2011). Es wurde argumentiert, dass das Gegenteil der Fall sein könnte. Diesen Argumenten zufolge könnte die Möglichkeit, SAI auch ohne internationale Zustimmung einzusetzen, den umgekehrten Effekt haben. Der Gedanke daran könnte, so die Annahme, als so bedrohlich wahrgenommen werden, dass tatsächlich weitreichende Mitigationsmaßnahmen unterstützt würden (Millard-Ball 2012). Zudem könnte eine weitere Erforschung von SAI aufzeigen, dass es sich hierbei um keinen tragfähigen Plan B im Falle eines Klimanotstands handeln kann (SRMGI 2012). Natürlich hat man es auch hier letztlich mit empirischen Fragestellungen zu tun.

7 Alternative Optionen

Eine zweite Argumentationslinie kritisiert die mögliche Vernachlässigung von alternativen Möglichkeiten durch SAILEA. In der Regel werden in kleineren Übelargumenten zwei Optionen verglichen. Die Konzentration auf diese beiden Option kann dazu führen, dass andere Alternativen gar nicht wahrgenommen werden und es dadurch zu einer willkürlichen Verengung der Zukunft und/ oder vorhandener Optionen kommt (Gardiner 2011). Wenn andere Optionen in Betracht gezogen werden, wie etwa eine Kombination von umfassenden Mitigations- und Adaptionsmaßnahmen unter Einbezug negativer Emissionstechnologien, ist das Argument für SAI als dem kleineren Übel weit weniger überzeugend (Ott 2010). Dies ändert jedoch den gesamten Argumentationszusammenhang, da sich SAILEA auf einen Vergleich von SAI zu einem angenommen Klimanotfall bezieht und nicht auf eine Situation, in der noch viele weitere Optionen verfügbar sind. Dadurch wird deutlich, dass SEILEA viele Optionen ausschließt, da vom Misserfolg von Mitigation, im Sinne einer global erfolgreichen starken Reduzierung von Treibhausgasen, ausgegangen wird. Selbst wenn es für eine solche Einschätzung gute Gründe gibt, kann der Ausgangspunkt von einem Versagen von Mitigation zu einer sich selbst erfüllenden Prophezeiung führen. Wird Mitigation lange genug aufgeschoben, könnte SAI wirklich zum kleineren Übel werden. Solange Mitigation und Anpassung noch mögliche Optionen darstellen, so diese Argumentationslinie, wäre es unangebracht mit der Planung für SAI zu beginnen. Vielmehr sollten in der aktuellen Situation alle Bemühungen auf die Verhinderung zukünftiger Klimanotfallszenarien fokussiert werden (Gardiner 2010). Basierend auf dieser Argumentation ist die Frage, ob wir SAI als das (kleinere) Übel im Falle eines Klimanotfalls wählen sollten, für unsere gegenwärtigen Handlungen irrelevant. Darüber hinaus kann argumentiert werden, dass die Bestimmung des kleineren Übels nicht allein eine Frage des Vergleichs von Folgen ist, sondern die Frage, wie es zu einer solchen Notfallsituation kommen konnte, bei unserer normativen Evaluierung auch eine Rolle spielt (Alexander 2005). Aufgrund der Verantwortung für das Klimaproblem haben wir, wie etwa von Gardiner (2011) hervorgehoben, eine breite Palette von Pflichten, die es als moralisch fragwürdig erscheinen lassen, wenn wir die heute noch möglichen, relativ schädigungsfreien Optionen nicht ergreifen.

Auch wenn man diese weiter reichenden Pflichten anerkennt, ist festzuhalten, dass unabhängig davon, wie die Notfallsituation herbeigeführt wurde und wie hoch die eigene moralische Schuld in diesem Zusammenhang auch sein mag, die Planung für einen Notfall moralisch nicht unangemessen sein muss. Selbst wenn die Verhinderung eines Klimanotfalls als wichtiger als die Vorbereitung für den Notfall betrachtet werden kann, spricht dies nicht gegen die Rolle von SAI als mögliches kleineres Übel und damit gegen die Wichtigkeit weiterer Forschung. Auch diese zweite Argumentationslinie kann durch verschiedene Gründe in Frage gestellt werden:

Erstens, wenn wir die Überlegungen zum geringen politischen Willen für umfangreiche Mitigationsmaßnahmen und zur moralischen Korruption, die im Zusammenhang von Klimawandel und SAI eine wichtige Rolle zu spielen scheinen (Gardiner 2010), aufnehmen und sie mit einer Art von politischem Realismus verbinden, scheint es sinnvoll, für eine Notfallsituation zu planen. Mit Blick auf die internationale Entwicklung ist es nicht realistisch, davon auszugehen, dass die Treibhausgasemissionen in naher Zukunft aufhören oder sich auch nur stark verringern werden. Selbst die Hoffnung, dass sie bald ihren Höhepunkt erreichen, könnte enttäuscht werden. Wir stehen vor einer Situation, in der jede Senkung der Treibhausgasemissionen in einem Teil der Welt mehr als ausgeglichen wird durch die gleichzeitige Steigerung von Emissionen in anderen Teilen der Welt.

Zweitens ist die Hoffnung, dass die Erinnerung an unser moralisches Versagen sofort (oder noch rechtzeitig) zu einer moralischen Umkehr führen wird, angesichts der gegenwärtigen Situation unangebracht. Inzwischen sollte den meisten Menschen der industrialisierten Welt klar sein, wozu die emittierten Treibhausgase führen werden. Darüber hinaus ist es plausibel anzunehmen, dass die negativen Auswirkungen nicht erst entfernte zukünftige Generationen treffen werden, sondern schon jetzt lebende Menschen. Dennoch scheinen die Menschen in den westlichen Industrieländern (aber auch in anderen Teilen der Welt) in einem durch hohe Emissionen und einen nicht nachhaltigen Umgang mit natürlichen Ressourcen bestimmten Lebensstil verhaftet zu sein.

Drittens ist es nicht unwesentlich darauf hinzuweisen, dass manche negativen Folgen des Klimawandels schon jetzt nicht mehr verhindert werden können. Selbst wenn der Höhepunkt an Emissionen in unmittelbarer Zukunft erreicht würde, könnte es basierend auf den Annahmen, dass die Senkung von Treibhausgasemissionen einen langen Zeitraum in Anspruch nehmen würde, der verzögerten Klimawirksamkeit und der langen Lebensdauer von CO_2, zu einem Klimanotfall oder zumindest zu einer starken Zunahme an durch den Klimawandel bedingten negativen Folgen kommen.

Viertens, die weitere Erforschung von SAI hindert uns nicht daran, andere Optionen zu verfolgen. Argumente gegen die Erforschung von SAI bauen oft auf

Annahmen über die Verteilung von Geld, Infrastruktur und Know-how im Forschungsbereich auf (Jamieson 1996; Gardiner 2010). Gestützt werden sie nicht zuletzt durch die Annahmen, dass die Berufung auf einen möglichen Notfall SAI-Forschung privilegieren und den normalen Wettbewerb für Ressourcen untergraben könnte (Gardiner 2013a; Ott 2012). Betrachtet man die Ausgaben für Forschung in diesem Bereich scheinen solche Argumente momentan als überzogen. Man muss auch darauf achten, nicht in die gleiche Falle von Ressourcenknappheit zu geraten, die auch Argumenten zugrunde liegt, welche die Erfüllung unserer Verpflichtungen für die Armen heute als Grund sehen, die möglichen Probleme des Klimawandels für die kommenden Generationen vernachlässigen zu können (Lomborg 2001).

Fünftens, birgt das Aufschieben der weiteren Erforschung von SAI selbst Gefahren. Zwar ist die Annahme, dass es möglich sein sollte, SAI zu einem späteren Zeitpunkt für einen möglichen Einsatz weiterzuentwickeln, basierend auf der technischen Umsetzbarkeit, nicht völlig unplausibel. Trotzdem kann uns die weitere Forschung mehr Wissen über mögliche negative Folgen bringen. Die Bedeutung der Forschung liegt zudem gerade in der Vermeidung eines unausgereiften Einsatzes (Keith et al. 2010; Caldeira und Keith 2011; Morgan et al. 2013). In diesem Zusammenhang wurde auch argumentiert, dass eine Verringerung an Forschung die Wahrscheinlichkeit eines SAI-Einsatzes nicht senken würde. Vielmehr könnte eine unzureichende Erforschung, die Wahrscheinlichkeit von sehr negativen Folgen bei einem möglichen Einsatz erhöhen (Virgoe 2009; SRMGI 2012).

Sechstens, beruht SAILEA nicht auf einer Gleichsetzung von SAI und Mitigation oder gar auf der Vorstellung, dass SAI Mitigation unnötig machen würde. SAI und Mitigation werden nicht beide als „erst beste“ Lösungen gesehen, die in direkter Konkurrenz zueinander stehen (Virgoe 2009; Crutzen 2006; Schneider 1996). Stattdessen wird SAI im Rahmen von SAILEA als eine drastische Maßnahme im Fall eines Klimanotfalls betrachtet. SAILEA stellt den in der wissenschaftlichen Gemeinschaft nach wie vor vorherrschenden Konsens, dass Klimaschutz und Anpassung die erste Priorität der Klimapolitik sein sollten, nicht in Frage.

8 Schlussfolgerung

Der Kritik an SAILEA ist insofern Rechnung zu tragen, als die Argumentation nicht so unproblematisch ist, wie dies auf den ersten Blick erscheinen mag. Die Definition eines Klimanotfalls, die Abwägung von negativen Folgen und Risiken, die Klärung und Berücksichtigung verschiedener Prinzipien stellen große Herausforderungen dar. Dennoch scheint es sich hier um allgemeine Probleme in

Entscheidungssituationen, in deren Kontext kleinere Übelargumente überhaupt erst entstehen, zu handeln. Selbst die erheblichen Unsicherheiten die mit einem Einsatz von SAI verbunden wären und unser begrenztes Wissen über Gefahren von katastrophalen Folgen widerlegen SAILEA nicht, sondern zeigen, was für eine unsichere Welt wir geschaffen haben. Argumente über den möglichen Einfluss von SAI auf unser derzeitiges Verhalten verweisen auf die Möglichkeit einer sich selbst erfüllenden Prophezeiung sowie einer Instrumentalisierung von SAILEA. Allerdings sind diese Argumente nicht überzeugend, wenn man die Komplexität der Situation und die Vielzahl an Faktoren, die unser Handeln beeinflussen, berücksichtigt. Dennoch ist es wichtig zu betonen, dass SAILEA nicht auf eine Bevorzugung von SAI gegenüber Mitigation oder Adaption hinausläuft. Vielmehr zeigt sich, dass obwohl SAI keine einfache und nachhaltige Lösung für das Problem des Klimawandels bietet, eine weitere Erforschung und eine Vorbereitung auf einen Klimanotfall wichtig sind. SAI lässt sich mit einem Airbag vergleichen, der eine gute Sache ist, und dessen beste Nutzung darin besteht, ihn zu haben, ohne ihn verwenden zu müssen.

Literatur

Abelkop, Adam/Carlson, Jonathon (2012): „Reining in Phaethon's Chariot. Principles for the Governance of Geoengineering". In: *University of Iowa – Legal Studies Research Paper* 21. Nr. 27, S. 101–145.

Alexander, Larry (2005): „Lesser Evils. A Closer Look at the Paradigmatic Justification". In: *Law and Philosophy* 24, S. 611–653.

AMEG (2014): http://ameg.me/index.php/24-the-case-for-emergency-geo-engineering-to-save-the-arctic-from-collapse, besucht am 23.4.2014.

Arrow, Kenneth J. (1963): „Uncertainty and the Welfare Economics of Medical Care". In: *The American Economic Review* 3. Nr. 5, S. 941–971.

Athanasiou, Tom/Baer, Paul (2002): *Dead Heat. Global Justice and Global Warming*. New York: Seven Stories Press.

Azar, Christian/Lindgren, Kristian (2003): „Catastrophic Events and Stochastic Cost-Benefit Analysis of Climate Change". In: *Climatic Change* 56. Nr. 3, S. 245–255.

Barrett, Scott (2008): „The Incredible economics of geoengineering". In: *Environmental and Resource Economics* 39. Nr. 1, S. 45–54.

Beauchamp, Tom L./Childress, James F. (1977): *Principles of Biomedical Ethics*. New York: Oxford University Press.

Birnbacher, Dieter (2003): *Analytische Einführung in die Ethik*. Berlin: De Gruyter.

Blackstock, Jason J. et al. (2009): „Climate Engineering Responses to Climate Emergencies". Santa Barbara: Novim. http://arxiv.org/pdf/0907.5140, besucht am 12. 12. 2013.

Bodansky, Daniel (2012): „The Who, What, and Wherefore of Geoengineering Governance". http://ssrn.com/abstract=2168850, besucht am 10. 2. 2014.

Boucher, Olivier et al. (2013): „Rethinking Climate Engineering Categorization in the Context of Climate Change Mitigation and Adaptation“. WIREs Climate Change. DOI: 10.1002/wcc.1261, besucht am 12.3.2014.
Bunzl, Martin (2009): „Researching Geoengineering. Should not or Could not?“ In: *Environmental Research Letters* 4. Nr. 4. 045104.DOI: 10.1088/1748-9326/4/4/045104, besucht am 21.11.2014.
Caldeira, Ken/Keith, David W. (2011): „The Need for Climate Engineering Research“. In: *Issues in Science and Technology.* 27. http://issues.org/27-1/caldeira/, besucht am 12. 4. 2014.
Carlin, Alan (2007): „Global Climate Change Control. Is There a Better Strategy than Reducing Greenhouse Gas Emissions?“ In: *University of Pennsylvania Law Review* 155. Nr. 6, S. 1401–1497.
Carr, Wylie et. al. (2013): „Public engagement on solar radiation management and why it needs to happen now“. In: *Climatic Change* 121. Nr. 3. S. 567-577.
Corner, Adam/Pidgeon, Nick (2010): „Geoengineering the Climate: the Social and Ethical Implications“. In: *Environment* 52. Nr. 1, S. 24–37.
Crutzen, Paul (2006): „Albedo Enhancement by Stratospheric Sulfur Injections. A Contribution to Resolve a Policy Dilemma?“ In: *Climatic Change* 77. Nr. 3, S. 211– 220.
Davies, Gareth (2010): „Geoengineering. A critique“. In: *Climate Law* 1. Nr. 3, S. 429–441.
Davies, Gareth (2011): „Framing the Social, Political, and Environmental Risks and Benefits of Geoengineering. Balancing the Hard-to-Imagine Against the Hard-to-Measure“. In: *Tulsa Law Review* 43, S. 261–282.
Elliott, Kevin C. (2010): „Geoengineering and the Precautionary Principle“. In: *International Journal of Applied Philosophy* 24. Nr. 2, S. 237–253.
Gardiner, Stephen M. (2006): „A Core Precautionary Principle“. In: *The Journal of Political Philosophy* 14. Nr. 1, S. 33–60.
Gardiner, Stephen M. (2010): „Is ‚Arming the Future‘ with Geoengineering Really the Lesser Evil?“ In: Stephen M. Gardiner/Simon Caney/Dale Jamieson/Henry Shue (Hrsg.): *Climate Ethics. Essential Readings.* New York: Oxford University Press, S. 284-314.
Gardiner, Stephen M. (2011): *A Perfect Moral Storm. The Ethical Challenge of Climate Change.* Oxford: Oxford University Press.
Gardiner, Stephen M. (2013a): „Geoengineering and Moral Schizophrenia: What is the Question?“ In: Will C. G. Burns/Andrew L. Strauss (Hrsg.): *Philosophical Perspectives, Legal Issues, and Governance Frameworks.* Cambridge: Cambridge University Press, S. 11-38.
Gardiner, Stephen M. (2013b): „The Desperation Argument for Geoengineering“. In: *Political Science & Politics* 46. Nr. 1, S. 28–33.
Goes, Marlos/Tuana, Nancy/Keller, Klaus (2011): „The Economics (or Lack Thereof) of Aerosol Geoengineering“. In: *Climatic Change* 109. Nr. 3-4, S. 719–744.
Greene, Cuck/Monger, Bruce/Huntley, Mark (2010): „Geoengineering. The Inescapable Truth of Getting to 350“. In: *Solutions* 1. Nr. 5, S. 57–66.
Hale, Ben (2009): „What's so Moral about the Moral Hazard?“ In: *Public Affairs Quarterly* 23. Nr. 1, S. 1–26.
Hale, Ben (2012): „The World that Would Have Been. Moral Hazard Arguments against Geoengineering“. In: Christopher J. Preston (Hrsg.): *Engineering the Climate. The Ethics of Solar Radiation Management.* Lanham MD: Lexington Press, S. 113-131.
Hallborg, Robert Jr. (1997): „Comparing Harms. The Lesser Evil Defense and the Trolley Problem“. In: *Legal Theory* 3, S. 291–316.

Hartzell-Nichols, Lauren (2012): „Precaution and Solar Radiation Management". In: *Ethics, Policy & Environment* 15. Nr. 2, S. 158–171.

Heyward, Clare (2013): „Situating and Abandoning Geoengineering. A Typology of Five Responses to Dangerous Climate Change". In: *Political Science & Politics* 46. Nr. 1, S. 23–27.

Hourdequin, Marion (2012): „Geoengineering, Solidarity, and Moral Risk". In: Christopher J. Preston (Hrsg.): *Engineering the Climate. The Ethics of Solar Radiation Management.* Lanham MD: Lexington Press, S. 15-32.

IOP et al. (2009): „Geoengineering. Challenges and Global Impacts". http://www.iop.org/publications/iop/2009/file_44080.pdf., besucht am 1. 4. 2014.

Jamieson, Dale (1996): „Intentional Climate Change". In: *Climatic Change* 33. Nr. 3, S. 323–36.

Joronen, Sanna/Oksane, Markku (2012): „Taming the Climate Emergency – Geoengineering and Ethics". In: *Nordicum-Mediterarraneum* 7. Nr. 2. https://www.academia.edu/1490477/Taming_the_Climate_Emergency_Geoengineering_and_Ethics, besucht am 14. 3. 2014.

Joronen, Sanna/Oksane, Markku/Vuorisalo, Timo (2011): „Towards Weather Ethics. From Chance to Choice with Weather Modification". In: *Ethics, Policy and Environment* 14. Nr. 1, 55–67.

Keith, David W./Parson, Edward/Morgan, M. Granger (2010): „Research on global sun block needed now". In: *Nature* 463. Nr. 7280, S. 426–427.

Kriegler, Elmar et al. (2009): „Imprecise Probability Assessment of Tipping Points in the Earth System". In: *Proceedings of the National Academy of Sciences* 106, S. 5041–5046.

Lempert, Robert J. (2002): „A New Decision Sciences for Complex Systems". In: *Proceedings of the National Academy of Sciences* 99, S. 7309–7313.

Lenton, Timothy M. et al. (2008): „Tipping Elements in the Earth's Climate System". In: *Proceedings of the National Academy of Sciences* 105, S. 1786–1793.

Lomborg, Bjørn (2011): *The Skeptical Environmentalist.* Cambridge: Cambridge University Press.

Lovelock, James (2008): „A Geophysiologist's Thoughts on Geoengineering". In: *Philosophical Transactions of the Royal Society* A 366, S. 3883–3890.

Matthews, Damon H./Caldeira, Ken (2007): „Transient Climate-Carbon Simulations of Planetary Geoengineering". In: *Proceedings of the National Academy of Sciences,* 104. Nr. 24, S. 9949–9954.

Matthews, Damon H./Turner, Sarah E. (2009): „Of Mongooses and Mitigation. Ecological Analogues to Geoengineering". In: *Environmental Research Letters* 4. Letter 4.

MacMynowski, Douglas G./Keith, David W./Caldeira, Ken/Shin, Ho-Jeong (2011): „Can we test geoengineering?" In: *Energy & Environmental Science* 5. Nr. 4, S. 5044–5052.

Millard-Ball, Adam (2012): „The Tuvalu Syndrome. Can Geoengineering Solve Climate's Collective Action Problem?" In: *Climatic Change* 110. Nr. 3-4, S. 1047–1066.

Moreno-Cruz, Juan B./Keith, David W. (2013): „Climate policy under uncertainty. A case for solar geoengineering". In: *Climatic Change* 121. Nr. 3, S. 431–444.

Morgan, M. Granger/Nordhaus, Robert R./Gottlieb, Paul (2013): „Needed: Research Guidelines for Solar Radiation Management". In: *Issues in Science & Technology,* S. 37–44.

Ott, Konrad (2010): „Argumente für und wider ‚Climate Engineering'. Versuch einer Kartierung". In: *Technology Assessment – Theory and Practice* 19. Nr. 2, S. 32–41.

Ott, Konrad (2012): „Might Solar Radiation Management Constitute a Dilemma?" In: Christopher J. Preston (Hrsg.): *Engineering the Climate. The Ethics of Solar Radiation Management.* Lanham MD: Lexington Press, S. 33–42.

Pogge, Thomas (2002): *World Poverty and Human Rights. Cosmopolitan Responsibilities and Reforms.* London: Polity Press.

Pongratz, Julia/Lobell, David B./Cao, Long/Caldeira, Ken (2012): „Crop yields in a geoengineered climate“. In: *Nature Climate Change* 2. Nr. 2, S. 101–105.
Preston, Christopher J. (2012): „Solar Radiation Management and Vulnerable Populations. The Moral Deficit and its Prospects“. In: Christopher J. Preston (Hrsg.): *Engineering the Climate. The Ethics of Solar Radiation Management*. Lanham MD: Lexington Press, S. 77–94.
Preston, Christoper J. (2013): „Ethics and Geoengineering. Reviewing the Moral Issues raised by Solar Radiation Management and Carbon Dioxide Removal“. In: *Climate Change* 4. Nr. 1, 23–37.
Raz, Joseph (1986): *The Morality of Freedom*. Oxford: Clarendon Press.
Robock, Alan (2008): „20 Reasons Why Geoengineering May Be a Bad Idea“. In: *Bulletin of Atomic Scientists* 64, S. 14–59.
Robock, Alan/Bunzl, Martin/Kravitz, Ben/Stenchikov, Georgiy (2010): „A Test for Geoengineering?“ In: *Science* 327. Nr. 5965, S. 530–531.
Ross, Andrew/Matthews, Damon (2009): „Climate Engineering and the Risk of Rapid Climate Change“. In: *Environmental Research Letters* 4. Nr. 4. 045103.DOI:10.1088/1748-9326/4/4/045103.http://dx.doi.org/10.1088/1748-9326/4/4/045103
Royal Society (2009): „Geoengineering the Climate. Science, Governance and Uncertainty“. http://wwww.royalsociety.org/WorkArea/DownloadAsset.aspx?id=10768, besucht am 6.6.2013.
Sandler, Ronald L. (2012): „Solar Radiation Management and Non-Human Species“. In: Christopher J. Preston (Hrsg.): *Engineering the Climate. The Ethics of Solar Radiation Management*. Lanham MD: Lexington Press, S. 95–109.
Schneider, Stephen H. (1996): „Geoengineering. Could – or should – we do it?“ In: *Climatic Change* 33. Nr. 3, S. 291–302.
Scott, Dane (2012): „Insurance policy or technological fix. The ethical implications of framing solar radiation management“. In: Christopher J. Preston (Hrsg.): *Engineering the Climate. The Ethics of Solar Radiation Management*. Lanham MD: Lexington Press, S. 113–131.
Shue, Henry (1999): „Global Environment and International Inequality“. In: *International Affairs* 75. Nr. 3, S. 531–545.
Smith, Patrick T. (2012): „Domination and the Ethics of Solar Radiation Management“. In: Christopher J. Preston (Hrsg.): *Engineering the Climate. The Ethics of Solar Radiation Management*. Lanham MD: Lexington Press, S. 43–61.
SRMGI (2012): „Solar radiation management: the governance of research“. http://www.srmgi.org/files/2012/01/DES2391_SRMGI-report_web_111 12.pdf, besucht am 2. 4. 2013.
Svoboda, Toby/Keller, Klaus/Goes, Marlos/Tuana, Nancy (2011): „Sulfate Aerosol Geoengineering. The Question of Justice“. In: *Public Affairs Quarterly* 25. Nr. 3, S. 157–179.
Svoboda, Toby/Irvine, Peter (2014): „Ethical and Technical Challenges in Compensating for Harm Due to Solar Radiation Management Geoengineering“. In: *Ethics, Policy & Environment*, 17:2, S. 157–174.
Schäfer, Stefan/Stelzer, Harald/Maas, Achim/Lawrence, Mark (2014): „Earth's Future in the Anthropocene. Technological Interventions between Piecemeal and Utopian Social Engineering“. In: *Earth's Future* 2, DOI: doi:10. 239–243.
Swart, Rob/Marinova, Natasha (2010): „Policy Options in a Worst Case Climate Change World“. In: *Mitigation and Adaption Strategies for Global Change* 15. Nr. 6, S. 531–549.
Tuana, Nancy et al. (2012): „Towards Integrated Ethical and Scientific Analysis of Geoengineering. A Research Agenda“. In: *Ethics, Policy & Environment* 15. Nr. 2, S. 136–157.

Virgoe, John (2009): „International governance of a possible geoengineering intervention to combat climate change“. In: *Climatic Change* 95. Nr 1-2, S. 103–119.
Walzer, Michael (2004): *Arguing about War.* New Haven: Yale University Press.
Wigley, Tom (2006): „A Combined Mitigation/Geoengineering Approach to Climate Stabilization“. In: *Science* 314, S. 452–454.

Stephen M. Gardiner

Geo-Engineering und moralische Schizophrenie[1]

Was ist die Frage?

> Nicht von etwas motiviert sein, was man wertschätzt – was man also für gut, angenehm, richtig, schön usw. hält –, zeugt von einem Leiden des Geistes.[2]
> Michael Stocker

Die Menschheit steht an einem Abgrund. Die Mehrheitsmeinung in der Wissenschaft sagt, dass der Klimawandel real ist, immer schneller voranschreitet und sehr wahrscheinlich in einer globalen Katastrophe endet. Jahrzehntelang hat die Wissenschaft gewarnt, dass Treibhausgas-Emissionen verringert werden sollten (Abschwächung, engl. „mitigation") und dass wir uns auf die Auswirkungen, die wir nicht mehr verhindern können, vorbereiten sollten (Anpassung, engl. „adaption"). Die Emissionen, die den Hauptschaden anrichten, das Kohlenstoffdioxid, steigen aber bis jetzt noch weltweit mit einer erschreckenden Rate an, für unseren Schutz wurde wenig unternommen.

Angesichts dieser übermächtig werdenden Bedrohung ist ein zunächst marginalisierter Vorschlag wieder aufgetaucht und nun für die breite Masse attraktiv geworden. Geo-Engineering – grob gesagt „die gezielte Manipulation des planetarischen Systems auf globalem Niveau" (Schelling 1996, Keith 2000)" – wird nun ernsthaft diskutiert. Besonders stechen Methoden hervor, die eine schnelle Lösung für die bevorstehende Klimakatastrophe versprechen. Der führende Vorschlag ist derzeit, dass man den erwärmenden Effekt vermehrter Treibhausgase durch die Injektion von Sulfaten in die Stratosphäre ausgleicht, die die Sonneneinstrahlung verringern („planetary sunblock"). Obwohl die meisten glauben, dass dieses „Sonneneinstrahlungs-Management" riskant und wahrscheinlich auf Dauer auch unhaltbar (Shepherd 2009, xi, Schneider 2008) ist, drängen pres-

---

1 [Anmerkung d. Übersetzerin: der Originalbeitrag „Geoengineering and Moral Schizophrenia. What is the Question?" ist erschienen in Burns, Will C. G./Strauss, Andrew L. (Hrsg.) (2013): *Climate Change Geoengineering. Philosophical Perspectives, Legal Issues, and Governance Frameworks*. Cambridge: Cambridge University Press, S. 11–38, und wurde mit freundlicher Genehmigung von *Cambridge University Press* übersetzt]

2 [Anmerkung d. Übersetzerin: deutsches Zitat aus: Stocker, Michael (1998): „Die Schizophrenie moderner ethischer Theorien". In: Rippe, Klaus-Peter/Schaber, Peter: *Tugendethik*. Stuttgart: Reclam, S. 19.]

tigeträchtige Forschungsinstitutionen die nationalen Regierungen, Forschungsprogramme ins Leben zu rufen und sich über *global governance*-Mechanismen Gedanken zu machen. Die herannahende Katastrophe zwinge uns schlichtweg dazu, Geo-Engineering ernst zu nehmen (Caldeira/Keith 2010, Victor 2009, Blackstock 2009, S. 45, Crutzen 2006).

Auf den ersten Blick scheinen solche Argumente, und die ganze Notlage insgesamt, unkompliziert, unwiderstehlich und offenkundig ethisch geboten. Eine globale Umweltkatastrophe wäre klarerweise für vieles, das wir wertschätzen, ziemlich schlecht. Wenn dem so ist, haben wir dann nicht eine starke moralische Verpflichtung, das „Koste es, was es wolle" zu verhindern? – also notfalls auch durch die Förderung möglicher Fachkräfte für Geo-Engineering? Welche ethischen Einwände können im Angesicht einer solchen Bedrohung stark genug sein, um Geo-Engineering zu verwerfen?

Dieser Aufsatz untersucht, ob das in diesem Zusammenhang die wichtigsten Fragen sind, die wir uns stellen müssen. Die zentrale Behauptung ist, sie sind es nicht. Auch wenn die Frage, ob man Geo-Engineering als solches verfolgen sollte, durchaus relevant ist, verschleiert die Konzentration darauf vieles von dem, worum es in moralischer Hinsicht geht. Auf diese Weise laufen wir Gefahr, das Verständnis unserer Zwangslage zu trivialisieren. Illustrieren können wir das, indem wir uns die ethische Kurzsichtigkeit und moralische Schizophrenie klarmachen, die wir im aktuell vorherrschenden Framing der Geo-Engineering-Debatte in Form von Notfallargumenten nach dem Motto „Koste es, was es wolle" oft vorfinden[3]. Das Framing ist insofern ethisch kurzsichtig, als es zentrale moralische Fragen, wie etwa die Frage, wie wir in diese Zwangslage hineingekommen sind oder warum wir uns nicht um einen besseren Ausweg bemühen, einfach an den Rand drängen. Es ist auch vielfach moralisch schizophren (charakterisiert als ein Zustand der Koexistenz widersprüchlicher oder unvereinbarer Elemente[4]), da es eine Art kreativer Fehlsichtigkeit befördert: Es verlangt von uns, dass wir starke ethische Anliegen herausstreichen und unterschreiben, für die wir anderweitig keine Handlungsbereitschaft zeigen. Ernsthaft und folgerichtig in Angriff genommen, würden uns diese Anliegen zu einer ganz anderen Herangehensweise an die Klimapolitik im Allgemeinen und an Geo-Engineering im Besonderen führen. Es besteht, mit einem Wort, die Sorge, dass ethisch ernstzunehmende Menschen, selbst wenn sie (einige Formen von) Geo-Engineering

---

3 Es sei bemerkt, dass ich hiermit nicht behaupte, sämtliche Notfallargumente hätten solche Tendenzen.

4 [Anmerkung d. Übersetzerin: Der Autor bezieht sich hier auf eine Definition aus dem „Encarta Word Dictionary".]

möglicherweise mit gutem Grund erforschen und rein theoretisch vielleicht sogar zum Einsatz bringen würden, einen ganz anderen Zugang dazu wählen würden als alles, was derzeit erwogen wird – von dem was sie wahrscheinlich wirklich umsetzen würden ganz zu schweigen.

Dieser Befund ist mit drei wichtigen Implikationen verbunden. Erstens droht er die oberflächliche Attraktivität der Notfallargumente zu untergraben und ihre Zielführung in der Praxis ernstlich in Frage zu stellen. Zweitens hat er explanatorischen Wert: es ist nicht unwahrscheinlich, dass das Unbehagen vieler Menschen gegenüber dem aktuellen Vorstoß in Richtung Geo-Engineering teilweise auf Bedenken bezüglich ethischer Kurzsichtigkeit und moralischer Schizophrenie beruht. Drittens deutet er – was sehr wichtig ist – darauf hin, dass nicht aller ethischer Widerstand gegen Geo-Engineering auf streitbare Beurteilungen seines moralischen Status angewiesen ist. Wer zum Beispiel die Hinwendung der Klimapolitik zum Geo-Engineering mit Sorge betrachtet, muss Geo-Engineering nicht zwangsläufig für in sich schlecht halten, oder für eine Verletzung dessen, was dem Menschen in Bezug auf die restliche Natur zusteht, auch nicht für endgültig moralisch verboten.[5] Stattdessen kann mancher ethischer Widerstand mit viel näherliegenden Ängsten über den Rahmen, in dem Geo-Engineering gegenwärtig verfolgt wird und sich in absehbarer Zukunft entwickeln könnte, zu tun haben.

Bevor wir weitergehen, können einige Klarstellungen hilfreich sein. Zum Ersten zielt dieses Kapitel größtenteils auf unsere kollektive Vernunft und kollektives Verhalten ab, wobei die ausschlaggebendsten Kollektive die Menschheit als solche, dann die führenden Nationen, besonders die weltweite Generation der heute Wohlhabenden sind, welche die meiste politische Macht innehaben und an welche sich letzten Endes der Großteil der Argumente für Geo-Engineering richtet. Das hat unter anderem zur Konsequenz, dass sich dieser Aufsatz nicht direkt mit der Frage beschäftigt, ob und wie ethische Verantwortung von Kollektiven auf Individuen übertragen werden kann. Auch wenn ich geneigt bin zu behaupten, dass Individuen zum Teil verantwortlich für das sind, was sie gemeinsam tun, ist die Angelegenheit komplex und ich will hier weder für diese Ansicht argumentieren, noch werde ich ihre Implikationen für Geo-Engineering anführen (für einige Diskussionen siehe Jamieson 1992, Jamieson 2010, Gardiner 2011a).

Zweitens liegt mein Hauptaugenmerk in der Diskussion von Kollektiven mehr auf der Qualität der öffentlichen Auseinandersetzung als darauf, ethische Ver-

5 Ich lasse solche Bedenken nicht außer Acht; es geht mir lediglich darum, dass das nicht die einzigen Gesichtspunkte sind.

antwortung zu monieren. Ganz besonders geht es mir nicht um die Frage, wen man der moralischen Schizophrenie bezichtigen sollte und wie man diejenigen zur Verantwortung ziehen soll. Stattdessen interessiere ich mich dafür, wie wir der Herausforderung, die sich uns in einem Setting stellt, in dem die Integrität der öffentlichen Diskussion selbst gefährdet ist, (als Kollektiv) argumentativ und intellektuell begegnen sollen.

Drittens behaupte ich, wenn ich von undifferenzierten Kollektiven wie der Menschheit als solcher oder der heutigen Generation spreche, nicht, dass solche Kollektive momentan in einheitlichen Handlungsstrukturen organisiert sind (zum Beispiel in kompetenten Institutionen). Stattdessen gehe ich nur von einer Intuition aus, dass sie das sein sollten und dass die öffentliche Diskussion oft auf dieser Annahme basiert.

Ich glaube allerdings nicht, dass das Nachdenken über Kollektive die einzige oder bedeutendste Möglichkeit ist, wie wir Geo-Engineering (oder Klimapolitik im Allgemeinen) vom ethischen Standpunkt aus angehen sollten. Wie wir in Abschnitt 1 sehen werden, habe ich an anderer Stelle auch tatsächlich ausgeführt, dass die Erschwernis, möglicherweise sogar Untergrabung wirksamer kollektiver Akteurschaft genau zu den Hauptmerkmalen von Problemen wie dem Klimawandel gehört. Deshalb müssen meine Bemerkungen als Auswahl einer besonderen Dimension unseres ethischen Problems betrachtet werden (und damit weniger als Herausforderung denn als Beitrag zum Gesamtbild).

Mein Aufsatz gliedert sich folgendermaßen: Abschnitt 1 betrachtet den allgemeinen ethischen Kontext, in dem der Vorstoß Richtung Geo-Engineering aufgetaucht ist, und erläutert das Problem der ethischen Kurzsichtigkeit. Abschnitt 2 bestimmt das Problem der moralischen Schizophrenie, führt einen provokanten hypothetischen Fall ein und legt eine Analogie zu Geo-Engineering nahe. Abschnitt 3 spricht kurz einige Implikationen der Analyse an. Abschnitt 4 erläutert die Analogie, indem er drei grundlegende Einwände entkräftet. In Abschnitt 5 werden die Hauptaussagen des Kapitels noch einmal zusammengefasst.

1 Ethische Kurzsichtigkeit und der Kontext des Geo-Engineerings

1.1 Zwei Fragestellungen

Wenn es um Geo-Engineering geht, fragen die Leute normalerweise als erstes: Bist du dafür oder dagegen? Unglücklicherweise ist diese Frage schlecht formuliert. Auf der einen Seite befürwortet niemand Geo-Engineering einfach so, unabhängig von den Umständen und Gründen dafür. Ein Geo-Engineering-Programm mit dem Ziel, einen im Freien sitzenden US-Präsidenten vor Regennässe zu schützen, wäre moralisch eine Absurdität. In Wirklichkeit halten nur sehr wenige Wissenschaftler (die mir bekannt sind) Schwefelinjektionen heute schon für angebracht. Die große Mehrheit ist sich hingegen darin einig, dass ein Einschreiten im Moment angesichts unserer spärlichen Informationslage bezüglich der Folgen viel zu riskant wäre.[6]

Auf der anderen Seite wären die meisten Leute wohl unter bestimmten Umständen mit Geo-Engineering einverstanden, wenn die Alternativen wirklich düster aussehen, die Folgen von Geo-Engineering dagegen relativ harmlos und mit hoher Zuverlässigkeit erforscht sind.[7] Aber auch dann hängt noch viel davon ab, was man unter „düster", „harmlos" und „hoher Zuverlässigkeit" versteht. Eine bessere Frage wäre daher: Unter welchen Bedingungen würdest du Geo-Engineering möglicherweise für gerechtfertigt halten? Unter den relevanten Bedingungen würden sich zum Beispiel die Bedrohung, der man sich stellen muss, die Umstände im Hintergrund, die *governance*-Mechanismen, die Schutzmaßnahmen für Individuen, die Entschädigungsleistungen und so weiter, finden. Nennen wir das die *Rechtfertigungsfrage*.

Die (oben erwähnten) Notfallargumente für Geo-Engineering wollen der Rechtfertigungsfrage aus dem Weg gehen. Zum einen formuliert man solche Notfallargumente gerne sehr allgemein und lässt den Schlüsselbegriff – in der Regel „Katastrophe" – unbestimmt. Darüber hinaus spricht man die anderen möglichen Bedingungen (wie Entschädigung oder Schutz von Individuen) nicht einmal an. Man scheint entweder einfach anzunehmen, dass diese Bedingungen erfüllt sind, oder dass ihre Bedeutung von der wie auch immer gearteten „Katastrophe", die im Hintergrund lauert, überschattet und bestenfalls auf den Rang eines Randproblems verdrängt wird. In letzterem Fall ist der Gedanke, dass die Katastrophe allenfalls schlimm genug ist, um Geo-Engineering zu rechtfertigen, auch wenn es gar nicht so harmlos ist, seine weitreichenderen Auswirkungen noch nicht durchschaut und weitere Schutzmaßnahmen nicht verfügbar sind.

---

6 So schrieb man zuerst im Jahr 2010. Ende des Jahres 2011 haben sich einige Wissenschaftler in der Öffentlichkeit für die baldige Aufstellung eines regionalen Geo-Engineering-Plans über der Arktis stark gemacht. Die allgemeine Übereinstimmung besteht aber bis jetzt noch immer. Wie lange das noch so sein wird, ist eine offene Frage.

7 Nichtsdestotrotz siehe den unveröffentlichten Aufsatz von Ben Hale: „Fixing the Wrong Wrong: Geoengineering and the End of the World".

Dieses Abschieben der Rechtfertigungsfrage wirft eine Menge Probleme auf (Gardiner 2011a). Erstens sind die Notfallargumente, wie gesagt, *opak*. Es bleibt jedem selbst überlassen, das Wort „Katastrophe“ mit Inhalt zu füllen und stillschweigend sein Urteil über negative Auswirkungen und Sicherheitswahrscheinlichkeit, über Dinge wie *governance* und Entschädigung zu fällen.

Zweitens ist es naheliegend, dass das Argument bei der breiteren Masse eher aufgrund *geistig undifferenzierter Motive* Interesse auslöst. So könnten sich einige Wissenschaftler davon angesprochen fühlen, weil sie die „Katastrophe“ einer Massenauslöschung befürchten. Sie für ihren Teil würden ein stabiles internationales Entschädigungssystem für die negativen Folgen des Geo-Engineerings befürworten. Für manche Ökonomen dagegen mögen die Notfallargumente attraktiv sein, weil sie die wesentlich geringfügigere „Katastrophe“ einer kurzfristigen globalen Rezession fürchten. Diese würden sich einer Klimapolitik mit irgendeiner Form von Entschädigung oder Schadenshaftung vehement in den Weg stellen.

Indem wir die Rechtfertigungsfrage ernst nehmen, können wir solche Schwierigkeiten herausstellen und zudem wichtige Probleme aufdecken, die beim Geo-Engineering zur Diskussion stehen. Die Rechtfertigungsfrage ist außerdem philosophisch interessant und potentiell auch praktisch und politisch von äußerster Wichtigkeit. Trotzdem halte ich sie aber keineswegs für die einzige und wahrscheinlich auch nicht für die dringlichste ethische Frage im Rahmen des Geo-Engineerings. Vor allen Dingen würde ich auch den moralischen Kontext der Forderung nach Geo-Engineering und die Art der politischen Maßnahmen, die das möglicherweise nach sich zieht, untersuchen. Nennen wir das die *Kontextfrage*.

Ein Grund für die Relevanz der Kontextfrage ist, dass Geo-Engineering nicht irgendein Projekt ist, zu dem sich Akteure ohne Geschichte in einer idealisierten Welt entschließen. Stattdessen wird es aus bestimmten Gründen, von bestimmten Akteuren und als Antwort auf ganz spezifische Probleme betrieben. Das hat Auswirkungen darauf, wie wir Geo-Engineering verstehen und vielleicht in Zukunft verstehen werden. Es berührt auch unsere ethischen Verpflichtungen. Ich möchte tatsächlich behaupten, dass die Kontextfrage nicht nur für die Rechtfertigungsfrage bedeutsam ist, sondern auch dass man ihr ein um nichts geringeres Gewicht beimessen sollte.

Ganz im Gegenteil sollte die Kontextfrage in jeder ethisch seriösen Beantwortung der Rechtfertigungsfrage für die wirkliche Welt ernst genommen werden, da man andernfalls Oberflächlichkeit und gefährliche Kurzsichtigkeit riskiert.

1.2 Ein „perfekter moralischer Sturm“[8]

Was also ist der ethische Kontext für Klimaengineering? In meinen Augen ist der Klimawandel ein „perfekter moralischer Sturm“. Er ist genuin global, auf gravierende Weise intergenerationell und er stellt uns vor tiefgreifende theoretische Probleme. Jede dieser Eigenschaften stellt ein gefährliches Hindernis für ethisches Handeln dar. Zusammengenommen bieten sie eine grundlegende und bis dato vielleicht präzedenzlose Herausforderung für uns.

Im Mittelpunkt steht die Tatsache, dass die Hauptverantwortlichen für die Emissionen in Vergangenheit und Gegenwart, die relativ Wohlhabenden, vor allem in den Industrieländern, von den hohen und unnachhaltigen CO_2 – Emissionen profitieren (oder zu profitieren vermeinen), während die Kosten für solche Emissionen, vor allem die sehr hohen, zum größten Teil auf zukünftige Generationen und die nichtmenschliche Natur abgewälzt werden, vor allem aber auf die Armen der Zukunft. Mit einem Wort, die heutige Generation der Wohlhabenden ist einer starken Versuchung ausgesetzt, anderen den „Schwarzen Peter“ zuzuspielen (engl. „to pass the buck on to others“). Sie schieben die Verantwortung für ihr Verhalten ab auf andere, die extrem anfällig für die Folgen sind. Dieses *buck-passing* ist besonders problematisch, wenn die Vorteile, die die Wohlhabenden daraus ziehen, eher geringfügig und oberflächlich sind im Vergleich zu den gravierenden Risiken, denen sie andere aussetzen (man vergleiche das Vergnügen, im Winter zuhause Shorts und T-Shirt zu tragen mit z. B. Hungersnöten).

Die ethische Herausforderung des „perfekten moralischen Sturms“ besteht darin, der Versuchung eines solchen *buck-passings* standzuhalten. Die heutige Generation hat bis jetzt sehr langsam reagiert. Es ist eine unbestreitbare Tatsache, dass die CO_2-Emissionen seit dem ersten Bericht des Weltklimarats im Jahr 1990 weltweit um mehr als 30 Prozent gestiegen sind. Zum Teil lässt sich das auf die Explosion des Wirtschaftswachstums in vielen Entwicklungsländern, besonders in China, zurückführen. Nichtsdestotrotz haben auch die meisten Industrieländer Emissionsanstiege zu verzeichnen. Hinzu kommt, dass die Industrieländer normalerweise wesentlich mehr Emissionen pro Kopf produzieren, ihr Beitrag zu dem Problem historisch viel größer ist und ein großer Teil des steigenden CO_2-Ausstoßes bei der Produktion von Konsumgütern anfällt (Boden/Marland/Andreas 2011, Davis/Caldeira 2010)). Die Abläufe lassen sich kaum beschönigen. Trotz mehr als zwanzig Jahre ernsthafter diplomatischer Arbeit und eines weltweiten Abkommens wartet die Welt noch immer auf eine überzeugende Strategie

8 [Anmerkung d. Übersetzerin: engl. „A Perfect Moral Storm“, nimmt Bezug auf das gleichnamige Buch des Autors, siehe Gardiner 2011b)]

im Umgang mit der Herausforderung. Die Diplomatie schlug ihre Wellen von Rio über Kyoto nach Bali, nach Kopenhagen, nach Cancun und Durban. Doch noch immer sind die Hauptfragen ungelöst und werden laufend auf später vertagt (Gardiner 2011b, Kap. 3–4).

Manchmal wird eingewendet, dass die Gründe für die langsame Reaktion eher darin zu suchen sind, dass viele von der Realität des Klimawandels nicht überzeugt sind oder dem Problem zumindest keine Priorität einräumen. Ich trete trotzdem dafür ein, dass auch hier möglicherweise *buck-passing* im Spiel ist, da der „perfekte moralische Sturm" sehr leicht unsere Auffassungsgabe in epistemischer und moralischer Hinsicht korrumpiert (Gardiner 2011b, Kap 9 und 11, Anhang 2). Um es auf den Punkt zu bringen: Die Möglichkeit, seine räumliche und zeitliche Position auszunutzen und die Verantwortung auf zukünftige Generationen und die Armen abzuschieben, ist verlockend, sich einzugestehen, dass man genau das tut, ist jedoch unbequem. Da ist es weitaus besser, sich auf ein Podest zu stellen und das Problem zu leugnen oder herabzuspielen. Man kann sich einreden, dass es für die zukünftigen Generationen eigentlich nur gut ist, wenn man weiterhin nichts tut oder dass diese Leute, da sie reicher sein werden, den Dreck ruhig selbst wegmachen sollen, und so weiter. Wenn solche Argumente auch keiner eingehenden Prüfung standhalten, so bieten sie zumindest einen moralischen Schutzschild, hinter dem man ohne sich bloßstellen zu müssen mit dem *buck-passing* weitermachen kann. Wie Robert Samuelson in einem anderen intergenerationellen Zusammenhang gesagt hat: „Es gibt eine unausgesprochene Forderung nach Scheinheiligkeit und Täuschung und pragmatische Politiker reagieren darauf mit Projekten, die etwas für lau versprechen. Bitte verschone uns mit der Wahrheit (Samuelson 2005, S. 41)!"

Wenn wir die Analyse des „perfekten moralischen Sturms" forciert betreiben wollen, ist vieles an der jüngeren politischen Vergangenheit des Klimawandels besorgniserregend. Wir sollten aber trotzdem nicht erwarten, dass *buck-passing* ausschließlich in Form exorbitanter Emissionen und fehlgeleiteter Politik auftritt. Die Dinge abzuleugnen oder zu behaupten, dass sich die Zukunft selbst um sich kümmern kann, hat wohl seine Glaubwürdigkeit bis zu einem gewissen Punkt schon eingebüßt. Immer wichtiger in diesem Zusammenhang wird jetzt die Sorge der gegenwärtigen Generation, dass sie es mit ihrem Fehlverhalten möglicherweise schon so weit getrieben hat, dass für sie selbst eine reale Gefahr besteht (also kurz- bis mittelfristig gedacht). Wir können deshalb erwarten, dass sich mit der Zeit eine *buck-passing*-Strategie dafür herausbilden wird.

Wahrscheinlich reicht eine solche Sorge nicht aus, um wirklich eine ethisch verantwortliche Politik anzustoßen (die z. B. zukünftige Generationen ernsthaft berücksichtigt), aber sie macht wohl doch einen Unterschied. Wenn eine Katastrophe schnell herannahen kann, hat sogar eine *buck-passing*-Generation einen

Grund zu handeln. Besonders attraktiv sind an solcher Stelle natürlich alle kurzfristigen Fixlösungen (die einstweilen für ein oder zwei Generationen gut tun), besonders wenn die Startkosten augenscheinlich gering sind und die Risiken wiederum anderen aufgebürdet werden können (zum Beispiel in der Zukunft oder in anderen Teilen der Welt).

In einem „perfekten moralischen Sturm“ ist es dann leicht ersichtlich, warum wir auf das Zeitalter des Geo-Engineering zutreiben und warum das ein grundlegendes ethisches Problem darstellt. Wir haben diesbezüglich allen Grund zu erwarten, dass sich eine *buck-passing*-Generation von Eingriffen durch Geo-Engineering verführen lässt, die keine wirkliche Lösung für die genuin globalen, intergenerationellen und ökologischen Probleme des „perfekten moralischen Sturms“ bieten, sondern vielmehr Scheinlösungen sind, die sich eigentlich nur auf individuelle Anliegen beziehen, während sie als die harte Wirklichkeit verkauft werden. Vor allem sollten wir uns vor *engstirnigem Geo-Engineering* (engl. „parochial geoengineering“)in Acht nehmen, bei dem sich die heutige Generation kurzfristige Vorteile für sich selbst sichert, indem sie der Zukunft dann wesentlich größere Langzeitrisiken hinterlässt. Hüten sollten wir uns auch vor *räuberischem Geo-Engineering* (engl. „predatory geoengineering“), bei dem ein Land eine bestimmte Form des Geo-Engineerings hauptsächlich wählt, um die Interessen eines geopolitischen Konkurrenten zu boykottieren. Nur zu leicht lassen sich diese Verlockungen hinter der Berufung auf eine ethische Notlage verstecken. Es handelt sich aber immer noch um Bedrohungen, die eine Ethik des Geo-Engineerings – in Wahrheit wohl jedes vernünftige Urteilsverfahren – ernst zu nehmen hat.

Auf den ersten Blick wirkt die Möglichkeit eines *buck-passing* beim Thema Geo-Engineering vielleicht etwas weit hergeholt. Trotzdem sollte man Folgendes bedenken: Man hört oft, dass zu den Hauptvorteilen der Schwefelinjektionen zum einen ihre Reversibilität gehört und zum anderen der *proof of concept*, den wir durch vergangene Vulkanausbrüche haben. Allerdings ist jede dieser Behauptungen leicht anfechtbar. Zum einen kann bei einer Schwefelinjektion, die einmal signifikante Wirkung auf die Temperatur gezeigt hat, von Reversion kaum eine Rede sein, da eine Rücknahme des Eingriffs möglicherweise eine rapide Rückfallreaktion zur Folge hätte, die mindestens genauso gefährlich wäre wie der Klimawandel, den man verhindern wollte (Matthews/Caldeira 2007). Zweitens steht keineswegs fest, dass wir einen relevanten *proof of concept* haben: bei Vulkanaktivitäten in der Stratosphäre angereicherte Sulfate waschen sich in der Regel innerhalb von ein bis zwei Jahren wieder aus. Effizientes Geo-Engineering müsste viele Jahrzehnte, vielleicht Jahrhunderte hindurch an Ort und Stelle belassen werden. Beide Kritikpunkte scheinen für den „perfekten moralischen Sturm“ von Bedeutung zu sein. Solche Einwände werden schlagend, wenn wir uns über Langzeitfolgen und dauerhafte Reversibilität Gedanken machen. Wenn wir das nicht tun, mögen wir die Standardbehauptungen schlagkräftiger finden. Verlieren wir den „perfekten moralischen Sturm“ aus dem Blick, entgeht uns vielleicht die Wichtigkeit dieser Beobachtung.

2 Moralische Schizophrenie

Wir bekommen eine präzisere Vorstellung davon, wie das Notfall-Framing des Geo-Engineerings unsere Aufmerksamkeit irreführt und auf die falschen Fragen lenkt, indem wir uns nun einem Problem zuwenden, das mit ethischer Kurzsichtigkeit eng verbunden ist, nämlich mit der moralischen Schizophrenie.

2.1 Moralische Schizophrenie

Der Begriff „Schizophrenie“ setzt sich zusammen aus dem griechischen *skizein* („spalten“) und *phren* („Geist“); folglich heißt schizophren sein, „einen gespaltenen Geist haben“. Als Krankheitszustand wird Schizophrenie definiert als „eine in verschiedenen Formen auftretende Geisteskrankheit, die in allen Fällen durch einen Zusammenbruch der Beziehungen zwischen Gedanken, Gefühlen und Handlungen charakterisiert ist.“[9] Dieser Zustand wird „oft begleitet von Wahnvorstellungen und einem Rückzug aus dem sozialen Leben.“[10]

In einer breiteren Verwendungsweise könnte man Schizophrenie am besten als das Vorhandensein zweier widersprüchlicher Haltungen charakterisieren. In einem klassisch zu nennenden Paper beschreibt Michael Stocker das allgemeine Phänomen moralischer Schizophrenie wie folgt:

> Als Zeichen eines guten Lebens gilt uns eine Harmonie zwischen jemandes Motiven und seinen Gründen, Werten und Rechtfertigungen. Nicht von etwas motiviert sein, was man wertschätzt – was man also für gut, angenehm, richtig, schön usw. hält –, zeugt von einem Leiden des Geistes. Und ebenso zeugt es von einem Leiden des Geistes, etwas nicht zu schätzen, was einen motiviert. Ein solches Leiden, bzw. mehrere solcher Leiden können zu Recht als moralische Schizophrenie bezeichnet werden, da sie in einer Spaltung zwischen jemandes Motiven und seinen Gründen bestehen (Stocker 1976).[11]

9 [Anmerkung d. Übersetzerin: der Autor bezieht sich hier auf die Definition des „Oxford English Dictionary“.]

10 [Anmerkung d. Übersetzerin: der Autor bezieht sich hier auf die Definition des „Oxford American Dictionary“.]

11 [Anmerkung d. Übersetzerin: deutsches Zitat aus: Stocker, Michael (1998): „Die Schizophrenie moderner ethischer Theorien“. In: Rippe, Klaus-Peter/Schaber, Peter: Tugendethik. Stuttgart: Reclam, S. 19.]

Stocker beschäftigt sich mit der Spaltung zwischen den Gründen, die einer Handlung zugrunde liegen, also den Wertungen und Rechtfertigungen[12], auf der einen Seite, und dem, was jemanden wirklich zur Handlung bewegt (Motive), auf der anderen Seite. Außerdem betrachtet Stocker das Problem als eines der Disharmonie, Harmonie aber als ein Zeichen guten menschlichen Lebens.

Vermutlich kommt das grundlegende Phänomen der Spaltung auf jeweils andere Art und Weise in unterschiedlichen Situationen vor und lässt sich mit einer Vielzahl von moralpsychologischen Ansätzen erklären. Wie genau die Spaltung im Einzelnen zustande kommt und welche psychologische Ontologie dem zugrunde liegt, ist für unsere Zwecke aber nicht von Belang.[13] Es genügt uns, ganz allgemein auf das Problem hinzuweisen. Außerdem werden wir uns nur auf eine Art der moralischen Schizophrenie konzentrieren, die ich *kreative Fehlsichtigkeit* (engl. „creative myopia")[14]nennen will. Diese entsteht, wenn sich eine handelnde Person auf starke moralische Gründe beruft, um einen Handlungsverlauf zu rechtfertigen, aber diese Gründe den Handlungsverlauf *nur deshalb* stützen, weil die Handelnde eine ganze Reihe anderer Handlungsverläufe, die von denselben Gründen noch viel stärker gestützt würden, einfach ausgeschlossen hat – und zwar aufgrund von nebensächlichen Motiven, welche aus jenen Gründen verurteilt werden. Wir werden die abstrakte Form dieses Falls gleich sorgfältiger untersuchen. Die Hauptaussage in diesem Zusammenhang ist aber, dass einige der Notfallargumente für Geo-Engineering von der Handelnden verlangen, dass sie starke ethische Anliegen unterstützt, für die sie *anderweitig nicht aktiv werden will*, d. h. würde sie sich diesen Anliegen ernsthaft verpflichtet fühlen, dann wäre sie nicht so sehr an Geo-Engineering interessiert, und/oder wäre an einer entschieden anderen Geo-Engineering-Politik interessiert (z. B. an einer, die sich über ethische und sonstige Probleme in einem viel breiteren Rahmen Gedanken macht).

---

12 Stocker verwendet in seiner weiteren Abhandlung den Begriff „Gründe" für alle drei Begriffe, die er hier als austauschbar behandelt. Ich werde das im Folgenden übernehmen.

13 Wir müssen zum Beispiel nicht von einem tieferliegenden ontologischen Dualismus dessen ausgehen, was Stocker „Gründe" und „Motive" nennt. Vielleicht sind sie im Grunde dasselbe und die Disharmonie rührt von der Behandlung durch den Akteur. So könnten beispielsweise beide normative Forderungen ausdrücken (weil beide in einem allgemeineren Sinne „Gründe" darstellen), der Konflikt zwischen ihnen könnte aber durch das Unvermögen des Akteurs, sie folgerichtig zu behandeln, entstehen.

14 [Anmerkung d. Übersetzerin: zur Abgrenzung vom später auftauchenden Begriff „shortsightedness" wird „myopia" (eigentlich „Kurzsichtigkeit", „Sehschwäche") hier mit „Fehlsichtigkeit" übersetzt.

Um den Gedanken zu stützen, dass eine solche Schizophrenie ein ethisches Problem darstellt, werde ich nun zwei analoge Fälle betrachten – einer davon hoch abstrakt und der andere etwas konkreter – und sie dann mit der Situation vergleichen, in der wir uns mit dem Geo-Engineering befinden. Beide Fälle sollen paradigmatisch für kreative Fehlsichtigkeit stehen und sind deshalb ziemlich extrem gewählt, sodass die maßgeblichen moralischen Intuitionen deutlicher herausgefordert werden. Außerdem muss die Situation mit Geo-Engineering nicht annähernd so dramatisch sein, um die Analogien relevant zu machen, obwohl die Fälle so konzipiert sind, dass sie die Relevanz der aktuellen Geo-Engineering-Debatte im stärksten Sinne aufgreifen. Vielleicht ist unser kollektives Verhalten in moralischer Hinsicht nicht so problematisch wie das unserer Protagonisten, aber das heißt noch lange nicht, dass es überhaupt nicht problematisch ist und dem Beispiel nicht (rein theoretisch) in einem allgemeinen Sinne doch ähnelt. Die Analogien müssen nicht vollkommen sein, um ins Gewicht zu fallen und ich behaupte nicht, dass Geo-Engineering mit einem Musterbeispiel gleichzusetzen ist.

2.2 Akteur 1

Zunächst zum hoch abstrakten Fall: Man stelle sich vor, Akteur 1 geht Tätigkeiten nach, denen er moralisch gesehen nicht nachgehen sollte. Er verfügt über eine Vielzahl von Optionen, wie er seine Situation in Angriff nehmen kann. Als er sie alle gemäß starken moralischen Werten reiht, erkennt er, dass er vor einer Menge A-Z möglicher Reaktionen steht, wobei A die beste und Z die schlechteste ist. Dann stelle man sich vor, dass er, obwohl er erkennt, dass A die beste Option ist, sich nichtsdestotrotz weigert, diese Option zu ergreifen, ohne dafür allerdings ernsthafte Gründe (moralischer oder anderer Natur) anführen zu können – von wirklich angemessener Begründung ganz zu schweigen.[15] Man stelle sich weiter vor, dass er die Optionen B und C auch noch als gut erkennt, damit aber genauso verfährt und auch sie verwirft. Tatsächlich zieht Akteur 1 keine der guten oder annehmbaren Optionen, die vor ihm liegen, in Betracht. Auch die beste der eher mangelhaften Optionen kommt für ihn nicht in Frage. Stattdessen verwirft er alle naheliegenden Optionen von A-X und das alles wiederum ohne ernsthafte Gründe. Trotz allem fühlt sich Akteur 1 nicht ganz wohl dabei, gar nichts zu tun, und so öffnet er sich für die Optionen Y und Z (und nur für diese). Y und Z sind ziemlich schlechte Optionen (auch wenn sie nicht von Haus aus schlecht oder

15 Dasselbe Problem kann entstehen, wenn zwar ernsthafte, aber nicht angemessen aufgefasste Gründe angeführt werden. Der Einfachheit halber bleibe ich hier jedoch beim eindeutigen Fall.

absolut verboten sind).[16] Vor allem bringen sie, obgleich die Möglichkeit besteht, dass sie viel helfen, ernstliche Risiken mit sich, auch eine realistische Gefahr, dass sie die Dinge noch schlimmer machen.[17] Trotzdem stellt sich Akteur 1 auf den Standpunkt, dass Y und Z wohl besser seien als nichts und sein Ansinnen deshalb moralisch durchaus berechtigt sei. Seine Offenheit und im äußersten Fall auch Handlungsbereitschaft verdiene also ein gewisses Maß an Respekt. Vor allem kann er nicht verstehen, warum sich einige so darauf festschreiben, ihn für seine Gewichtung von Y und Z zu kritisieren. Er protestiert: „Sehen die Leute denn nicht, dass es vielleicht in eine Katastrophe mündet, die wir unter allen Umständen verhindern sollten, wenn wir Y und Z nicht tun?“ und „Warum können sie dann nicht aufhören, so heikel mit der ‚Ethik‘ zu sein, und eine Lösung unterstützen, die wirklich etwas helfen könnte?“

Es scheint klar, dass sich Akteur 1 schlecht benimmt. Dass er die Optionen A-X ohne ernsthafte Gründe verwirft, trägt viel dazu bei. In seinen Protesten offenbart sich allerdings noch ein weiteres Problem. Seine Berufung auf eine Notlage ist nämlich in ethischer Hinsicht irreführend und lenkt uns davon ab, was moralisch wirklich relevant ist. Es ist vielleicht (intellektuell wie praktisch) interessant, nachzufragen, ob Y und Z auch tatsächlich gerechtfertigt sind und unter welchen Umständen; trotzdem entgeht einem vieles von dem, was wirklich vorgeht und zwar in einer Art und Weise, die auf ethische Kurzsichtigkeit und moralische Schizophrenie schließen lässt.

Betrachten wir die Dinge zunächst von einem externen Standpunkt. Erstens erfordert das Notfallargument von Akteur 1 anscheinend eine *willkürliche Engführung des ethischen Blickwinkels*. So schiebt er etwa jede Menge wesentlicher Punkte beiseite, wie zum Beispiel dass sein ethisches Problem selbstverschuldet ist, dass er sich eine starke Einschränkung seiner de facto effektiven Handlungsoptionen zuzuschreiben hat und dass er sich dadurch viel schlechtere Optionen herauspflückt, als er normalerweise müsste.

Zweitens bedeutet diese Engführung, dass sich Akteur 1 einer *schwerwiegenden Absage an moralische Verantwortung* schuldig macht. Das ist allein für sich genommen eine wesentliche Eigenschaft des Falles.

---

16 Wer der Überzeugung ist, dass Geo-Engineering in sich schlecht ist, kann das der Beschreibung seiner Verwerflichkeit als Handlungsoption hinzufügen, aber für dieses Beispiel ist das nicht angedacht und auch nicht notwendig.

17 Im später folgenden Beispiel könnten wir sagen, dass Medikamente gegen AIDS negative Nebenwirkungen haben können, wie beispielsweise die Verursachung von Krebs. In ähnlicher Weise bestehen Bedenken, dass Schwefelinjektionen andere gravierende Umweltprobleme mit sich bringen (beispielsweise einen Zusammenbruch der Lebensmittelversorgung in Asien oder einen Abbau der Ozonschicht).

Drittens wirkt auch Akteur 1's Berufung auf das Gewicht von Y und Z – besonders die Art wie er seine Kritiker dafür rügt, dass sie dieses Gewicht nicht zu würdigen wissen – im besten Fall *ethisch deplatziert.* Im Extremfall kann die Fehlsichtigkeit von Akteur 1 so stark ausgeprägt sein, *dass Zweifel aufkommen, ob die Gründe, auf die er sich beruft, überhaupt moralische sind.* Als Außenstehender beginnt man sich zu fragen, ob Akteur 1 die Sprache der Moral nicht nur als Finte und Vorwand für andere Motive benutzt.

Auch wenn fehlsichtige Berufungen auf die Moral oft bewusst hinterlistig sind, muss das natürlich nicht so sein. In manchen Fällen wird Akteur 1 ehrlich sein, aber das nur zum Preis von innerer Disharmonie und einer ausgesprochenen moralischen Schizophrenie. Aus der inneren Perspektive gibt es mindestens drei Anzeichen für die besagte Disharmonie.

Erstens *fehlt* der Gesamteinstellung von Akteur 1 die *innere Kohärenz.* Auf der einen Seite beruft er sich auf starke moralische Gründe und appelliert an unser aller Verantwortung („Wir müssen alles Erdenkliche tun, um die Katastrophe zu verhindern!"). Auf der anderen Seite wird sein Einsatz für diese Gründe zweifach in Frage gestellt: a) für sich betrachtet legen die moralischen Gründe sehr verschiedene Handlungsverläufe nahe (d. h. A-X) und b) Akteur 1 schließt diese Handlungsverläufe nur aufgrund anderer Motive aus, die im Licht derselben moralischen Gründe unvertretbar sind.

Zweitens *droht die Inkohärenz die Kraft der beabsichtigten moralischen Forderung zu untergraben.* Wie kommt Akteur 1 dazu, den moralischen Grund als gewichtig und handlungsweisend für die stark beschränkten Optionen (Y und Z) wahrzunehmen, wenn er ihn bereits ausgeschieden hat, als er bessere Optionen gestützt hätte (A-X)? Akteur 1 kann *die Kraft moralischer Gründe bestenfalls in einem stark abgeschwächten Sinne anerkennen.* Auch wenn er angibt, dass sie ihm etwas bedeuten, so tun sie das nur in einem sehr eingeschränkten Bereich, in dem er schon fast alles, was bezüglich dieser Werte an der Tagesordnung ist, nach seinem Gutdünken bestimmt hat – und dabei genau dieselben Werte nicht respektiert hat. Angesichts dessen wird nicht klar, wie die moralischen Gründe zur Geltung kommen und worin ihre verbliebene Aufgabe augenscheinlich noch besteht. Wie versteht Akteur 1 selbst die motivationale Zugkraft der moralischen Werte in den Fällen Y und Z, wenn er sie in den anderen Fällen mit zweifelhafter und unzureichender Begründung abgelehnt hat? Das Bedarf einiger Erklärung, nicht zuletzt für den Akteur 1 selbst.

Drittens lassen die ersten beiden Anzeichen der Disharmonie vermuten, dass Akteur 1 aus der inneren Perspektive Gefahr läuft, den Griff für moralische Gründe zu verlieren, sodass er seine Einstellung nur mit weiteren Kosten beibehalten kann. An erster Stelle stehen hier die Kandidaten *Selbsttäuschung* und *Verblendung.* (Es sei bemerkt, dass Schizophrenie im medizinischen Sinne oft von

Verblendung begleitet ist.) Wir sollten trotzdem noch eine andere Möglichkeit in Betracht ziehen. Vielleicht gibt Akteur 1 zu, dass er die ganze Zeit inkohärent ist, redet sich aber ein, dass er es nicht besser kann, weil die konkurrierenden Motive (so sagt er sich) einfach zu stark sind, als dass die moralischen Gründe die Geltung gewinnen könnten, die sie sollten. Eine solche Behauptung schließt ebenfalls ein „Leiden des Geistes" ein, eine *tiefgreifende Entfremdung* der moralischen Gründe von dem, was den Handelnden wirklich motiviert.

2.3 Die Dummheit Waynes

Die Probleme mit der moralischen Schizophrenie von Akteur 1 können lebhafter dargestellt werden, wenn wir uns einem konkreteren Musterbeispiel zuwenden:

> Wayne ist mit einer wundervollen Frau verheiratet. Auf den ersten Blick haben sie eine großartige Beziehung und seine Frau geht auch davon aus, dass dem so ist. Zu ihrem Unglück befindet sie sich im Irrtum. Wayne hat ein Geheimnis. Er hat gerne eine Beziehung nach der anderen und geht mit jeder ins Bett. Besonders genießt er Sex mit Frauen aus demographischen Risikogruppen für gefährliche sexuell übertragbare Krankheiten wie HIV und AIDS. Er macht das regelmäßig, hat aber auch weiterhin Sex mit seiner Frau. In keinem Fall trifft er irgendwelche Sicherheitsvorkehrungen. Seine Frau weiß nichts davon.
>
> Was Wayne tut, ist aus einer Vielzahl von Gründen moralisch falsch. Seine Aktivitäten setzen seine Frau und viele seiner anderen Sexualpartnerinnen einem schwerwiegenden Risiko aus. Sie verletzen auch die Beziehung, in der er zu seiner Frau steht. Hinzukommt, dass Wayne in klareren Augenblicken fest überzeugt ist, dass sein Verhalten leichtfertig genauso wie unmoralisch ist. Sein Leben ist auch so schon sehr gut, die Beziehung mit seiner Frau eingeschlossen. Außerdem gesteht er sich ein, dass Zeit und Geld, die für seine Untreue draufgehen, anderswo viel besser anzubringen wären. Obwohl er seine Liebschaften genießt, gibt Wayne zu, dass sie keinen hohen Wert besitzen, auch für ihn selbst nicht. Im Umgang mit seiner Dummheit hat Wayne viele Optionen. Er könnte mit dem Fremdgehen einfach aufhören. Er könnte auch seiner Frau erzählen, dass er rücksichtslos untreu ist. Wenn das schief geht, gibt es noch jede Menge Strategien, das Risiko für seine Frau (und andere Partnerinnen) so klein wie möglich zu halten. Er könnte zum Beispiel nur „Safer Sex" praktizieren, mit weniger Frauen schlafen oder solche mit geringerem Risiko wählen. Trotzdem ist Wayne nicht willens, irgendeines dieser Dinge zu tun, die letzteren nicht einmal, obwohl er weiß, dass es für seinen eigenen Genuss wahrscheinlich wenig oder gar keinen Unterschied macht. Stattdessen zieht er es vor, einfach so weiterzumachen und die weiterreichenden Gefahren zu ignorieren. Auf die Frage „Warum" würde er einfach sagen, dass er sich trotz seiner Fehler an sein Leben gewöhnt hat, und Veränderung unbequem findet. Wenn man ihn drängt, gibt er vielleicht sogar zu, dass er „einfach keinen Bock hat". Die Geschichte ist aber nicht zu Ende: Wayne will etwas tun. Ein Freund erzählt ihm von einem Wissenschaftler, der gerade ein Jungunternehmen ins Leben ruft, das sich der Suche nach einer einfachen Pille zur Verdrängung von AIDS-Auswirkungen widmet. Die Pille soll das körperliche Immunsystem so manipulieren, dass die Auswirkungen des Virus

abgeschwächt werden. Die Arbeit ist hochspekulativ und bietet auch keinerlei Lösung für die anderen Gesundheitsrisiken bei Waynes Aktivitäten (z. B. Syphilis). Höchstwahrscheinlich ist auch anzunehmen, dass es auf andere schädliche Nebenwirkungen hinauslaufen wird (das kann man zum jetzigen Zeitpunkt einfach noch nicht sagen). Wayne entscheidet sich trotzdem, zehn Dollar – einen kleinen Betrag seines Einkommens – in das neue Unternehmen zu investieren. Tatsächlich redet er sich ein, dass er auf eine moralische Notlage reagiert, dass die Moral das von ihm fordert und er „das Richtige" getan hat. Als Ergebnis hat er jetzt ein besseres Gefühl gegenüber sich selbst, obwohl er seine Aktivitäten weiterführt wie zuvor. Außerdem erklärt er, dass er nicht versteht, wie man seine Spende kritisieren kann: „Sehen sie denn nicht, dass Spenden an die AIDS-Forschung einer Katastrophe vorbeugen können, die wir unter allen Umständen verhindern sollten?" und angesichts dessen: „Warum können sie nicht aufhören, so heikel mit der Ethik zu sein und eine Lösung unterstützen, die wirklich etwas helfen könnte?"

Was sollte die Moralphilosophie zu Wayne sagen? Die Antwort lautet eindeutig, dass er zutiefst unmoralisch ist.[18] Er sollte aufhören herumzuhuren und seine Frau (und andere Partnerinnen) solchen Risiken auszusetzen. Er hat kein Recht dazu und es ist moralisch abscheulich, so weiterzumachen. Mehr gibt es dazu kaum zu sagen. Als kleinen Nebenaspekt könnten wir trotzdem noch anfügen, dass es auch für ihn selbst schlecht ist, wenn er – erpicht darauf weiterzumachen – es sogar ablehnt, wenigstens die Risiken seines Verhaltens herabzusetzen (z. B. indem er ein Kondom trägt). In der Tat wird seine Rücksichtslosigkeit an diesem Punkt so extrem, dass sie völlig gleichgültig erscheint. Wir können bezweifeln, dass er sich überhaupt um seine Frau sorgt, nicht einmal als ein unschuldiges menschliches Wesen, geschweige denn als jemanden, die er zu lieben vorgibt. Wir möchten sogar sagen, dass Wayne sich nicht nur als ungerecht erweist, sondern als moralisch völlig anstandslos. Die (rhetorische) Frage kommt ganz natürlich: „Was für eine Person ist Wayne?"

2.4 Klimaparallelen

Die Dummheit Waynes spiegelt den abstrakten Fall von Akteur 1 wider und das Ergebnis ist moralisch genauso verstörend. In dem, was Wayne tut und was für eine Person er ist, liegen tiefe ethische Probleme. Die Hauptsache für uns ist seine ethische Argumentation. Insbesondere denken wir, dass Waynes moralisches

18 Man könnte sich möglicherweise eine schlaue und eher vertrackte Erklärung von Hintergrundumständen ausdenken, die sein Verhalten weniger abscheulich erscheinen lassen. Nichtsdestotrotz will ich die Geschichte hier für bare Münze nehmen.

Notfallargument defizitär ist, zum Teil weil es ethisch kurzsichtig und moralisch schizophren ist.

Der Fall von der Dummheit Waynes soll absichtlich keine Kontroversen zulassen. Die interessanten Fragen beziehen sich nicht auf Wayne, sondern darauf, ob es wesentliche Parallelen zwischen seiner Situation und unserer im Hinblick auf Klimawandel und Geo-Engineering gibt. Die Ähnlichkeit muss nicht ganz genau sein, um uns Sorge zu bereiten. Im Grunde sind Analogien selten vollkommen (andernfalls wären sie keine Analogien). Stattdessen ist die Frage, ob sie genug gemeinsam haben, um dasselbe ethische Urteil zu unterstreichen. Mit einem Wort, sind wir als Kollektiv für dieselbe moralische Kritik anfällig wie Wayne, wenn sich die heutige Generation der Wohlhabenderen in der Welt auf Geo-Engineering zubewegt?

Auf den ersten Blick gibt es verblüffende Parallelen. Die erste Reihe umfasst die ethischen Grundprobleme, die durch die politische Schwerfälligkeit in Bezug auf den Klimawandel entstehen.[19] Erstens setzt unser hohes Emissionsniveau, genauso wie Waynes Aktivitäten, unschuldige Andere dem Risiko schweren Schadens aus (in unserem Fall: zukünftige Menschen, nichtmenschliches Leben und die Armen in der Welt). Wenn es noch etwas gibt, was unseren Fall schlimmer macht, dann dass Waynes Opfer zumindest im Prinzip der Gefahr entgehen könnten, wenn sie dahinterkämen. Für die meisten Opfer des Klimawandels ist das nicht der Fall.

Zweitens verletzt unser Verhalten, genauso wie das von Wayne, moralisch wichtige Beziehungen. Andere großen Risiken auszusetzen, untergräbt nicht nur unsere moralische Stellung zu anderen Nationen und Völkern rund um den Erdball, es entfremdet uns auch von zukünftigen Generationen unserer eigenen Gemeinschaften, und belastet noch weiter unsere ohnehin schon gefährdete Beziehung zur Natur.

Drittens scheinen unsere Emissionen, wie das Verhalten von Wayne, zumindest vergleichsweise leichtfertig zu sein angesichts der Gefahren, denen sie andere aussetzen. Der Klimawandel wird voraussichtlich Tod, Krankheit, Vertreibung und weitverbreitetes Leid verursachen. Viele CO_2-Emissionen in den reicheren Ländern stützen allerdings Aktivitäten, die im Vergleich dazu trivial anmuten, und Ziele, die man auf eine viel weniger schädigende Weise erreichen könnte. Zum Beispiel braucht man CO_2-Emissionen, um Häuser zu heizen, die viel

19 Diese Parallelen könnte man noch intensiver ausarbeiten, wenn man ernsthafte Grundlagenarbeit in Moralphilosophie und politischer Philosophie leisten möchte. Wir brauchen hier trotzdem nicht allzu tief zu graben, da es an dieser Stelle lediglich darum geht, der Analogie Genüge zu tun. Zum Einstieg in diese Literatur siehe Gardiner 2011a und Vanderheiden 2008.

größer und wärmer sind als es die Leute brauchen und die nur für einen kleinen Bruchteil des Tages belegt sind; man braucht sie für unwirtschaftliche Autos, die meist immer nur jeweils eine Person transportieren; man braucht sie, um Produkte herzustellen, die gedankenlos konsumiert und schnell entsorgt werden, ohne dass irgendwer viel greifbaren Nutzen daraus gezogen hätte; man braucht sie für ausgiebige Geschäftsreisen, für die die Unternehmen am liebsten nicht zahlen und die die Einzelnen am liebsten nicht unternehmen würden; und so weiter und so fort.

Die zweite Reihe weitgehender Parallelen umfasst die Tatsache, dass wir, so wie Wayne, viele Optionen haben. Im Augenblick rasen wir geradezu in das Klimaproblem hinein. Die globalen Emissionen sind rapide am Steigen, so auch die der meisten Nationen. Aber immer noch könnten wir eine Menge tun, um das zu bekämpfen. Erstens könnten wir mit der bereits existierenden Technologie einiges anders machen. Auch wenn wir die CO_2-Emissionen wahrscheinlich nicht einfach sofort stoppen sollten – weil zu große Teile unserer Wirtschaft von fossilen Brennstoffen abhängen und weil eine umfassende und sofortige Wende höchstwahrscheinlich zum wirtschaftlichen Zusammenbruch führt – scheint ein einigermaßen rigoroses Vorgehen zur Eindämmung von Emissionen viel weniger problematisch. In den USA zum Beispiel sind die Gewinnaussichten bei effektiver Rohstoffersparnis gut dokumentiert, ebenso ist es die Verfügbarkeit alternativer Energiequellen (besonders wenn wir aufhören, diejenigen, die den Schaden verursachen, so stark zu subventionieren).[20]

Zweitens könnten wir mehr in Innovation investieren, wie in die Erforschung alternativer Energie oder in die Gestaltung einer groß angelegten Infrastruktur, die weniger CO_2-intensiv oder sogar CO_2-neutral ist, etc.

Drittens könnten wir uns effektiv einschränken. Angesichts der moralischen Probleme, die unser Handeln verursacht, könnten wir uns entscheiden, weniger zu tun. Das könnte bedingungslose Opfer in der Lebensqualität bedeuten und den Schutz verletzlicherer Personen vor solchen Opfern erfordern. Trotzdem ist nicht klar, ob das ungerechtfertigt wäre. Es spricht außerdem vieles dafür, dass die Lebensqualität in Wirklichkeit gar nicht leidet. Wir können nicht nur kreativ sein, was ein Leben mit weniger CO_2-Belastung angeht (Kreativität auf dem Markt eingeschlossen), viele Forschungen sprechen auch dafür, dass Lebensqualität nicht fest verknüpft ist mit herkömmlicher Wirtschaftsleistung jenseits einer bestimmten Schwelle, die von den meisten Industrieländern schon beträcht-

---

20 Der Weltklimarat (IPCC) berichtet zum Beispiel, dass Studien immer wieder belegen, dass das technische Potential für erneuerbare Energiequellen in der ganzen Welt bedeutend über dem weltweiten Energiebedarf liegt (siehe IPCC 2011). Vgl. auch Shrader-Frechette 2012.

lich überschritten ist (Andreou 2010). Unter diesen Umständen könnten wir mit Sicherheit ein gewisses Maß an Einschränkung zumindest versuchen – im Gegensatz zur Beschleunigung. Wenn wir das Gefühl hätten, dass es zu weit geht und dass es einfach zu schwer ertragbar ist, könnten wir jederzeit umkehren.

Dieses Anliegen leuchtet umso mehr ein, wenn wir die eklatanten Unterschiede in den nationalen Niveaus der Pro-Kopf-Emissionen über den Erdball verteilt betrachten. Im Jahr 2007 zum Beispiel betrugen die weltweiten Pro-Kopf-Emissionen durchschnittlich 1,28 Tonnen CO_2. Trotzdem brachten es einige Länder auf einen Durchschnitt von ca. 5 Tonnen CO_2 pro Person (die USA lagen z. B. bei 5,20 Tonnen, Australien bei 4.84), andere kamen auf zwischen zwei und drei Tonnen (z. B. Deutschland mit 2,61, Großbritannien mit 2,41 oder Neuseeland mit 2,11), wieder andere auf etwa eine (z. B. China auf 1,35 oder Argentinien auf 1,27), und einige auf viel weniger (z. B. Brasilien auf 0,52, Indien auf 0,39 und Bangladesch auf 0,08)(Boden 2010).

Ist es wirklich so selbstverständlich, dass beispielsweise die Amerikaner drastisch schlechter gestellt wären, wenn sie auf einem ähnlichen Emissionsniveau leben würden wie etwa die Briten, die Deutschen oder die Neuseeländer? Radikal gefragt, ist es so klar, dass irgendeines dieser Länder darauf bestehen sollte, größere Pro-Kopf-Emissionen beizubehalten als etwa Argentinien oder Brasilien, besonders in Anbetracht ihres größeren Anfangswohlstandes und ihrer technologischen Expertise? Alles in allem sollte Wayne damit zufrieden sein, nur mit seiner Frau Sex zu haben.

Das bringt uns zur dritten großen Parallele zwischen der Dummheit Waynes und dem Klimafall. Im Moment sieht es so aus, als wären wir, trotz ihrer Verfügbarkeit, noch nicht recht gewillt, eine dieser Optionen effektiv aufzugreifen. Als Ergebnis davon drängt man innerhalb der wissenschaftlichen und politischen Gemeinschaften in Richtung Geo-Engineering. Während ich hier schreibe, scheint dieses Drängen Erfolg zu haben. Es ist anzunehmen, dass einige Industrieländer sich zwar substantiellen Emissionseinschnitten widersetzen, aber bereit sein werden, eine ganz kleine Summe ihres nationalen Budgets (ein paar hundert Millionen im Falle Großbritanniens und der USA) für die Erforschung des Klimaengineerings aufzuwenden, auch wenn sie wissen, dass solches Engineering möglicherweise nicht funktioniert, selbst wenn es funktioniert nicht alle Probleme löst und seinerseits ernsthafte Probleme aufwirft, darunter fatale Nebenwirkungen, einen legitimen Überwachungsmechanismus (engl. „governance“) und die Irreversibilität. Das ist allerdings ethisch bedenklich. Ist das nicht ein bisschen wie Waynes Zehn-Dollar-Wette auf die AIDS-Forschung? Wenn es so ist, stecken wir dann nicht ethisch in ernsthaften Schwierigkeiten?

3 Implikationen

Die Probleme der ethischen Kurzsichtigkeit und moralischen Schizophrenie sind womöglich (zurecht) für einen recht großen Teil des Widerstands, ja der moralischen Empörung, gegenüber dem Vorstoß in Richtung Geo-Engineering verantwortlich. Infolgedessen haben diese Probleme explanatorisches Potential. Außerdem erklären sie den Widerstand, ohne andere ethische Probleme hervorzurufen, die auch hineinspielen, aber mit ziemlich kontroversen Behauptungen verbunden sind. Besonders verlangt keines der Probleme die Annahme, dass Geo-Engineering notwendigerweise in sich schlecht sein muss oder dass es (im engeren Sinne) eine Verletzung der menschlichen Beziehung zur Natur darstellt. Man betrachte das Schizophrenieproblem. Nichts an Waynes Dummheit deutet darauf hin, dass AIDS-Forschung oder Impfung für sich genommen problematisch sind. Stattdessen ist die natürliche Annahme genau das Gegenteil: dass sie eine gute Sache sind. Auf ähnliche Weise müssen wir, um die Analogie zwischen den Fällen zu ziehen, nicht voraussetzen, dass an der Erforschung oder dem Einsatz von Geo-Engineering für sich betrachtet irgendetwas Schlechtes ist. Natürlich müssen Vertreter des Kurzsichtigkeits- oder Schizophrenieargument̲s auch nicht unbedingt bestreiten, dass an Geo-Engineering etwas unabhängig Schlechtes ist. Der Punkt ist lediglich, dass sie zu diesen Fragen überhaupt nicht Stellung nehmen müssen. Wenn Behauptungen über die unabhängige Schlechtheit von Geo-Engineering auf anderer Basis gerechtfertigt werden können, kommen sie zu den Kurzsichtigkeits- und Schizophrenieproblemen hinzu.

Diese Punkte (über explanatorische Kraft und ethische Voraussetzungen) sind aus mehreren Gründen erwähnenswert. Erstens liefert uns die Tatsache, dass sowohl das Kurzsichtigkeits- als auch das Schizophrenieproblem mit einer breiten Vielfalt von Sichtweisen über die moralische Bedeutsamkeit der Natur (oder deren Fehlen) vereinbar sind, starke pragmatische Gründe, sie besonders zu betonen. Vielleicht ist die Betonung dieser ethischen Sorge ein stärkerer Kandidat, um zu umfassendem Handeln in Klimafragen anzuspornen als manches strittigere Argument.[21]

Zweitens ist es in jedem Fall wichtig, dass diese Anliegen inmitten der Versuche einiger Geo-Engineering-Proponenten, die Sache ganz im Rahmen einer moralischen Notlage zu formulieren, nicht verloren gehen.

Drittens kann der Befund der ethischen Kurzsichtigkeit und moralischen Schizophrenie allgemein eine unterstützende Rolle für die Hypothese vom „per-

21 Für eine gegenteilige Ansicht siehe Jamieson 2010. Ich selbst habe keine eindeutige Meinung zu diesem Thema.

fekten Sturm“ spielen, da diese Phänomene unter den Umständen eines „perfekten moralischen Sturms“ vorhersehbar erscheinen. Wenn eine Gruppe (z. B. die heutige Generation der Wohlhabenden) versucht ist, die Folgen ihres Verhaltens anderen weiterzugeben (z. B. zukünftigen Generationen), aber sich nicht gerne eingesteht, dass sie das tut, dann wird sie anfällig für Argumentationsschemata, die es zu rechtfertigen scheinen, auch wenn sie unser moralisches Verständnis für das, was auf dem Spiel steht, pervertieren. Kurzsichtigkeits- und Schizophrenieargumente passen sehr gut ins Bild.

4 Einwände

Die Analogie zwischen der Dummheit Waynes und unserer Zwangslage bezüglich Geo-Engineering ist auf mancherlei Weise anfechtbar. Wenn eine abschließende Verteidigung auch im Rahmen dieses Kapitels nicht möglich ist, so soll dieser Abschnitt zumindest Zweifel an einigen anfänglichen Gründen für die Ablehnung der Analyse aufkommen lassen.

4.1 Wer ist Wayne?

Der erste Einwand behauptet, dass die Analogie eine Ambiguität ausnutzt: sie spricht von „unserer“ Beschäftigung mit Geo-Engineering, aber das maßgebliche „wir“ ist hier problematisch. Das Argument ist gefährdet, da wir mit unserer Analogie zur Dummheit Waynes scheitern, wenn die für den Klimawandel Verantwortlichen nicht dieselben sind, wie die, die sich mit Geo-Engineering beschäftigen. Auch wenn sich einige politische Akteure und Institutionen wie Wayne verhalten haben, kann man sich vorstellen, dass andere (besonders Klimaforscher oder Umweltorganisationen) das nicht haben. Da einige dieser Gruppen konsistent für Reaktionen auf den Klimawandel argumentiert haben (und sei es auch ohne Erfolg), kann man behaupten, dass in *ihrem* Drängen zur Beschäftigung mit Geo-Engineering keine ethische Kurzsichtigkeit oder moralische Schizophrenie liegt. Bevor sie über die fortbestehende politische Schwerfälligkeit jammern, versuchen sie wenigstens das Beste aus einer schlechten Situation zu machen, indem sie im Rahmen dieser Schwerfälligkeit wenigstens etwas Hilfe für die zukünftigen Generationen und die Armen in der Welt anbieten.[22]

22 Ich danke Brad McHose für das Aufzeigen dieses Einwands.

Meine erste Reaktion besteht darin, die Ambiguität auszuräumen. Mein „wir“ in der Analogie soll sich auf die Gesellschaft im Allgemeinen und besonders auf die öffentlichen Körperschaften, die sie vertreten, beziehen. Das ist angemessen, weil sich ein hoher Prozentsatz der Diskussion über Geo-Engineering in öffentlichen Auseinandersetzungen abspielt, die sich an politische Institutionen richten, insbesondere in Form von Anträgen für Forschungsprogramme und Maßnahmen zur Etablierung von Überwachungsstrukturen (z. B. Caldeira/Keith 2010, Shepherd 2009, Victor 2009, American Meteorological Society 2009). In diesem Zusammenhang wenden sich viele Geo-Engineering-Verteidiger an dieselben Institutionen, die (sogar aus ihrer Sicht [Shepherd 2009]) im angemessenen Umgang mit dem Klimawandel bisher gescheitert sind. Infolgedessen unterliegen die Körperschaften, die sie überzeugen wollen, der Analogie, auch wenn es solche Verteidiger selbst nicht tun. Wenn es diese Körperschaften sind, die entscheiden, erhält die Analogie ihre Kraft zurück.[23]

4.2 Was ist mit einem „reinen“ Darsteller?

Die erste Reaktion ist die wichtigste. Trotzdem bleibt noch Raum für Diskussion. Insbesondere könnten einige Probleme, die sich aus der Analogie zur Dummheit Waynes ergeben, umgangen werden, wenn andere Darsteller auftreten würden, um Geo-Engineering in die Hand zu nehmen. Man stelle sich zum Beispiel vor, dass ein neuer Darsteller sich zu einem Geo-Engineering-Programm entschließt, ein Darsteller, der von der Geschichte des Klimaproblems unberührt und von seinen aktuellen Zusammenhängen und Optionen nicht beeinträchtigt ist. Um zur Analogie mit der Dummheit Waynes zurückzukehren, wäre das nicht, als ob andere als Wayne die AIDS-Forschung unterstützen würden? Und was könnte daran falsch sein? Könnte ein solcher Darsteller die Kontextfrage nicht getrost vergessen und direkt zur Rechtfertigungsfrage übergehen?

Ich habe darauf zwei grundsätzliche Antworten. Erstens dürfte es in diesem Zusammenhang gar nicht so leicht sein, einen Akteur zu finden, der zwar die erforderlichen Fähigkeiten für Geo-Engineering besitzt, aber von seiner Geschichte und seiner zukünftigen Entwicklung überhaupt nicht kompromittiert

23 Wenn die Institutionen, die überzeugt werden sollen, der Analogie unterliegen, dürfte das noch weitere Implikationen haben. Besonders ist zu bemerken, dass die Argumente, die man ihnen anbietet, strengen, aber selbstgesetzten Auflagen unterliegen. Diese Auflagen sind es wert, genauer unter die Lupe genommen und auf ihre moralische Bedeutung hin untersucht zu werden.

ist. Das trifft besonders dann zu, wenn die Hauptkandidaten noch immer Nationalstaaten und große Korporationen sind. Deshalb sollten wir nicht vorschnell annehmen, dass sich ein „reiner Darsteller“ finden lässt.

Zweitens gibt es unabhängige Gründe dafür, dass die Rechtfertigungsfrage nicht so schnell von der Kontextfrage abzutrennen ist, und diese Gründe lassen Zweifel an der Bedeutung des Modells vom „reinen Darsteller“ aufkommen. Eine vollständige Verteidigung dieser These würde mehr Platz einnehmen, als ich hier habe. Deshalb will ich stattdessen einfach einige relevante Probleme andeuten.

Zuerst sollten wir uns, ob wir nun von tatsächlichen oder reinen Darstellern sprechen, vor allen Argumenten hüten, die einfach anzunehmen oder festzulegen scheinen, dass die Form von Geo-Engineering, die auf dem internationalen Schauplatz letzten Endes zustande kommt, ethisch harmlos sein dürfte. Diese Sorge kann man intuitiv einleuchtend machen, indem man einfach vier Beispiele von Geo-Engineering-Formen aufzählt, die ethisch zur Sorge berechtigen:

> *Geo-Engineering im Alleingang* (engl. „rogue geoengineering“): unternommen von einem einzelnen Staat, einer Korporation oder einem Individuum ohne eine angemessene Beratung und Billigung durch andere;
> *Geo-Engineering ohne Konsens* (engl. „nonconsus geoengineering“): ausgeführt von einer „Koalition der Willigen“ aus (sagen wir) allein den westlichen Mächten, oder allein China und Indien, oder allein dem Iran und islamischen Partnerstaaten, ohne die Billigung der anderen betroffenen Staaten;
> *Räuberisches Geo-Engineering* (engl. „predatory geoengineering“): darauf abzielend, die Interessen anderer Länder in der Wahl des jeweiligen Geo-Engineering-Programms oder des Ausmaßes der Intervention systematisch zu benachteiligen, oder andere strategische Vorteile zu sichern;
> *Militarisiertes Geo-Engineering* (engl. „militarized geoengineering“): macht das Klimakontrollsystem zu einer Waffe.[24]

Diese Formen von Geo-Engineering berechtigen aus denselben Gründen zur Sorge. Damit Geo-Engineering moralisch akzeptabel wird, muss jeder mögliche Geo-Ingenieur, auch als anderweitig ethisch unbefleckter Darsteller, unbedingt mit angemessener Befugnis und in Übereinstimmung mit angemessenen Normen globaler, intergenerationeller und ökologischer Ethik handeln. Beides legt dringend nahe, dass eine gebührende Beratung mit den existierenden „unreinen“ Darstellern stattfinden muss, eine Betrachtung ihrer Rechte und Verantwortlichkeiten und eine Einschätzung ihres wahrscheinlichen Verhaltens in der

24 Für eine Auseinandersetzung mit historischen Vorläufern einer Wettermodifikation, die solchen Bedenken Glaubwürdigkeit verleiht, siehe Fleming 2010.

Zukunft.[25] Angesichts dessen scheint es unwahrscheinlich, dass man, auch als „reiner“ Darsteller, die Kontextfrage einfach beiseiteschieben kann. Sie wirft ihre Schatten auf das ganze Unternehmen.

4.3 Können wir (bitte) einfach mit unserer Wissenschaft weitermachen?

Vielleicht werden manche die Probleme mit dem Modell des „reinen Darstellers“ einsehen, aber trotzdem darauf beharren, dass man Wissenschaftler, die Forschung über Geo-Engineering betreiben wollen, das tun lassen soll. Ist freie Forschung, mögen sie sagen, nicht immer noch einer der obersten Grundsätze wissenschaftlicher Praxis oder einer freien Gesellschaft im Allgemeinen (Cicerone 2006, Gardiner 2011a)?

Dieser Einwand ist eine Irreführung, die sich zweier falscher Schlüsse bedient. Erstens ist mit einer Verteidigung der Wichtigkeit der Kontextfrage nicht gesagt, dass keine Forschung über Geo-Engineering betrieben werden soll, und schon gar nicht, dass sie ganz und gar verbannt werden soll. In der Tat richtet sich die Hauptkritik – ethische Kurzsichtigkeit und moralische Schizophrenie – wie ich gesagt habe gegen einige Notfallargumente für Geo-Engineering und muss zum Wert des Geo-Engineerings selbst, oder zur diesbezüglichen Forschung für sich gesehen, nicht einmal Stellung nehmen. (Man rufe sich ins Gedächtnis, dass auch das Beispiel von der Dummheit Waynes keine Stellung zum Wert der AIDS-Forschung nimmt, die, wie ich annehme, höchst positiv zu bewerten ist.) Es sind nicht die Projekte selbst, die (im Moment) auf dem Prüfstein stehen, sondern die Gründe, mit denen die Beschäftigung damit gerechtfertigt wird.

Zweitens ist die Forschung keine Frage von „allem-oder-nichts“, wie der Einwand suggeriert. Namentlich gibt es einen großen Unterschied zwischen der Verteidigung traditioneller, auf Wissensdurst gründender Forschung, die nach den Regeln normaler wissenschaftlicher Praxis und im Wettbewerb mit anderen Projekten (auch anderen Klimaprojekten) publiziert und gefördert wird (z. B.

---

25 Ein vertretbares Geo-Engineering würde zum Beispiel Fragen prozeduraler, distributiver und ausgleichender Gerechtigkeit aufwerfen. Das würde darüber hinaus auch die Fragen berühren, welche Art von Geo-Engineering betrieben wird (Arten, die z. B. das Ausbleiben des Monsuns in Indien bewirken, stehen vor einer großen Beweislast), wie es erforscht wird (aufgrund der Forderung nach Vertrauenswürdigkeit und sowohl internationalen als auch intergenerationellen Stabilität des Vorschlags), wie es überwacht wird (Auslösebedingungen, wichtige Probleme, Überprüfungsvorgänge), wie mit vorhersehbaren negativen Nebeneffekten umzugehen ist (z. B. mit regionalen Verschlechterungen trotz weltweiter Verbesserung) und wie die Unterstützung aussieht, wenn etwas schief geht (d. h. wer verantwortlich ist und in welchem Umfang).

in peer-reviewed Journals oder mit Bewerbungen bei der NSF) auf der einen Seite, und der Argumentation für die Etablierung eines neuen, eigenständigen und zielorientierten Forschungsprogramms, das durch eine moralische Notlage begründet wird, auf der anderen Seite. Letzteres braucht nämlich eine extra Verteidigung. Das ist von Bedeutung, weil das Argument „freie Forschung" natürlicherweise in der Verteidigung der ersten Forschungskategorie beheimatet ist, während die aktuelle Verteidigung des Geo-Engineerings in die zweite Kategorie fällt. So scheint es vernünftig zu sagen, dass diese Verteidigung einer speziellen Prüfung standhalten muss.

Darüber hinaus hat dieser Punkt noch eine andere Seite. Normale, von Wissensdurst geleitete Forschung muss sich ebenfalls einer Prüfung unterziehen lassen, wenn sie mit anderen Projekten um Forschungszeit, Geldmittel und Publikation konkurriert. Deshalb lohnt es sich zu betonen, dass man Geo-Engineering gegenüber anderen Forschungsarten de facto *privilegiert*, wenn man es durch Berufung auf eine moralische Notlage zu einer eigenen Kategorie erhebt, und das zum Teil dadurch, dass man es vom normalen Wettbewerb abschirmt. Mit anderen Worten ist das Problem in diesem Zusammenhang weniger, dass der Ruf nach spezieller Prüfung eine Diskriminierung der Geo-Engineering-Forschung darstellt, sondern vielmehr, dass es starke Gründe braucht, um Geo-Engineering zu privilegieren und von den gewöhnlichen Normen *auszunehmen*. Nach meiner Interpretation sind die moralischen Notfallargumente ein Versuch, solche Gründe zu liefern. Wenn das ihr Ziel ist, sollten sie kritisch geprüft werden. Ich behaupte, dass ein ernsthaftes Stellen der Kontextfrage für diese Aufgabe wesentlich ist. (Es ist festzuhalten, dass ich nicht behaupte, es könnten keine erfolgreichen Gründe gefunden werden, sondern nur, dass hier noch einige Arbeit zu leisten ist.)

4.4 Haben Wissenschaftler nicht eine besondere moralische Verpflichtung, sich mit Geo-Engineering zu beschäftigen?

Ein vierter Einwand schlägt vor, dass die einzigartige Position von Wissenschaftlern eine besondere Verpflichtung bedeutet, sich mit Geo-Engineering zu beschäftigen – egal ob sich „reine Darsteller" nun der Kontextfrage stellen müssen oder nicht. Man betrachte das folgende Argument:

> Wissenschaftler haben beständig (und sei es auch ohne Erfolg) für Reaktionen auf den Klimawandel argumentiert. Wenn sie auch noch so viel über die fortbestehende politische Schwerfälligkeit jammern mögen, so liegt in ihrem Drängen nach einer Beschäftigung mit Geo-Engineering dennoch keine Schizophrenie. Nach all dem versuchen sie wenigstens, das Beste aus einer schlechten Situation zu machen, indem sie im Rahmen dieser Schwerfälligkeit etwas Hilfe anbieten. Sind sie dazu in Wirklichkeit nicht sogar moralisch ver-

pflichtet? Wenn es helfen könnte, ist es mit Sicherheit einen Versuch wert und die Wissenschaftler sind als einzige in der Lage, den Versuch zu unternehmen, weil sie die relevante Expertise haben.

In meinen Augen bringt dieses Argument eine ernste ethische Frage vor; nichtsdestotrotz ist die Antwort, die es anbietet, äußerst simpel und auch für Wissenschaftler wenig hilfreich. Um zu sehen warum, ist es hilfreich, die verschiedenen sozialen Rollen von Wissenschaftler zu unterscheiden.

Eine Rolle ist die von Beratern für Entscheidungsgremien. Diese Rolle scheint in den oben erwähnten Berichten prominent. Das Problem der moralischen Schizophrenie lässt allerdings Zweifel an einer Verteidigung von Geo-Engineering innerhalb dieser Rolle aufkommen. Man betrachte eine neue Variante der Dummheit Waynes. Dazu stelle man sich vor, Wayne hätte einen Freund, der erschüttert über sein Verhalten ist und Wayne deshalb oft darauf aufmerksam macht, was damit nicht stimmt, was die Alternativen sind und so weiter. Wayne hört zu, ignoriert den Rat seines Freundes aber letzten Endes. Sein Freund glaubt, dass es daran liegt, dass Wayne die verfügbaren Optionen nicht mag und einen Weg vorziehen würde, der ihm leichter fällt, auch wenn er riskanter und gefährlicher für andere ist. Was sollte sein Freund tun? Sollte er sich aufopfern und die riskanten Optionen erkunden? Hat er einen ethischen Grund dazu?

In erster Linie muss man sagen, dass sich das nicht von selbst versteht. Es sei bemerkt, dass starke Gesichtspunkte genau in die andere Richtung deuten. Einerseits scheint es unwahrscheinlich, dass der Freund *Wayne gegenüber* irgendeine starke Verpflichtung dazu hat. Er hat Wayne schon eine Menge guter Optionen genannt, die Wayne abgelehnt hat, und das ohne guten Grund. Andererseits kann sich der Freund denken, dass er eine Verpflichtung gegenüber Waynes Frau und den anderen involvierten Frauen hat. Es versteht sich allerdings auch nicht von selbst, dass ihnen am besten gedient ist, wenn der Freund Wayne zu einer Spende an die AIDS-Forschung rät oder sich selbst mit solcher Forschung beschäftigt. Im Falle der Dummheit Waynes ist man versucht zu argumentieren, dass der Freund besser daran täte, direkter zu handeln (z. B. indem er Waynes Frau davon erzählt).

Diese Komplikationen sind für die Beschäftigung mit Geo-Engineering von Bedeutung. Die Tatsache, dass die existierenden Institutionen daran scheitern, die guten Optionen zu befolgen, heißt nicht, dass Wissenschaftler eine starke Verpflichtung haben, stattdessen mit der Arbeit an anderen (minderwertigen) Optionen zu beginnen. Wenn sie schon gute Optionen vorgeschlagen haben, können sie mit Recht behaupten, dass ihre Verantwortung nur mehr darin besteht, sich noch stärker für die Förderung und Weiterentwicklung der besseren Optionen einzusetzen. Vielleicht sollten die Wissenschaftler in diesem Zusammenhang stärker versuchen, die Öffentlichkeit für die Gefahren des Klimawandels zu sensibilisieren oder sie davon zu überzeugen, dass die Wissenschaftler die Wahrheit sagen. Die Tatsache, dass sich Geo-Engineering als nützlich herausstellen könnte, genügt nicht. Andere Dinge könnten noch viel nützlicher sein und haben eine höhere Erfolgswahrscheinlichkeit (so wie A-X im Falle von Akteur 1).

Natürlich sind Wissenschaftler oft nicht nur in der Rolle von unparteiischen Beratern. Sie sind manchmal auch in der Rolle individueller Forscher, die eine eigene intellektuelle Agenda verfolgen, ihre eigene Karriere vorantreiben etc. Diese Rolle ist so weit durchaus vertretbar. Allerdings können sich Wissenschaftler auch hier fragen, wie ihre Motive und Ziele mit denen von ethisch kompromittierten Darstellern, und auch mit ihrer Rolle als Berater, in Wechselwirkung stehen.

Offensichtlich sind Interessenskonflikte ein schwieriges Thema. Beispielsweise haben manche Wissenschaftler, die zur Geo-Engineering-Forschung beitragen könnten, ein wirtschaftliches Interesse an der Beschäftigung. Sie haben die Chance, einschlägige Grants, akademisches Prestige und manchmal lukrative ökonomische Möglichkeiten für ihre eigenen Unternehmungen zu gewinnen. Das liefert eindeutiges Potential für eine Kompromittierung ihrer Rolle als Berater, wenn sie für eine Beschäftigung mit Geo-Engineering eintreten. Infolgedessen sind Schutzmaßnahmen nötig, sowohl für die Gesellschaft (um sicherzustellen, dass das nicht passiert) als auch für die einzelnen Wissenschaftler (um sie vor dem Anschein zu bewahren, dass es passiert ist, wenn es nicht passiert ist).[26]

Weniger offensichtlich sind die bewegenden Fragen, die sich um die Hintergrundmotive und Überzeugungen von Wissenschaftlern, besonders deren Rolle in der schwierigen ethischen Situation des „perfekten moralischen Sturms“, drehen. Zurück zur Dummheit Waynes, kann man sich zum Beispiel vorstellen, dass der AIDS-Forscher nicht versucht, Wayne sein Verhalten auszureden, sondern ihn

---

26 Solche Probleme kommen nicht nur durch karrieristische Motive zustande. Sie entstehen auch, um einige Beispiele zu nennen, wenn Forscher eigentlich Klimaskeptiker sind, die gewöhnliche Reaktionen für unberechtigt oder Geo-Engineering für eine schlechte Idee halten, jedoch den Zugang zu Förderungen haben möchten, um ihre grundlegenden Forschungsinteressen verfolgen zu können etc. Ethische Fragen werden in der Regel immer dann erhoben, wenn Wissenschaftler, um eine bestimmte Forschungsstrategie verfolgen zu können, stark moralisch aufgeladene Argumente bedienen, oder von solchen profitieren wollen, und das aus Gründen, die mit diesen Argumenten tendenziell in einem Spannungsverhältnis stehen. In einigen dieser Fälle ist ebenfalls moralische Schizophrenie zu erkennen. Man stelle sich zum Beispiel vor, dass der AIDS-Forscher Wayne mit einem Appell an die Gefährdung seiner Frau zur Abgabe seiner zehn Dollar drängt, aber im Grunde der Überzeugung ist, dass seine persönliche Forschung ihr kaum helfen wird. Auch hier zeigt sich eine Spaltung zwischen seinen bekundeten Werten und dem, was ihn wirklich bewegt.

sogar noch darin bestärkt, weil er die Förderung oder die Anerkennung will. Dann kann seine Rolle moralisch problematisch sein. Manche haben ähnliche Befürchtungen in Bezug auf Geo-Engineering. Sie wollen nicht, dass Wissenschaft als ein *enabler* fungiert, der schlechtes Verhalten erleichtert. Ich glaube, das ist ein Grund, warum sich manche Wissenschaftler solche Sorgen über das mögliche „moralische Risiko" machen, das in der Beschäftigung mit Geo-Engineering liegt: dass es die Gesellschaft in großem Stil zu noch mehr Schwerfälligkeit ermutigen kann, was die Abschwächung (des Problems) und die Anpassung (an die Folgen) betrifft. Nicht nur dass sie über eine Untergrabung der herkömmlichen Klimapolitik besorgt sind; sie machen sich auch über die Verantwortung ihrer Profession gegenüber der Gesellschaft und das Potential für moralische Schizophrenie Gedanken. Sie wollen keine Komplizen in der Fortsetzung einer moralischen Verfehlung sein und auch nicht als solche erscheinen.

Nichts davon bedeutet, dass sich Wissenschaftler nicht mit Geo-Engineering beschäftigen können oder sollen oder dass ethisch vertretbares Geo-Engineering unmöglich ist. Stattdessen dient die Diskussion einer Hervorhebung der wirklichen ethischen Schwierigkeiten, denen Wissenschaftler begegnen, wenn sie Geo-Engineering-Forschung in der realen Welt in Betracht ziehen – Schwierigkeiten, die sich verstärken, wenn man die Kontextfrage betrachtet. Zusammenfassend ist die Befürchtung hinsichtlich des vierten Einwandes – dass Wissenschaftler eine moralische Verpflichtung haben, sich angesichts der fortgesetzten Schwerfälligkeit und der Möglichkeit einer Katastrophe mit Geo-Engineering zu beschäftigen – dass dieser Einwand ein zu einfaches Bild vom ethischen Kontext zeichnet, in dem Wissenschaftler tatsächlich agieren. Dieser Kontext steckt voller grundlegender moralischer Herausforderungen, die nicht so schnell ad acta gelegt werden sollten. Wiederum gewinnt die Kontextfrage an Bedeutung und wir verlieren viel, wenn wir versuchen, sie allzu schnell mit moralischen Notfallargumenten zu umschiffen.

4.5 Welche anderen Optionen?

An diesem Punkt mögen einige protestieren, indem sie eine entscheidende neue Wendung einführen (vgl. Gardiner 2011b). Ein großer Teil der bisherigen Diskussion, so werden sie sagen, hängt von der Annahme ab, dass es andere gute oder annehmbare Optionen gibt. Diese Annahme kann allerdings, so werden sie fortfahren, mittlerweile falsch sein. Es ist durchaus möglich, dass der Klimawandel bereits so weit fortgeschritten ist, dass kritische Klimaschwellen in den kommenden Jahrzehnten überschritten werden, unabhängig davon, was wir zur Abschwächung unternehmen, und dass ein solches Überschreiten höchst gefährlich für die Menschheit ist, unabhängig davon, was wir jetzt für die Anpassung tun. Vielleicht, heißt es, „ist der Zug schon abgefahren“[27], was konventionelle Methoden betrifft, und Geo-Engineering – beispielsweise in Form einer ausgleichenden Dosis Sulfat – ist bereits die einzige Option, die uns noch bleibt.[28] In diesem Fall sind wir nicht wie Akteur 1, dem die Optionen A-X noch offenstehen.

Ich will zunächst einen vorläufigen Punkt festhalten, bevor ich eine grundlegendere Antwort biete: das ist ein neues Argument und wirft mehrere kontextuelle Probleme auf. Zum einen impliziert es gewagte wissenschaftliche Behauptungen über das Ausmaß unserer schon geschehenen Festschreibung auf den Klimawandel und die Unfähigkeit konventioneller politischer Maßnahmen, damit fertig zu werden. Diese Behauptungen sind kontrovers und erfordern deshalb eine unabhängige Verteidigung. Der „Landmark Report on Geo-Engineering“ der Royal Society verkündet zum Beispiel ausdrücklich, dass eine Entkarbonisierung im großen Stil und mit einer Geschwindigkeit, die ausreicht, um einen Anstieg der weltweiten Durchschnittstemperatur um mehr als 2°C über das vorindustrielle Level in diesem Jahrhundert verhindern zu können, *technisch möglich bleibt* und dass das weltweite Misslingen eines Fortschritts in der Abschwächung des Klimawandels hauptsächlich *der gesellschaftlichen und politischen Untätigkeit zu schulden ist* (Shepherd 2009, S. 57). Angesichts dessen weist die Royal Society das neue Framing zurück.

Ein weiteres kontextuelles Problem ist, dass das Argument wohl moralisch schizophren aussieht, solange es nicht wirklich von ernsthaften Bemühungen zur Abschwächung und Anpassung begleitet wird. Alles in allem ist die Behauptung nicht, dass der Zug *mit Sicherheit* schon abgefahren ist (das wäre wissenschaftlich nicht plausibel), sondern nur, dass es wissenschaftlich glaubwürdig ist, zu sagen, dass es so sein *könnte*. In Anbetracht dessen bleiben uns starke Gründe, uns auf konventionellem Wege zu bemühen. Des Weiteren gibt es keine Garantie, dass die Geo-Engineering-Forschung erfolgreich sein wird oder dass die Situation eintreten wird, in der ihre Anwendung indiziert ist. Abschwächung und Anpassung können sich noch immer als die besten verfügbaren Reaktionen

---

27 [Anmerkung der Übersetzerin: engl. Wendung: „the goose is already cooked“; der Autor verweist darauf, dass er diesen Ausdruck, aber nicht das gesamte damit verbundene Argument, von Dale Jamieson entlehnt.]

28 Etwas schwächer formuliert, könnte das Argument lauten, dass unser Zug noch nicht abgefahren ist, es aber sein wird, bevor Geo-Engineering-Methoden einsatzfähig sind, wenn wir nicht jetzt schon mit der Erforschung beginnen.

herausstellen (selbst im Falle, dass sie zur Abwendung bestimmter Formen von Katastrophen unzureichend sind).[29]

Wenden wir uns nun einer wesentlicheren Reaktion auf den Vorwurf zu. Stellen wir uns vor, wir halten die Gefahr für glaubhaft, dass wir schon auf die Katastrophe festgeschrieben sind. Was würde das für die Beschäftigung mit Geo-Engineering bedeuten? Beginnen wir, indem wir die Dummheit Waynes noch einmal aufrollen. Wir stellen uns vor, Wayne gibt zu, dass unsere Bedenken wohlbegründet sind, sofern wir davon ausgehen, dass es reicht, wenn wir seiner Frau von der Gefahr erzählen (sodass sie sich schützen kann) oder wenn „Safer Sex" praktiziert wird. Er behauptet allerdings weiter, er sei de facto schon so lange leichtsinnig gewesen, dass ein glaubhaftes Risiko für eine schon stattgefundene Übertragung besteht. Wenn dem so ist, kann die spekulative Forschung sehr wohl *das einzige* sein, das sie noch retten kann. Natürlich gibt er zu, dass er ein Geständnis machen oder zumindest „Safer Sex" praktizieren sollte, neben der Spende der 10 Dollar (trotzdem zeigt er weder für das eine noch für das andere Bereitschaft). Er besteht darauf, dass die Sache mit der Forschung mit Sicherheit unanfechtbar ist und er moralisch recht daran tut, zu investieren. Wenn das Risiko greifbar ist, betont er wiederum, ist das in der Tat um einiges wichtiger als alles, was er sonst tun könnte.

Nun stelle man sich vor, es bestünde eine glaubhafte Gefahr, dass Waynes Frau bereits HIV hat. Sind 10 Dollar in ein Avantgarde-Projekt wirklich seine beste und einzige Option? Anscheinend nicht. Offenbar sollte er *mehr als zehn Dollar Investition* in Betracht ziehen. Wenn ihm wirklich das Wohlergehen seiner Frau am Herzen liegt und wenn er sich wirklich für ihre Notlage verantwortlich fühlt, sollte es sicherlich um einiges mehr sein. Weniger offensichtlich, aber noch viel wichtiger ist, dass es *noch andere Dinge für ihn zu tun gibt.* Er könnte nach Möglichkeiten suchen, sie zu unterstützen und sich um sie zu kümmern, wenn sie wirklich mit der Krankheit angesteckt ist. Er könnte sich nach den besten Ärzten und der besten Gesundheitsfürsorge umsehen, die verfügbar ist. Er könnte sich darüber Gedanken machen, was ihr das Leben erträglicher macht. (Und so weiter und so fort). Im Allgemeinen sollte Wayne nicht anneh-

---

29 Es sei bemerkt, dass das Argument auch in der aktuellen politischen Debatte keinen festen Stand hat, da viel allgemeinere Behauptungen über das gegenwärtige Ausmaß des Klimawandels und damit verbundene Übereinkünfte die Gemüter erhitzen. Es gibt den Gesichtspunkt, dass einige politische Akteure, die festgelegte Argumente bedienen, mit den Standards ihrer wissenschaftlichen Glaubwürdigkeit sehr selektiv umgehen und zum Beispiel ein hohes Maß an Sicherheit verlangen, wenn maßgebliches Handeln von ihnen gefordert werden soll (z. B. zur Abschwächung und Anpassung), und laxer werden, wenn sie weniger Haftung übernehmen müssen (z. B. im Falle des Geo-Engineerings).

men, dass die Sache erledigt sei, selbst wenn eine gewisse Investition in die Forschung nötig wäre.

Ähnliche Bedenken sind im Fall von Geo-Engineering extrem wichtig. Wenn es darum geht, etwas Konkretes für Klima-Engineering zu unternehmen, denkt man normalerweise in erster Linie daran, ein paar Millionen Dollar in die Forschung zu schießen. Wenn es allerdings wirklich heißt, dass wir schon auf einen beträchtlichen Klimawandel festgeschrieben sind, scheint dieser Zugang ethisch kurzsichtig. Der Zustand des Planeten ist mit Sicherheit mehr wert, und mit Sicherheit sollte die Reaktion breiter angelegt sein. Wenn wir wirklich geradewegs in eine globale Katastrophe hineinrennen, ist mehr an Vorbereitung erforderlich als nur einigen Wissenschaftlern Mittel für Modellexperimente im kleinen Format zur Verfügung zu stellen. Fragen, wie man zum Beispiel gefährdete Menschen und Infrastruktur schützen kann, oder wie man die entschädigen kann, für die kein angemessener Schutz möglich ist, drängen sich auf. Die Diskussion über Forschungsgelder für Geo-Engineering kann nur ein kleiner Teil des ethischen Gesamtbildes sein, weiterreichende Fragestellungen müssen in jede weitere Beschäftigung mit Geo-Engineering integriert werden. Insbesondere brauchen wir einen Plan, wie wir in einer Welt, die als Reaktion auf eine drohende Klimakatastrophe mit Geo-Engineering bearbeitet wurde, zurechtkommen können, und vor allem auch, wie das auf eine politisch legitime und moralisch vertretbare Weise geschehen kann. Wie Waynes zehn Dollar, scheint der Ruf nach einem begrenzten Vorstoß in einem sehr eng gesteckten Forschungsgebiet ethisch kurzsichtig und moralisch schizophren. Wenn sich jemand wirklich Sorgen macht, dass wir schon auf eine Klimakatastrophe festgeschrieben sind, steht wesentlich mehr auf dem Spiel.

Wir können den Punkt abstrakter fassen, indem wir unser früheres Beispiel vom Akteur 1 verwenden. Angewandt auf den Klimawandel, könnten die Optionen Y und Z nicht die einzigen sein, die ein bestimmtes Maß an wissenschaftlicher Forschung über Geo-Engineering vorsehen. Auf der einen (positiven) Seite könnten die Optionen S-Z alle eine solche Forschung vorsehen, wobei S-X aber noch wesentlich mehr umfassen. Vielleicht sehen diese Optionen zum Beispiel substantielle Förderungen zur Anpassung, geopolitische Reformen, Entschädigungsleistungen etc. vor und verbinden diese mit einem Hauptforschungszweig über Geo-Engineering und anderen abhelfenden Bemühungen. Wenn man seine Aufmerksamkeit nur auf die sehr eng gefassten Geo-Engineering-Optionen (Y und Z) in Isolation richtet, entgeht einem die Tatsache, dass die weiter gefassten Geo-Engineering-Optionen (S-X) willkürlich ausgeschlossen werden. Wiederum haben wir es mit ethischer Kurzsichtigkeit zu tun, und zwar auf eine Weise, die auch moralische Schizophrenie ins Spiel bringt.

Auf der anderen (negativen) Seite verschleiert die Engführung auch andere (ethisch weniger willkommene) Optionen, die einer Atmosphäre weitreichender moralischer Korruption entspringen. Auch wenn Z die letzte Option auf der Liste einer im weitesten Sinne ethisch verantwortlichen Person sein mag, mögen ethisch unverantwortliche Personen ihre Listen noch viel weiter ausdehnen. Im Klimafall könnte einer ethisch unverantwortlichen Person zum Beispiel nicht nur eine „bescheidene Geo-Engineering-Forschung" willkommen sein, sondern genauso räuberische, engstirnige/lokal begrenzte[30] oder andere Formen von Geo-Engineering, die auf *buck-passing* hinauslaufen. Wenn wir die Kontextfrage außer Acht lassen, entgeht uns vielleicht die Bedeutung dieser Probleme.

4.6 Vertreten wir nicht bereits einen „Portfolio"-Ansatz?

Einige werden beklagen, dass diese Reaktion zu weit geht mit ihrer Analogie zwischen Waynes zehn Dollar und dem aktuellen Ruf nach Geo-Engineering-Forschung. Sie werden sagen, dass die meisten wissenschaftlichen Berichte praktisch nahelegen, Geo-Engineering-Forschung neben substantieller Abschwächung und Anpassung, als Teil eines „Portfolio"-Ansatzes, zu verfolgen. Sie empfehlen also nicht nur „bescheidene Forschung", sondern sind ausdrücklich offen für eine breiter angelegte Strategie (Preston 2011).

Ich bin mir da nicht so sicher. Erstens müssen wir uns (wie ich gerade vorgeschlagen habe) nicht nur ansehen, wie Geo-Engineering von wissenschaftlichen Fachkräften verteidigt wird, sondern auch, wie solche Argumente wahrscheinlich aufgenommen und umgesetzt werden. Angesichts der politischen Schwerfälligkeit in der Vergangenheit ist die Sorge berechtigt, ob die anderen „Teile des Portfolios" durchgesetzt werden. Wenn tatsächlich ein standfestes Portfolio durchgesetzt würde, wäre der Bedarf einer Geo-Engineering-Forschung außerdem weniger dringlich, ja vielleicht nicht einmal existent. Es ist vor diesem Hintergrund alles andere als klar, dass ein paar „in den Wind geschriebene" Zeilen für den Bedarf eines umfassenden Ansatzes im Falle des Klimawandels wirklich ausreichen. Der ethische Kontext dieser Zeilen spielt eine Rolle.

Zweitens ist keinesfalls offenkundig, ob sich diejenigen, die im Moment für einen „Portfolio"-Ansatz plädieren, über die ethischen Implikationen von Geo-Engineering vollkommen im Klaren sind. Abschwächung und Anpassung sind nicht alles, was hier geboten ist. Wie bereits erwähnt, müsste sich ein ethisch verantwortbares Geo-Engineering mit schwierigen Fragen der *global governance* und

---

30 [Anmerkung der Übersetzerin: engl. „parochial"]

Entschädigung auseinandersetzen. Das würde allerdings tiefgreifende Fragen über globale Legitimierung und internationale Gerechtigkeit einschließen, die bis jetzt noch kaum auf der Agenda stehen. Wenn einschlägige Berichte beispielsweise *governance* erwähnen, verweisen sie es leicht in beschränkte Bereiche, die den tiefgreifenden Problemstellungen nicht angemessen sind. Der Bericht der Royal Society empfiehlt zum Beispiel die „Kommission der Vereinten Nationen für Nachhaltige Entwicklung" und erwähnt Foren wie den UN-Sicherheitsrat, die Nato, die G 20 oder den US-Kongress nicht einmal (Gardiner 2011c, S. 171). Wiederum erhebt das Gespenst der moralischen Schizophrenie sein Haupt. Wenn die Gefahr groß genug ist, um die Risiken von Geo-Engineering zu rechtfertigen, warum wird dann nicht mehr Wert darauf gelegt, die ethischen Herausforderungen einer tatsächlichen Anwendung von Geo-Engineering ernst zu nehmen und sich darauf vorzubereiten, ihnen zu begegnen? Eine Antwort lautet natürlich, dass niemand glaubt, ernsthafte Reaktionen auf die ethischen Herausforderungen stünden politisch zur Debatte, auch wenn sie moralisch notwendig sind. Das lässt die grundlegenden Befürchtungen über moralische Schizophrenie im „perfekten moralischen Sturm" wieder aufleben.

Drittens sind die Begriffe „umfassend" und „Portfolio" irreführend. Viele mögliche Maßnahmen in der Klimapolitik werden nicht einmal in Erwägung gezogen, einige davon aus ethischen Gründen. Verteidiger behaupten oft, dass das Notfallpotential Geo-Engineering ins Gespräch zurückholt, aber ähnliche Argumente könnten auch zugunsten anderer Strategien aufgeboten werden, die im Moment keine Beachtung finden, wie zum Beispiel drastische Einschränkungen im Konsum, eine ernsthafte Bevölkerungspolitik und so weiter. Ich plädiere nicht für eine solche Politik. Mein Punkt ist stattdessen, dass „Portfolios" bei weitem nicht umfassend sind und ihr Inhalt immer schon durch implizierte ethische Urteile bestimmt ist. Vor diesem Hintergrund kann man die Integration von Geo-Engineering nicht einfach mit dem Bedarf nach einer „umfassenden" Strategie begründen; man muss an dieser Stelle andere Argumente aufbieten (Gardiner 2011c, S. 175–76).

5 Konklusion

Dieser Aufsatz unterscheidet zwei zentrale Fragen im Hinblick auf die Ethik des Geo-Engineerings. Die Rechtfertigungsfrage will wissen: „Unter welchen zukünftigen Bedingungen könnte Geo-Engineering gerechtfertigt werden?", wobei sich unter den relevanten Bedingungen zum Beispiel die Bedrohung, der man sich stellen muss, die Umstände im Hintergrund, die *governance*-Mechanismen, die Schutzmaßnahmen für Individuen, die Entschädigungsleistungen usw. finden würden. Die Kontextfrage will wissen: „In welchem ethischen Kontext steht der Vorstoß Richtung Geo-Engineering und was zieht das nach sich?" Ich habe behauptet, dass die frühen Diskussionen über Geo-Engineering oft beide Fragen an den Rand gedrängt haben, weil sie sich gerne auf Notfallargumente konzentrieren, die diese Fragen auf unzulässige Weise unter den Tisch kehren. Darüber hinaus habe ich argumentiert, dass eine Diskussion der Kontextfrage eine wichtige Rolle dabei spielt zu erklären, was an einigen Argumenten für Geo-Engineering problematisch ist, und das ohne sich auf (möglicherweise kontroverse) Thesen über den moralischen Status der Natur oder unserer Beziehung zu ihr zu berufen. Die Hauptgedanken waren, dass einige Argumente für Geo-Engineering ethisch kurzsichtig und moralisch schizophren sind. Diese Gedanken wurden anhand zweier Beispiele illustriert, ein abstraktes (Akteur 1) und ein etwas konkreteres (die Dummheit Waynes). Auch wenn beide Beispiele extrem und idealisiert gewählt sind, liefern auch die unvollkommenen Analogien Gründe zur Sorge über unsere aktuelle Zwangslage bezüglich Geo-Engineering. Eine ethisch ernstzunehmende Diskussion von Geo-Engineering sollte sich solchen Problemen stellen, anstatt sich hinter allzu einfachen Berufungen auf eine moralische Notlage zu verstecken. Wie Stocker sagt, „zeugt es von einem Leiden des Geistes", das zu unterlassen.

Übersetzt von Gloria Mähringer

Literatur

American Meteorological Society (2009): „Policy Statement on Geoengineering the Climate System". https://www.ametsoc.org/policy/draftstatements/geoengineering_draftstatement.pdf, besucht am 05.09.2014.

Andreou, Chrisoula (2010): „A Shallow Route to Environmentally Friendly Happiness: Why Evidence That We Are Shallow Materialists Need Not Be Bad News for the Environment(alist)". In: *Ethics, Place and Environment* 13. Nr. 1, S. 1–10.

Blackstock, Jason et al (2009): „Climate Engineering Responses to Climate Emergencies". http://arxiv.org/ftp/arxiv/papers/0907/0907.5140.pdf, besucht am 05.09.2014.

Boden, Tom/Marland, Gregg/Andreas, Robert J. (2010): „Global CO_2 Emissions from Fossil-Fuel Burning, Cement Manufacture, and Gas Flaring: 1751–2007". Carbon Dioxide Information Center.

Caldeira, Ken/Keith, David W. (2010): „The Need for Climate Engineering Research". In: *Issues in Science and Technology* 27, S. 57–62.

Cicerone, Ralph (2006): „Geoengineering: Encouraging Research and Overseeing Implementation". In: *Climatic Change* 77, S. 221–226.

Crutzen, Paul (2006): „Albedo Enhancement by Stratospheric Sulfur Injections: A Contribution to Resolve a Policy Dilemma?" In: *Climatic Change* 77, S. 211–219.

Davis, Steven J./Caldeira, Ken (2010): „Consumption-Based Accounting of CO_2 Emissions“. In: *Proceedings of the National Academy of Sciences of the United States of America* 107. Nr. 12, S. 5687–5692.
Fleming, James (2010): *Fixing the Sky: The Chequered History of Weather Modifications and Climate Control.* New York: Columbia University Press.
Gardiner, Stephen M. (2011a): „Is No One Responsible for Global Environmental Tragedy? Climate Change as a Challenge to Our Ethical Concepts“. In: Denis G. Arnold (Hrsg.): *The Ethics of Global Climate Change.* Cambridge: Cambridge University Press, S. 38–59.
Gardiner, Stephen M. (2011b): *A Perfect Moral Storm: The Ethical Tragedy of Climate Change.* Oxford: Oxford University Press.
Gardiner, Stephen M. (2011c): „Some Early Ethics of Geoengineering the Climate: A Commentary on the Values of the Royal Society Report“. In: *Environmental Ethics* 20. Nr. 2, S. 163–188.
Hale, Ben: „Fixing the Wrong Wrong: Geoengineering and the End of the World“. (unveröffentlicht)
Intergovernmental Panel on Climate Change (IPCC) (2011): „Summary for Policy Makers“. In: *Special Report on Renewable Energy Sources and Climate Change Mitigation 2011.* http://srren.ipcc-wg3.de/report/IPCC_SRREN_Full_Report.pdf, besucht am 05.09.2014.
Jamieson, Dale (1992): „Ethics, Public Policy, and Global Warming“. In: *Science, Technology, and Human Values* 17. Nr. 2, S. 139–153.
Jamieson, Dale (2010): „Climate Change, Responsibility, and Justice“. In: *Science and Engineering Ethics* 16, S. 431–445.
Keith, David (2000): „Geoengineering the Climate: History and Prospect“. In: *Annual Review of Energy and the Environment* 25, S. 245–284.
Matthews, Damon/Caldeira, Kenneth (2007): „Transient Climate – Carbon Simulations of Planetary Geoengineering“. In: *Proceedings of the National Academy of Sciences of the United States of America* 104. Nr. 24, S. 9949–9954.
Preston, Christopher (2011): „Rethinking the Unthinkable: Environmental Ethics and the Presumptive Argument Against Geoengineering“. In *Environmental Values* 20. Nr. 4, S. 457–479.
Samuelson, Robert J. (2005): „Lots of Gain and No Pain“. In: *Newsweek* 21.02.2005.
Schelling, Thomas (1996): „The Economic Diplomacy of Geoengineering“. In: *Climatic Change* 33, S. 303–307.
Schneider, Stephen (2008): „Geoengineering: Could We or Should We Make It Work?“ In: *Philosophical Transactions of the Royal Society A* 366, S. 3843–3862.
Shepherd, John et al (2009): „Geoengineering the Climate: Science, Governance and Uncertainty“. https://royalsociety.org/~/media/Royal_Society_Content/policy/publications/2009/8693.pdf, besucht am 05.09.2014.
Shrader-Frechette, Kristen (2012): *What Will Work: Fighting Climate Change with Renewable Energy, Not Nuclear Power.* New York: Oxford University Press.
Stocker, Michael (1976): „The Schizophrenia of Modern Ethical Theories“. In: *Journal of Philosophy* 14, S. 453–466.
Vanderheiden, Steve (2008): *Atmospheric Justice: A Political Theory of Climate Change.* New York: Oxford University Press.
Victor, David et al (2009): „The Geoengineering Option: A Last Resort against Global Warming?“ In: *Foreign Affairs* 88. Nr. 2, S. 64–76.

Angaben zu den Autorinnen und Autoren

Margit Ammer ist wissenschaftliche Mitarbeiterin am Ludwig Boltzmann Institut für Menschenrechte der Universität Wien im Forschungsteam „Antidiskriminierung, Diversität und Asyl". Ihre Arbeitsgebiete sind Asyl, Umwelt und Menschenrechte, sowie Umwelt und Migration/Flucht. Sie ist Autorin des Buches *Climate Change and Human Rights: The Status of Climate Refugees in Europe* (2009) und Mitautorin der Studie im Auftrag des Deutschen Umweltbundesamtes *Rechtsstellung und rechtliche Behandlung von Umweltflüchtlingen* (2010).

Christian Baatz ist wissenschaftlicher Mitarbeiter am Lehrstuhl für Philosophie und Ethik der Umwelt in Kiel. Seine Arbeitsgebiete sind die Ethik des Klimawandels, Fragen globaler Gerechtigkeit, sowie Umweltethik und Nachhaltigkeit. Er hat zahlreiche Beiträge zum Thema Klimawandel und Verantwortung verfasst.

Dieter Birnbacher ist emeritierter Professor für praktische Philosophie an der Universität Düsseldorf und Vorsitzender der Ethikkommission der Bundesärztekammer in Deutschland. Seine Arbeitsschwerpunkte sind sowohl Medizin- und Bioethik, Anthropologie und Neurophilosophie, als auch Natur- und Zukunftsethik. Er hat zur Edierung von Grundlagentexten des Utilitarismus beigetragen und ist Verfasser der Bücher *Verantwortung für zukünftige Generationen* (1988), *Tun und Unterlassen* (1995), *Bioethik zwischen Natur und Interesse* (2006), sowie *Analytische Einführung in die Ethik* (2007).

Marcello Di Paola ist wissenschaftlicher Mitarbeiter am Zentrum für Ethik und Weltpolitik an der Universität LUISS in Rom. Seine Arbeitsgebiete sind globale und distributive Gerechtigkeit, Globalisierungstheorien, sowie nachhaltige Entwicklung und Klimawandel. Zu seinen Veröffentlichungen zählen Aufsätze zur Klimagerechtigkeit und Umweltethik. Er hat zusammen mit G. Pellegrino das Buch *Canned Heat: Theoretical and Practical Challenges of Global Climate Change* (2013) herausgegeben.

James Rodger Fleming ist Professor für Wissenschaft, Technologie und Gesellschaft in Maine, sowie Gründer der „International Commission on History of Meteorology". Er arbeitet vor allem auf dem Gebiet der Wissenschafts- und Technologiegeschichte mit Schwerpunkt Meteorologie und Klimawandel. Zu seinen Veröffentlichungen zählen: *Meteorology in America, 1800-1870* (1990), *Historical Perspectives on Climate Change* (1998) und *Fixing the Sky: The Checkered History of Weather and Climate Control* (2010).

Stephen M. Gardiner ist Professor für Philosophie an der University of Washington in Seattle. Seine Hauptarbeitsgebiete sind ethische Theorie, politische Philosophie und Umweltethik. Er ist Autor des Buches *A Perfect Moral Storm: the Ethical Tragedy of Climate Change* (2011), Herausgeber von *Virtue Ethics: Old and New* (2005) und Mitherausgeber von *Climate Ethics: Essential Readings* (2010). Seine Beiträge erschienen in *Ethics, The Journal of Political Philosophy, Oxford Studies in Ancient Philosophy* und *Philosophy and Public Affairs.*

Bernward Gesang ist Professor für Philosophie mit Schwerpunkt Wirtschaftsethik in Mannheim. Seine Arbeitsgebiete sind normative Ethik, Wirtschafts- und Klimaethik, Medizinethik, Wissenschaftstheorie und Religionsphilosophie. Zu seinen Veröffentlichungen zählen *Kritik des Partikularismus* (2000), *Eine Verteidigung des Utilitarismus* (2003), *Perfektionierung des Menschen* (2007), sowie *Klimaethik* (2011).

Dale Jamieson ist Professor für Umweltwissenschaften und Philosophie an der New York University, Direktor der NYU Animal Studies Initiative, sowie Affiliate Professor für Rechtswissenschaften. Seine Arbeitsgebiete sind Ethik und Umweltphilosophie. Zu seinen Veröffentlichungen zählen *Morality's Progress: Essays on Humans, Other Animals, and the Rest of Nature* (2002), *Ethics and the Environment: An Introduction* (2008), sowie *Reason in a Dark Time: Why the Struggle to Stop Climate Change Failed and What It Means For Our Future* (2014). Außerdem ist er Mitherausgeber von *Climate Ethics: Essential Readings* (2010).

Angela Kallhoff ist Professorin für Ethik mit besonderer Berücksichtigung von angewandter Ethik an der Universität Wien. Von 2003–2005 war sie Humboldt-Stipendiatin an der Universität Chicago. Ihre Arbeitsgebiete sind Ethik, politische Philosophie und angewandte Ethik. Zu ihren Veröffentlichungen zählen *Prinzipien der Pflanzenethik* (2002), *Ethischer Naturalismus nach Aristoteles* (2010), *Why Democracy Needs Public Goods* (2011), sowie *Politische Philosophie des Bürgers* (2013).

Anton Leist ist emeritierter Professor für praktische Philosophie an der Universität Zürich und Leiter der Arbeits- und Forschungsstelle für Ethik. Seine Arbeitsgebiete sind normative Ethik, Ethik und Verhaltensökonomie, sowie Umweltethik und biomedizinische Ethik. Er hat zahlreiche Beiträge zum Thema ökologische Gerechtigkeit verfasst und gibt (zusammen mit Michael Baurmann) die Zeitschrift *Analyse und Kritik* heraus, von welcher ein Sonderband „Environmental Justice" erschienen ist. Er ist Autor der Bücher *Die Gute Handlung* (2000), *Ethik der Beziehungen* (2005) und *Action in Context* (2007). Gemeinsam mit Peter Singer hat er das Buch *J. M. Coetzee and Ethics: Philosophical Perspectives on Literature* (2010) herausgegeben.

Konrad Ott ist Professor für Philosophie und Ethik der Umwelt in Kiel. Er war von 2000 bis 2008 Mitglied im Sachverständigenrat für Umweltfragen der deutschen Bundesregierung. Seine Arbeitsgebiete sind Diskursethik, Umweltethik, Gerechtigkeitstheorien, Nachhaltigkeit, ethische Aspekte des Klimawandels, Naturschutzbegründungen und die normativen Grundlagen der Umweltpolitik. Zu seinen Veröffentlichungen zählen *Ökologie und Ethik* (1993), *Technikfolgenabschätzung und Ethik* (2000, mit B. Skorupinski), *Theorie und Praxis starker Nachhaltigkeit* (2008, mit R. Döring), sowie *Umweltethik zur Einführung* (2010).

Henry Shue ist emeritierter Professor für Politik und internationale Beziehungen in Oxford. Er hat 1976 das *Institute for Philosophy and Public Policy* an der Universität Maryland mitbegründet und war Professor für Ethik und „Public Life“ an der Cornell Universität. Seine Arbeitsschwerpunkte sind internationale distributive Gerechtigkeit, Menschenrechte und Theorien der Klimagerechtigkeit. Er hat zahlreiche Beiträge zum Thema Klimawandel verfasst, wie etwa *Subsistence Emissions and Luxury Emissions* (1993) oder *Human Rights, Climate Change, and the Trillionth Ton* (2011). Außerdem ist er Autor des Buches *Basic Rights: Subsistence, Affluence, and U.S. Foreign Policy* (1980) und Mitherausgeber von *Climate Ethics: Essential Readings* (2010).

Harald Stelzer ist Professor für Philosophie in Graz und wissenschaftlicher Projektmitarbeiter am *Institute for Advanced Sustainability Studies* (IASS) in Potsdam im Forschungscluster „Nachhaltige Interaktionen mit der Atmosphäre“. Zu seinen Arbeitsgebieten zählen der kritische Rationalismus, der Kommunitarismus, die Philosophie Karl Poppers, sowie Wirtschafts- und Klimaethik. Er hat zahlreiche Beiträge zum Thema Klima-Engineering verfasst. Er ist Autor des Buches *Karl Poppers Sozialphilosophie. Politische und ethische Implikationen* (2004).

Sachregister

Abschwächung (d. Klimawandels) 40, 183, 221
Absorptionskapazität 53
Adaptation 39, 81–86, 99, 164, 187, 212, 221
Aggregiertes Kollektiv 109
Akkumulierter Effekt 154
Aktives Co-Designing 155–159
Allianz der kleinen Inselstaaten (AOSIS) 25
Allmendegüter 149
Alternative Energie 43, 54, 57–58
Anthropozentrismus 181
Armut 41, 92
Asylpolitik 97
Atmosphärenschutz 156
Aufgeschobene Gerechtigkeit 31
Ausgleichende Gerechtigkeit 244

Bali 228
Bangladesch 27–28, 76, 97, 239
Buck-Passing 227–229

Cancun 228
Cap-and-Trade 40, 57–58, 118
Carbon Dioxide Removal 200
China 25–26, 30, 74, 113, 136, 227
Clean Energy 23
Climate Engineering 177–178, 181–183, 191, 199–200
Copenhagen Accord 185
CO_2-Budget 44, 52

Dekarbonisierung 185
Deontologie 72, 76–77, 120–121
Direkter Klimaschutz 138
Diskontierung 76, 184
Distributive Gerechtigkeit 32–33, 40–41, 52–53, 143–44, 158, 244
Doha (Runde, Welthandelsgespäche) 26
Doppeleffekt 138, 140, 141
Durban (Plattform) 61, 228

Egalitarismus 32–35, 71–72
Einspeisungstarif 56
Emissionshandel 24, 40, 55, 70–71
Emissionsreduktion 41, 121, 184–186, 201, 210
Emissionszertifikat 186–187
Energie-Armut 54, 57
Energiewende 126
Entwicklungsethik 74
Entwicklungsländer 25–30, 44, 50, 61, 71, 74–75, 188–189, 227
Erderwärmung 74, 84, 139, 143, 209
Ethikvorbehalt 160
Ethische Kurzsichtigkeit 222–226

Fatalismuseinwand 161
Feed-In Tariff 56
Flüchtlingsstatus 88
Fossile Brennstoffe 43, 48, 50, 57, 186
Framework Convention 73–74

Gefangenen-Dilemma 151
Gemeingut 148, 151
Gemeinsames Handeln 156
Geo-Engineering 221
Geo-Power 32
Gerechtigkeit (siehe auch: distributive, prozedurale, kulturelle, ökologische, historische, globale, internationale, ausgleichende, aufgeschobene) 110
Globale Gerechtigkeit 23–26, 182, 202
Global Governance 23, 33, 222
Grandfathering 186
Grünes Paradoxon 109, 128, 151

Haftung 73, 78, 226
Handlungsutilitarismus 135
Historische Gerechtigkeit 77

Ideale Theorie 71, 75
Indirekter Klimaschutz 138
Individualismus (siehe normativer und sozialer)
Individuelle Klimapflichten 125, 130
Industrieländer 25, 61, 69, 74–79, 180, 213, 227, 238–239
Industrielle Revolution 44

Inkommensurabilität 204–205
Institutionen 108, 125, 138, 153–154, 159–164, 189, 224, 242
Intergenerationelles Problem 34–35, 69, 149, 182, 194–195, 228
Intergovernmental Panel on Climate Change (IPCC)/Weltklimarat 44–45, 78, 112, 126, 144, 181–188, 238
Internationale Gerechtigkeit 253

Johannesburg (Erklärung) 27

Kausale Elastizität 137
Klimaethik 182
Klimakatastrophe 27–28, 207, 221
Klimanotfall 201, 208, 231–233, 237, 245
Klimarahmenkonvention (siehe auch Framework Convention) 30, 50–51, 61
Kohlenstoffverlagerung 128
Kollektiv (siehe auch: aggregiertes, strukturiertes) 224
Kollektives Handeln 150
Kollektivgut 143, 149, 156
Kompensation 79, 183, 188–190
Konsequentialismus 107, 114, 118
Kontraktualismus 107, 109, 113
Kooperation 119, 123, 152, 159
Kopenhagen 24–25, 27, 39, 46, 228
Kosten-Nutzen-Analyse 149, 184, 205, 210
Kulturelle Gerechtigkeit 158
Kumuliertes CO_2-Budget 46, 51
Kyoto-Protokoll 112–113, 126–128

Leidminimierung 202, 204
Leistungsfähigkeitsprinzip 72, 77
Leveling Up 32
Luxusemission 50, 115

Meeresspiegel 28, 53, 60, 76, 81, 185, 209
Menschenrechte 33, 74, 88, 188, 204
Mitigation 164, 171, 183, 221

Natürliche Pflichten 110
Negative Pflichten 31, 59
Nettoemission 54
Nicht-ideale Theorie 27, 67
Nichtschädigungsprinzip 31, 107, 114–115, 122, 199, 201
Normativer Individualismus 109
Notfallargument 222, 225

Öffentliches Gut 120, 126, 148
Ökologische Gerechtigkeit 158
Organisiertes Kollektiv 109

Parochial Geoengineering 229
Per-Capita-Approach 158
Physiozentrismus 181
Polluter-pays 114, 129
Portfolio-Ansatz 252
Predatory Geoengineering 229
Problem gemischter Motivationen 163
Pro-Kopf-Ansatz 184, 187
Pro-Kopf-Beitrag 25
Prozedurale Gerechtigkeit 189, 244

Qualifikationsrichtlinie 85, 90

Rational Choice Theory 27
Refoulement 86, 90
Rezession 26, 51–52, 208, 226
Rio de Janeiro 24, 73
Risiko 47, 91, 94, 122, 210–211, 235, 248–250

Schadensfolgen 75, 115, 143, 150
Schadensverursachung 143
Schwaches Paradox 128
Senke 53
Social Choice Theory 157
Sonneneinstrahlungs-Management (Solar Radiation Management) 200, 221
Sorites-Paradoxon 136–137
Sozialer Individualismus 110
Starkes Paradox 128
Stern-Report 48, 55, 115, 118, 126
Strukturiertes Kollektiv 109, 112
Subsidiärer Schutz 90
Subsistenzemission 50

Task-Gruppe 159
Technology Forcing 24
Tragedy of the Commons 149

Treibhausgase 25, 29, 31, 40–46, 69, 74, 97, 162, 183, 210–213
Trittbrettfahrer 150

Übel 181, 199, 208, 212
Umverteilung 44, 69, 108, 124
Umweltmigration 83, 85, 190
Unsicherheit 206
Utilitarismus 72, 76–77, 115, 135–136, 140

Verursacherprinzip 72, 77
Vorsorgeprinzip 199, 207
Wellbeing/geo-power tradeoff 33–34

Zufälliges Kollektiv 109, 118
Zwei-Grad-Ziel 45–47, 50–52, 74, 127, 137, 144, 185–186, 191, 208, 249

Personenregister

Allen, Myles 45
Ammer, Margit 5, 12, 15–16, 81, 257
Arrhenius, Svante August 78

Baatz, Christian 6, 12, 18, 181, 257
Bancroft, Wilder D. 172
Bartsch, Michaela 7
Baurmann, Michael 258
Beauchamp, Tom L. 202
Bhend, Jonas 137
Beier, Kathi 7
Birnbacher, Dieter 5, 12, 15, 67, 257
Blodgett, Kathleen 177
Bollier, David 153
Broome, John 115, 117–119
Brown, Harrison 173, 178
Budolfson, Mark Bryant 136

Caney, Simon 34, 188, 193
Carr, Wylie 207
Castro, Fidel 176, 178
Childress, James F. 202
Cotton, William 177, 179
Crutzen, Paul 178

Davies, Gareth 207
Delli Priscoli, Jerome 155
Di Paola, Marcello 5, 12, 14, 23, 257
Di-Aping, Lumumba Stanislaus-Kaw 27
Dyrenforth, Robert 172, 178

Ekholm, Nils 173, 178
Espy, James 171–172, 178

Fleming, James Roger 5, 13, 17, 171, 257
Frosch, Robert A. 177

Gardiner, Stephen M. 6, 12, 19, 31, 79, 149–150, 201, 212, 221, 258
Gesang, Bernward 5, 13, 16–17, 135, 258
Goldberg, Rube 178

Hardin, Garrett 149
Hering, Daniel 172
Hiller, Avram 136
Holdren, John 173
Hourdequin, Marion 135
Hume, David 110–111
Huxley, Julian 173, 178

Jamieson, Dale 5, 12, 14, 23, 136, 146, 249, 258
Johnson, Baylor 137

Kälin, Walter 82
Kagan, Shelly 115, 136
Kallhoff, Angela 5, 7, 9, 13, 17, 143, 258
Kant, Immanuel 110, 121
Kastner, Othmar 7
Keith, David W. 206

Langmuir, Irving 175, 177–178
Leist, Anton 5, 12–13, 16, 107, 161, 258
Lovell, Bernard 175

MacDonald, Gordon 176, 178
MacMynowski, Douglas G. 206
Mackie, John 111
Mähringer, Gloria 7
McAdam, Jane 89
McHose, Brad 241
Mill, John Stuart 15, 77
Miller, David 194

Nefsky, Julia 135–136
Nolt, John 117–118
Nordhaus, William 184
Nozick, Robert 76

Ostrom, Elinor 53
Ott, Konrad 6, 12, 18, 181, 259

Parfit, Derek 136
Pellegrino, Gianfranco 257
Pogge, Thomas 31, 41
Popper, Karl 259
Posner, Eric A. 39–42, 45, 61, 151

Railton, Peter 138

Rawls, John 108, 110–111, 160–161
Ray, Eric 175
Rickels, Wilfried 192
Robinson, Heath 178
Robock, Alan 206
Rossby, Carl-Gustav 174

Samuelson, Robert 228
Scheffler, Samuel 115
Shue, Henry 5, 10, 12, 14–15, 31, 39, 147, 259
Singer, Peter 10, 143, 145, 258
Sinnott-Armstrong, Walter 115–116, 136–139
Stalin, Joseph 175
Stelzer, Harald 6, 12, 18–19, 199, 259
Stern, Nicholas 55
Stiger, Albert 172
Stocker, Michael 19, 221, 230–231, 254

The Beatles 112
Tuomela, Raimo 157, 159

Van Allen, James A. 175
Vanderheiden, Steve 136
Von Neumann, John 174, 178

Warren, L. Francis 172
Weisbach, David 39–42, 45, 61, 151
Wexler, Harry 176, 178
Wolf, Aaron 155
Wright, Crispin 136

Zworykin, Vladimir K. 173–174, 178

FSC
www.fsc.org
MIX
Papier | Fördert
gute Waldnutzung
FSC® C083411

Kolibri 360 GmbH
Ferdinand-Jühlke-Straße 7
99095 Erfurt, Deutschland
produktsicherheit@kolibri360.de